HUMAN AND ANIMAL

인간과 동물

인간과 동물 집필위원회

A-JIN 도서출판 아진

머리말

인간의 웰빙(wellbeing)이란 단어가 익숙해 질 즈음 이번엔 동물의 복지라는 새로운 단어가 부각되고 있다. 동물이 가축화되면서 인간과의 더부살이가 시작되었고, 현대에 들어서 급속히 증가한 인류에게 중요한 동물성식품을 제공 할 뿐 아니라, 각종 연구의 대상으로 동물의 희생은 또한 계속되어 왔다.

최근 의·생명과학분야와 같이 학문의 융합이 이루어지고 있는 시기에, 인생의 동반자로서 동물에 대한 새로운 인식과 융화가 자연스러워지고 있다. "인간과 동물"을 통하여 저자들은 진정한 반려자로서 동물에 대한 폭 넓은 이해와 동물의 희생을 바라보는 시각이 달라질 수 있기를 기대하며 집필하였다.

"인간과 동물"은 크게 '동물의 이해'에 관한 내용으로 가축문화사, 목축과 우리민족의 기원, 인간을 위한 동물의 희생, 인간에 필요한 동물의 능력, 동물의 행동과 복지 등으로 구성되었다. '동물의 삶'에 관하여 동물을 바라보는 시각의 변화를 통해 동물이 생활하기에 적합한 환경, 인간의 건강을 위해 희생된 동물 또한 그 생산물 그리고 동물의 변천사 등을 다루었다. 아울러 '동물과의 공존'에서는 동물생명산업을 다양하게 이해하기 위하여 유전자에 관한 설명과 실험동물, 발생공학과 인류의 운명 그리고 동물산업의 경제적인 의미 등을 통해 미래 동물생명산업의 가치를 재조명해 보고자 하였다.

이 책을 통하여 동물을 바라보는 시각과 그 존재가치에 관한 올바른 인식을 가짐으로써 동물에 대한 새로운 이해를 하는데 도움이 되었으면 하는 기대로 저자들이 지루했던 더운 여름나기를 한 것 같다.

2010년 8월

인간과 동물 집필위원회

Contents

I 동물의 이해

Contents

Contents

Ⅲ 동물과의 공존

Gain and loss of animal

I. 동물의 이해

가축문화사

송 영 한 (강원대학교 교수)

> 많은 교과서에서 가축을 "야생동물을 순화시켜, 사람이 사육 및 번식을 관리하며, 유용한 축산물, 노동력 등을 제공하는 동물을 총칭 한다"고 정의하고 있다. 가축(domestic animal)이란 집에서 키우는 동물이다. 또한 가축은 farm animal 이라고도, livestock 이라고도 표현된다. 가축은 사람이 관리하며 일생을 보내온 동물들인 것이다.

1. 사람이 이용하는 동물들

많은 교과서에서 가축을 "야생동물을 순화시켜, 사람이 사육 및 번식을 관리하며 유용한 축산물, 노동력 등을 제공하는 동물을 총칭 한다"고 정의하고 있다. 가축(domestic animal)이란 집에서 키우는 동물이다. 또한 가축은 farm animal 이라고도, livestock 이라고도 표현된다. 가축은 사람이 관리하며 일생을 보내온 동물들인 것이다.

코끼리는 인도를 포함한 동남아시아지역에서 사역에 이용되었는데, 지금도 야생 코끼리를 조교시켜 이용한다. 현재, 육상에서 생존하는 동물 중 가장 큰 포유동물을 조교하는 기술에 만족하는 것이나 가축에는 포함되지 않는다.

개는 그다지 가축이라 불리지 않는데, 가축의 정의로 보면 매우 오래된 가축이다. 개는 2만년 내지 3만 년 전이라고 말해질 정도로 고대시대에 호주, 동남아시아일대에서 가축화되었다. 적의 접근을 알아내거나, 사냥의 보조로서 역할이 필요했기 때문이다. 그 후, 한편으로는 동아시아에서 유럽방면으로, 다른 곳은 중국, 일본, 시리아, 북미방면으로 사람과 함께 이동해 갔다. 현재에는 소형에서, 대형까지 다양한 특징을 갖춘 개를 보는 것이 가능하다. 세계적으로 공인된 300여 품종이 존재한다는 사실은, 사람이 번식을 제어한 증거이다.

지금은 고양이사육이 일반화 되었으나, 개만큼 오래된 가축은 아니다. 역사상 가축화된 토끼의 출현은 고대 이집트에서 처음으로 보였다. 의도된 매장이나 미이라로 남아있던 것에서 각별히 길러온 것을 알 수 있다. 가축화가 늦어진 이유는 고양이는 쥐를 잡는 것 즉 곡물의 관리자로서 역할을 담당한다. 이 역할이 이집트에서 처음으로 인식되었다. 가축이 되기 위해서는 귀여운 것만으로는 불충분하다. 고양이의 특징이 인정되기 이전까지는 가축화 되지 않았다.

개와 고양이의 가축화 역사를 보면, 가축화되기 위해서 어떠한 의미에서 사람에 기여하는 특징을 가질 필요가 있다는 것을 알게 된다.

약 1만 년 전 부터 동물을 기르기 시작했는데, 주목적은 식용을 위해서였다. 그 출발을 보면, 가축의 발명은 식량의 확보가 동기가 된 것에는 틀림없다. 지구상에는 포유동물이 약 8,500종, 조류가 약 8,600종, 어류가 약 25,000종의 동물이 존재한다. 그런데 놀랄만한 것은 가축화된 동물은 합해서 100종 이하이다. 그 중에서 젖소나 육우를 목적으로 널리 사육된 가축은 20여종에 불과하다. 결국, 가축이란 사람에 선택된 소수의 동물들인 것이다.

사람이 야생동물을 가축화해서 이용하기 위해서는 몇 가지 조건을 채워야할 필요가 있다. 우리들이 가축으로서 떠올리는 동물은, 소, 말, 양, 염소, 닭 등이다. 식성으로 보면, 소, 말, 양, 염소는 초식동물이다. 돼지와 닭은 잡식성 동물이다. 육식성의 동물은 없다. 또, 단독성이 강한 동물도 없다. 위에 들은 동물들은 1부1처제를 취하는 것은 없고, 군으로 사육되어도 어떠한 지장도 없다. 그러나 대형동물을 군으로 사육하기 위해서는 한 가지 더 필요한 기술이 있다. 그것이 "거세"의 발명이나. 절세된 보습과 번식을 조절할 수 있게 되었다.

야생동물이 가축화되기 위해서는 사람에 대해서 어떠한 형태로든 이롭지 않으면 안 된다. 동물 측의 요인으로는 사람에 잘 따르는 성질을 갖는다는 것을 잊어서는 안 된다.

가축은 풀을 먹는다. 즉, 먹이 종류를 묻지 않고 먹는 성질은 아주 큰 것이다. 풀을 통해 보면, 매우 풍부한 천연자원이다. 사람 손이 거칠 필요도 없다. 기상이 불순해도 잘 자라는 식물이다. 사람이 풀을 먹는다면 문제되지 않으나, 셀룰라제라는 식물섬유를 분해하는 소화효소를 갖지 못했다. 따라서 풀을 먹어도 소화되지 않는다.

예로 풍부한 풀이 있어도 사람의 식량은 되지 않는다. 그러나, 초식동물은 풀만으로도 살 수 있다. 그 동물의 고기나 우유는 사람의 식량이 된다. 초식동물의 가축화는 사람이 먹지 않는 초 자원을 초식동물을 경유시키게 되어 고기나 우유라는 이용가능한 자원으로 변환시키는 커다란 지혜이다. 1만 년 전에 소, 양, 염소는 가축화되었는데, 처음으로 선택된 이유가 잘 이해된다.

말도 중요한 가축이나 소, 돼지, 염소등과 조금 사정이 다르다. 말은 6천 년 전에 흑해

카스피해안의 초원지대에서 승마용으로 가축화 되었다. 말에는 하악골과 상악골과의 사이에 이가 없는 부분이 있어, 재갈을 물리기 쉽다. 옛 사람이 말에 타기 시작한 것은 재갈에 말고삐를 묶으면 가는 방향을 자유로이 바꿀 수 있다는 것을 알았기 때문이다.

더욱이 4천 년 전에 중동에서 수레바퀴가 발명되었다. 마차는 무거운 화물을 운반하는데 편리한 도구이다. 말의 강한 견인력을 이용해서 운반 혹은 논밭을 가는 것 만이 아닌 말에 탄 전사, 말이 끄는 전차는 전쟁의 방법도 바꾸게 되었다. 40년 전에는 운반이나 농경에 종사하는 말의 자세는, 소와 비슷해서 여러 나라에서 이용되었다.

가축화되기 이전부터 돼지는 매우 친근한 동물이다. 사람의 생활권에 나타나, 잔반 등을 찾아 나섰다. 세계 각 지에서 토착 돼지가 길러져, 2,000종 이상으로 매우 품종이 많은 축종가운데 하나이다. 닭도 마찬가지로 사람의 생활권에 가까운 곳에서 생활하고 있다. 닭의 원산지는 동남아시아인데, 산림과 사람이 생활하는 장소를 자유롭게 왕래하고, 토종닭을 잡아서 기르는 방법을 요즘에도 볼 수 있다.

돼지와 닭의 중간에는 먹이의 종류가 많은 것이 특징으로, 사람의 먹이와 공통된 것이 많다. 효율 면에서는 돼지나 닭에 먹이지 않고, 사람이 먹으면 좋을 것 같은 것이다. 일반적으로 수확량이 많은 곡물은 맛이 없는 것이다. 처음으로 사람의 식용으로 이용되지 않은 곡물도 있다.

현재의 돼지와 닭은 가축의 사료를 목적으로 생산되는 곡물이 이용되어, 사람이 먹는 것과는 구별된다. 또 잔반이나 어박 등 직접 먹지 않는 것도 있다. 이러한 동물에는 사람이 먹지 않는 것이 먹이로 주어진다. 사람이 이용하지 않는 자원을 사람이 이용하는 고기나 계란이라는 자원으로 변환하고 있다. 현재의 가축은 사람이 이용하지 않는 혹은 이용할 수 없는 자원을 우유, 고기, 계란등의 유용자원으로 바꾸는 동물 들이다.

2. 가축이라 불리는 동물들

인류가 탄생될 무렵엔 사람과 야생동물이 함께 서로 생존을 위한 경쟁 상대였다. 사람이 활이나 창 등의 무기를 몸에 지니게 되면서 비로소 사람보다 강력한 야생동물을 제압하는 것이 가능해 졌다. 따라서 사람에 해를 끼치는 동물을 배제하고 유익한 동물을 가축화하기 시작했다. 가축은 생산한다는 점에서 조류가 알을 낳는 형태보다 진화해 내장도 사람과 비슷한 구조를 갖게 되었다. 풀을 먹는 초식가축은 머리에서 등의 중앙부로 이어지는 강력한 인대를 지녀 소나 말 같이 큰 머리를 지면으로 향해 오랜 시간에 걸쳐 풀을 뜯을 수 있도록 발달되어 있다.

육식동물은 날카로운 발톱을 무기로 지니고 있는 반면, 초식가축의 발에는 발굽이 있어 광대한 지역을 장시간 걷기에 적합하게 발달되었다. 육식동물의 위는 아주 작고 장도 짧다. 반추가축(소, 염소, 면양 등)은 4개의 위를 지녀 섬유소를 분해하기 위해 박테리아와 공생을 꾀한다. 때문에 풀을 먹는 동물의 위는 크고, 장도 크고 굵다.

동물의 피모(털)는 기후에 따라 크게 변화한다. 적도부근이나 매우 추운 지역에서는 야생동물을 순화하여 가축화하는 것이 어렵다. 이것은 기온이 야생동물을 순화시키는 중요한 요인이 된다는 것을 시사하고 있다.

가축화된 동물에 주목하는 것은 예외 없이 초기의 단계에서 신체가 소형화되는 것이다. 그러나 가축화를 추진하는 단계에서 대형이나 소형에 유전적으로 선발되었기에, 그 변이가 커진다. 이와 같은 외모상의 변화만이 아닌 생리적으로도 큰 변화가 보인다. 대부분의 가축에서 뇌의 무게나 체중의 비율이 적어져, 감각기관의 퇴화가 일어난다.

염소는 한 번에 한두 마리의 새끼를 낳는데, 유럽에서 남아메리카로 이동하면서 소형화되어 5두 또는 그 이상의 새끼를 낳게 되었다. 동물이 사람이 생활 속에 지배되면서 다수로 증가하는 경향을 갖게 된다.

새끼 낳는 환경의 선택방법도 동물에 따라 특징이 있다. 포식성의 동물의 암컷은 수컷에도 분만장소를 감춘다. 이것은 수컷이 공복상태에서는 자신의 새끼를 먹을지도 모르기 때문에 걱정을 하고, 일정시간 그곳을 지키는 것을 볼 수 있다.

각지에서 서식하고 있는 주요 동물 중에는 잡식성동물도 존재하나, 개나 고양이를 제외하고는 피복을 얻기 위해서 길러지는 가축이다. 또, 벌이나 누에 등 곤충도 들 수 있다. 이러한 소수를 제외하고는 모두 초식성 혹은 잡식성의 포유류나 조류에 속하는 동물이다. 이와 같이 다양한 종류의 동물이 가축화되어 길러지고 있다. 각지에서 살고 있던 야생동물을 기르며 가축화한 결과이다.

극단적인 예를 들면, 극한지역에서 살고 있는 사람들은 온난한 지역에서 서식하는 동물을 알지 못한다. 그러나 순록이라면 알고 있어, 최초로 가축화를 시도한 대상이 된다. 또 충분한 능력을 발휘하는 것도 쉽게 상상된다.

세계에서 주요한 가축은 소, 말, 양, 염소, 닭으로 각각의 사양두수는 대체로 13억,

6천만, 7억, 9억, 10억, 134억 마리가 된다. 가축단위로 나타내면 소가 매우 많고, 전체의 2/3을 넘는다.

〈그림 1-1〉 이집트의 고대 왕묘 벽화 (2,500 BC)
1. 소에게 먹이 주는 모습 2. 영양의 사육모습 3. 하이에나 순화모습

〈그림 1-2〉 이집트 왕의 묘에서 보이는 벽화(M.Stobet, 1995)
A : 질병이 있는 소에게 약을 먹이는 광경(2,200 BC)
B : 착유량을 높이기 위해서 어미 앞에 새끼를 매담 (4,000 BC)
C : 수소의 거세를 위해서 보정을 하고 있는 광경 (2,450 BC)
D : 수의사가 소의 분만을 돕고 있는 광경 (2,000 BC)

3. 다양한 용도

동물자원을 이용하는 방법에 따라 분류하면 식용{고기, 우유 계란, 기타(벌꿀)}, 피복용{모피, 혁피, 기타(누에)}, 역용(운반용, 농경용, 승용, 감시용), 공업원료용, 애완용, 관상용, 공예용, 실험용 등이다. 더욱이 가축의 배설물을 비료나 연료로서 이용하는 것도

가능하다. 이와 같이 동물에는 다종다양한 용도가 있다.

그 중에도 용도별 구분이 명확하지 않는 것이 많은 것도 사실이다. 동일종에 속하는 소를 예로 들면, 식용에도 피복용에도 역용에도 이용된다. 유용의 소는 우유를 생산하는 역할을 끝내면, 육용이 되고, 역용의 소도 역할을 끝내면 육용이 된다. 역용의 소는 젤라틴이나 콜라겐은 사진필름, 의약품이나 화장품 등의 제조에 이용되는 공업원료로 이용되고 있다. 또, 소 혈청은 동물세포의 배양에 없어서는 안될 시약이다. 중요한 것은 이러한 모든 가축이 다양한 모양으로 우리들 생활을 풍부하게 하고 있는 것이다.

4. 사람이 만든 동물들

가축이 된 동물의 특징은 "무리"로 기르는 것이 가능하다. 같은 장소에서 다수의 동물을 관리하게 되면, 바람직한 개체와 그렇지 않은 개체를 쉽게 판별하게 된다. 원하는 개체를 선발해 교배에 쓰고, 그 자손을 남기는 것은 당연한 행위이다. 또 원하지 않는 성질을 약하게 하는 것도 당연한 행위이다. 우유를 많이 생산하는 순한 소가 바라던 소에 틀림없다.

이와 같이 사람의 통제 하에서 번식이 관리되면, 동물은 선별된다. 몇 세대에 걸쳐 원하는 성질을 가진 개체들을 교배하면 최종적으로 원하는 성질을 가진 집단을 만들게 된다. 또 원하지 않는 성질을 가진 개체를 번식에서 제외하면 집단에서 원하지 않는 성질을 배제할 수 있다. 이와 같은 선발의 과정에서 사람은 동물들을 자신이 원하는 방향으로 변화시키게 된다. 그 결과, 지금의 동물들은 놀랄 정도로 우수한 능력을 가지게 됐다.

5. 가축화가 쉬운 동물

일반적으로 야생동물 중에서 가축화가 용이한 것은 다음과 같은 성질을 갖춘 동물이라고 생각된다. 첫째, 군집성이 강하고, 큰 집단을 만들어 순위제로 질서를 유지하는 동물, 둘째 수컷이 성적으로 우위이며 배우관계가 일정하지 않은 동물, 셋째, 대담하며 사람이 길들이기 쉬운 동물, 넷째, 잡식성 또는 초식성으로 먹이를 선택하지 않고 아무거나 잘 먹는 동물, 다섯째, 환경에의 적응력이 뛰어난 동물 그리고 마지막으로 성질이 온순하고, 행동이 느린 동물을 들 수 있다.

목축과 우리 민족의 기원

성경일 (강원대학교 교수)
주채혁 (전 강원대학교 교수)

조선의 순록유목 기원설이라 함은 목축을 주업으로 하는 식량생산자들 중에서도 특히 타이가와 툰드라나 스텝 등의 한랭한 고원 건조지대를 목축생산의 주무대로 삼는 순록유목생산자 출신계열들이 우리민족의 고대정복국가를 세우는 주도적 역할을 했다는 데에 기초하고 있다. 우리는 우리민족의 기원지가 순록유목생산의 기원지와 밀접히 연관돼 있을 수 있다는 점을 인식할 필요가 있다.
한국의 국제적 호칭인 "Corea(Korea)"가 한국사의 순록유목사적 태반의 소산인 선(鮮)의 "고려(高麗)"와 소산(小山)의 순록(馴鹿)인 "코리(郭洛)"에서 비롯되었음을 자각하는 일은 그래서 지금 우리에게 특별히 긴요하다. 조선과 고구려는 농경기원이 아니고 특수목축인 순록유목에 뿌리를 두고 있다.

1. 유목

근대문명이란 본질적으로 주로 도성과 문자를 근간으로 하는 농경생활에서 비롯된 것이다. 물론 농 · 목이 겸행되면서 목축도 여기에 동참하지만 정착목축은 야생식물이 작물화해 특정 농토에 뿌리를 내리듯이 야생동물이 길들여져 우리에 갇혀 정착되는 목축생산으로 수렵 · 어로의 역동적인 기동성이라는 본질적이고 역사적인 유전형질을 이어받는 특수목축인 유목(nomadism)과는 본질이 상당히 다르다.

유목의 생태환경은 툰드라-타이가-스텝이 이어지는 시베리아나 남러시아 스텝 및 북서 아메리카에 주로 국한된다. 한랭한 고원 건조지대가 생존무대인 것이다. 바로 이런 지대에서 무리를 지어 이동하며 목초(牧草=꼴=풀)을 뜯어먹고 사는 발굽이 달린 순록이나 양의 유목이 우리의 고대정복제국 조선과 부여-고구려 탄생의 역사적 태반이 되었다.

순록이나 양이 이동하며 사는 이유는 목초의 생태적 특수성 때문이다. 한랭한 고원건조지대에 나는 순록이나 양의 목초는 적고 드믄드믄 나거나, 조금 자라서 한 번 뜯어 먹으면 꽤 오랜 기간이 지나야 다시 자라나게 된다. 그래서 늘 새 목초지를 향해 움직이며 꼴을 뜯어 먹어야 하기 마련이다. 물론 옛 목초지로 되돌아오기도 하고, 새로운 목초지를 찾아 장거리 이동을 하기도 한다. 그 생태환경은 대체로 광활한 개방공간이어서 생존 상

기동력과 무한경쟁력을 요구받게 된다. 게다가 춥고 바람이 세차게 불어대며 건조하고 척박한 생산조건에 도전-응전하며 흔히 혹심한 생사의 막다른 골목에 부딪히고 이를 돌파하는 생산활동을 해내는 과정에서 그 부산물로 생겨난 것이 전투력이다. 전쟁을 주업으로 하기 위해 생겨난 군사력이 본래 결코 아니었던 것이다. 상상을 초월하는 척박한 생산조건 속에서도 담담히 최선을 다하는 그들의 진지한 유목생산 활동은 실로 성스럽기까지 하다.

2. 북방기원설

한민족 기원설에는 북방기원설이 주류를 이루어왔으나, 최근에 지구촌시대를 열면서 주체사관을 내세워 자생설을 주장하기도 하고 남북방 혼융설을 전제로 하는 남방 기원설을 일부 주장하기도 한다. 그러나 몽골스텝세계제국이 인류사상 최초로 창업되었으며 근래에 와서야 비로소 해양세계제국이 생겨나고 제공권 확보경쟁이 치열해지면서 지구촌 문제가 거론되고 있는 점으로 보아도, 주류 한민족 형성의 역사적 태반-기원지는 역시 북방이라야 할 것이다. 더군다나 인류사상 최초로 야생식물의 작물화와 야생동물의 가축화가 이루어진 지역이 서아시아임이 고고학적 연구성과나 생태유전학적인 그것으로 모두 확인되고, 식량생산이 시작된 신사-고대 이래로 이것이 주로 "스텝의 길"-"몽골리안 루트"를 통해 이동했음을 우리는 밝혀냈다〈그림 1-3〉. 즉 이끼(蘚)의 길인 사얀산맥과 바이칼호가 우리민족의 태반이며 북방고대국가의 창업기지인 대만주권과 밀접한 관계에 있는 것이다.

〈그림 1-3〉 "이끼(蘚)의 길"(유라시아 초원지대 순록유목민의 추정 이동 경로)

유라시아대륙은 남북축으로 된 아프리카나 아메리카와 달리 동서축으로 돼 있어서 등온대를 이룰 뿐만 아니라 시베리아를 중심축으로 하는 유목적 기동력의 가세로 사람과 생산력 및 전투력이 신속히 이동할 수 있었다. 그 결과는 자명했다. 유라시아대륙이 다른 대륙에 대해 우위를 확보하는 것이었다. 칭기스칸 몽골스텝세계제국도 여기서 창출됐고, 근대 해양세계제국 또한 그러했다. 한민족의 북방기원론이 이런 생태환경의 발전과정에서 비롯됐음은 물론이다. 스키토시베리아 기원설이나 오르도스 기원설이 모두 이런 생태환경을 그 무대로 삼고 있기 때문이다.

백두산 호랑이가 시베리아 호랑이와 생태유전학적으로 상통된다면, 백두산 조선족 또한 그럴 가능성이 있다. 고원지대에서 고원지대로 돌아다니며 사는 동물의 생태상 그런 가설을 세워볼 수 있다는 것이다. 백두대간은 그래서 민족의 기원을 추구하는 문제와 관련하여 주목해야 할 역사적 연구 대상이라 하겠다. 그러므로 지리적으로 근접해 있는 중원지역보다 한민족의 시원이라는 시각에서 보면 도리어 더 먼 알타이-사얀산맥이나 티베트고원이 역사적으로 더 밀접하게 접맥(接脈) 되어 왔을 수 있다.

이런 시각에서 생물들의 생태사와 관련해 시베리아와 백두대간권을 연계해 연구하려 한다면, 당연히 민족사의 역사적 태반 연구에, 첨단과학인 생명공학이 넓은 의미에서의 전통사학과 함께 중요한 역할을 맡아야 한다. 왜냐하면 시베리아의 생태유전사를 살펴봐야 하기 때문이다.

3. 순록유목기원의 조선

시베리아는 스텝-타이가-툰드라지대로 이루어진 거대한 벌판이다. 아시아대륙의 1/4이고 지구육지의 1/10이나 된다. 침엽수림 위주로 구성된, 지구상에서 가장 드넓은 타이가라는 '숲의 바다'는 수많은 짐승들의 서식지가 되고 있다. 그리고 이런 생태권은 한편으로는 대서양까지 이어지고 다른 한 편으로는 북아메리카 지역에 이른다. 여기에서 '시베리아의 황금'이라는 '모피(fur)'가 주산품으로 되는 것은 당연하다. 이런 고원지대 「모피의 길」을 따른 이동루트는 당연히 백두대간과 접목하게 된다. 아울러 「강해(江海) 루트」로 태평양, 북극해와 대서양으로도 그 권역이 이어지는 시베리아는 수산자원도 모피자원 이상으로 풍요로운데 특히 3 면이 바다로 이루어진 한반도로 오랜 기간에 걸쳐 이동해온 주류중의 하나가 강과 바다를 기반으로 생활해 오던 사람들일 수 있음에도 주목해야 한다. 16~17세기 대항해시대에 이르러 옛 몽골제국 수도 칸발릭(오늘날의 베이징)을 지향해 가던 서구 각국왕실 후원하의 벤처기업가 그룹들이 찾아내 것이 신대륙이라면 짜르러시아의 시베리아 경략 또한 이런 시대조류에서 예외가 아니다.

그런데 지금 이 시베리아가 우리에게는 겨레의 역사적 태반을 찾아가는 어마어마한 '사료(史料)의 보고'로 떠오르고 있다. 조선, 발조선의 발(發), 단군의 단(檀), 부여, 예, 맥, 고구려, 선비, 백제, 신라, 발해, 거란, 여진과 몽골이 모두 직접적이든 간접적이든 시베리아의 주산품인 모피와 관련이 있을 가능성이 있어 보이기 때문이다. 조선과 고려가 순록, 맥(貊 : 고구려)이 너구리, 부여가 부이르(숫수달) 몽골(貊槁離 : '맥고리')이 엘벵키(貊)-너구리, 발해(Boka)가 늑대 또는 이리, 단(檀)과 타타르가 수달, 솔롱고스가 '무지개'가 아닌 족제비과에 속하는 솔롱고와 관계가 있을 가능성이 매우 크다. 시베리아 원주민들은 근래까지도 사람이 모이면 모피의 유무를 묻고 어떤 모피인가를 확인하면서 모피거래를 시작하곤 한다. 그리고 어떤 모피를 주산품으로 하는가에 따라 그 동네사람들은 곰족, 니구리족, 늑대족, 수달족, 호랑이족 등으로 호칭하는 버릇이 있다. 이런 관행에서 생겨난 부족이름이 대부분인 것이다. 우랄산맥 중에 '고미 공화국'(고대원주민은 황인종)이 있고 물론 대통령도 있어 짐승이름의 나라가 있음이 지금도 확인되고 있나. '맥국(貊國)'이라는 「너구리나라」가 춘천에 있었고 '예국(濊國)'이라는 「(숫)수달나라」가 강릉에 있었다는 사실이 전혀 이상할 이유가 없다.

시베리아-몽골은 사람보다 자작나무나 붉은 가지 버드나무 등의 나무와 곰, 호랑이, 이리, 너구리, 수달이나 솔롱고 등의 짐승이 신화의 주인공이 되는 땅임을 주목해야 한다.

다만 예컨대, 이런 맥국(貊國)이나 예국(濊國), 또는 웅국(熊國 : 곰나라)이나 호국(虎國 : 범나라)이 있다는 것이 각론적인 사실이라면 「순록-양 유목국」이 있다는 점은 총론적인 사실일 수는 있다. 백두산 호랑이가 생태유전학적으로 시베리아 호랑이라면 백두산 조선족 주류 또한 생태유전학적으로 시베리아 조선족일 수 있다고 보아, 고려와 신라를 내포하는 원(原)조선겨레의 주된 생업이 순록유목이었던 것으로 추정되기 때문이다. 물론 시베리아에 식량채집단계에 속하는 수렵-어로와 식량생산단계에 속하는 순록유목 내지는 양유목이 신석기시대 이래로 각 시대에 따라 그 비중을 달리하며 혼재해 왔다. 그러나 식량생산 단계를 거치지 않고 고대국가를 세운다는 것은 불가능한 일이므로, 순록이나 양유목을 핵심 문제로 삼게 된다. 그것이 대규모 생산으로 나아가려면 짐승을 타고 기동력을 이용해야 되는데 타이가-툰드라를 생존무대로 삼는 순록은 순해서 재갈이 없이도 탈 수 있지만 개방공간인 스텝을 주무대로 삼는 양 유목을 위한 말은 재갈이 필요하여 청동기시대 이후에나 그것이 가능했을 것으로 보인다. 시베리아의 생태환경으로 보아 시원적인 유목은 「순록유목」이고 '조선'이나 '고려' 또는 '쿠르간' 및 녹석(鹿石 : deer stone)이라는 이름 자체가 또한 순록유목과 직관된다고 하겠다.

요컨대 조선의 순록유목 기원설이라 함은 수렵이나 어로 또는 채집을 통해 식량문제를 해결하던 단계에서 식량을 생산하는 단계로 나아갈 때 그 주된 생업이 농업과 목축업이 되든가 둘 중 하나가 부업이 되는 가운데 목축을 주업으로 하는 식량생산자들 중에서도 특히 타이가와 툰드라나 스텝 등의 한랭한 고원 건조지대를 목축생산의 주무대로 삼는 순록유목생산자 출신계열들이 우리민족의 고대정복국가를 세우는 주도적 역할을 했다는 데에 기초한 견해다. 따라서 우리는, 우리민족의 기원지가 순록유목생산의 기원지와 밀접히 연관돼 있을 수 있다는 점을 자각할 절실한 필요가 있다. 그러니까 조선(朝鮮)이라는 이름 자체가 '아침의 나라나 겨레'라는 말이 전혀 아니고 '순록유목민'을 뜻하는 것임을 전제로 하여, 조선상고사 연구시각의 코페르니쿠스적인 전환의 필요성을 문제로 제기하려 한다. 조선은 chaa(朝) bog(鹿)과 soyon(鮮)이라는 축치, 고대조선-선비, 투르크와 몽골어 곧 시베리아원주민의 토박이말이 합성된 이름이지 결코 한어(漢語)이름이 아니라는 것이다.

요컨대, 우리역사상 일제침점기에만 집중적으로 나타나는 조선도 "해" 신앙이오, 주몽의 어머니 유화(柳花 : 버들꽃) 신앙과 직관될 수 있는 붉은 버들(紅柳)신앙인 불함(不咸=Burqan : 투르크-몽골어로 '하느님')신앙도 "해의 밝음"신앙이라고 모두 이른바 태양숭배신앙에 마구 두들겨 맞추는 경향이 한 시대를 풍미해 오고 있었는데, 혹시 이는 일장기와 해의 뿌리라는 국명을 가진 일본(日本) 학문경향의 세례를 집중적으로 받는 시대권에서 빚어진 한국 국학계의 비극적인 식민지적 연구경향은 아니었을까 한다. 민족주체를 들고 나오면서도 제 겨레 역사는 남북이 모두 서구중심사관으로 해석하고 있는 요즈음의 민족사 연구 시각의 시대적 자기한계성을 감안해 볼 때, 그렇게 미루어 생각해 볼 수 있다는 것이다.

그러나 역사를 역사자체로만 접근해, 고대국가의 형성지 중심이 아니라 그 형성주체의 유래처 또는 기원지 곧 역사적 태반을 추구하려는 시각에서 들여다보면 주류 조선은 농경기원이 아니고 순록유목기원이며 오늘날의 장백산 언저리의 이른바 큰 산(大山)이 주무대가 아니고, 그 건너편의 대·소·외흥안령으로 이어지는 시베리아의 스텝-타이가-툰드라지대의 구릉과도 같은 장대(長大)한 〈작은 산(小山)〉-순록의 겨울 주식인 선(蘚 :

niokq=이끼)이 나는 〈선(鮮 : soyon)〉이 그 주무대라는 것이다〈그림 1-4〉.

〈그림 1-4〉 순록의 먹이인 이끼로 덮여 있다(김천호 촬영)

순록의 먹이인 이끼는 생태 상 응달에 많이 나고 그래서 습기가 더 많은 태평양쪽으로 이끼(蘚)가 더 잘 자라나는 새로운 목초지 곧 "이끼의 길(lichens road)"을 따라 이동해온 순록유목민이 바로 조선(朝鮮)겨레라고 하겠다. 결과적으로 동쪽으로 이동해 왔지만 해를 좇아온 것은 아니다. 남러시아 스텝의 순록유목민은 이끼의 길을 따라 대서양 쪽으로 북향해 가기도 했기 때문이다.

코리 곧 고구려인의 자칭 국명인 고려(고올리)는 코리야크족이나 오룬춘족, 투르크족이나 몽골족의 말로 순록이라는 뜻이다. 당연히 고구려말로도 코리(高麗)이다. 선비칸의 황금벨트 버클인 선비곽락대(鮮卑郭洛帶)의 장식패를 분석해보면 이끼가 나는 목초지 「선」에서 꼴을 뜯고 있는 「순록」의 그림임을 확인할 수 있다. 그러니까 이런 시각에서 보면, "조선"과 "고려"는 둘이 아니고 같은 순록유목민을, 조선(朝鮮)은 그 목초지인 "선(鮮)"에 초점을 맞추어 선(鮮)족이라 했고 고려는 그 고원지대의 장대한 작은 산(小山)-"선(鮮)"에서 이끼-"선(鮮)"이라는 꼴(牧草)을 뜯어먹고 있는 순록유목의 주인공 순록 곧 "코리(高麗)" 자체에 초점을 맞추어 곽락(郭洛 : khori)-고려족이라고 부른

것이라 할 수 있다. 다만 여기서 유목할 수 있게 가축화된 순록(馴鹿 : chaa bog=reindeer)과 그렇지 않은 단순한 사냥감인 야생 사슴(鹿 : bog=deer)을 준별하는 시각의 세련도는 식량생산단계와 식량채집단계를 가늠하는 준거를 세우는데 지극히 중요하다고 하겠다.

4. 북방기원설

오늘날 한국의 국제적 호칭인 "Corea(Korea)"가 한국사의 순록유목사적 태반의 소산인 이 선(鮮)의 「고려(高麗)」-소산(小山)의 「순록(馴鹿)」인 "코리(郭洛)"에서 비롯되었음을 자각하는 일은, 그래서 지금 우리에게 특별히 긴요하다. 주류 조선-주류 고구려는 농경기원이 아니고 특수목축인 순록유목기원이다. 이들이 철기의 제조와 함께 타이가라는 숲의 바다에서 무한경쟁이 강요되는 개활지인 광활한 스텝으로 나와 대규모 기마양유목을 시작해 기마양유목민으로 변신케되면서 마침내 조선-부여나 고구려-발해-몽골 등의 북방민족 고대정복제국이 출현케 된다는「유목사적 정통성」의 자기 확인도 여하가 실로, 이 시대 조선-고려겨레의 사활을 가르는 분기점이 될 수 있다고 하겠다.

인간을 위한 동물의 희생

오 상 집 (강원대학교 교수)

동물은 인간의 삶, 종교, 문학, 생활과 문화 속에 다양한 희생의 주체로 등장하였다. 최근에는 인류의 과학과 의학의 발전, 나아가 레저 선용과 정서적 만족을 위하여 동물의 희생은 더욱 가중되고 있다. 인간 생활사에서 희생이란 덕목을 매우 드물기에 무엇보다도 고귀한 덕목으로 여겨왔음을 감안할 때, 이러한 희생의 묵묵한 당사자인 동물에 대하여 이제는 감사하고 인정하여야 할 때다. 본 장을 통하여 인류사에 투영된 다양한 동물의 희생과 희생적 모습에 대하여 되돌아보고 동물의 희생적 삶으로 인간의 문명사가 이만치 발전해 왔음을 절실히 깨닫고자 한다. 뿐만 아니라 지구 생태의 지속은 물론 인류 생활의 풍요를 위하여 동물의 희생은 앞으로도 불가피하기에 이제는 동물과 나란히 공존하며 서로 존중하고 인정하는 진정한 동반자로서의 소양을 갖출 때가 되었음을 인식하고자 한다.

"이제까지 나타난 모든 증거를 볼 때 누구도
동물이 인간의 삶의 질을 윤택하게 한다는 사실을 의심할 수가 없다 ……."
(Kellet and Wilson, 1993)

더불어 사는 세상에서 희생(犧牲, sacrifice)은 매우 귀중한, 그럼에도 점차 사라져 가는 덕목의 하나이다. 희생이란 남을 위하여 제 몸이나 귀중한 것을 바치는 것인데 그 중에서도 자신의 목숨까지 바치는 것을 지고(至高)의 희생으로 여긴다. 그래서 인간의 삶에서는 이러한 희생을 살신성인(殺身成仁)이라 하여 매우 귀하게 여기며 기리고 있다.

희생이라는 단어의 한자를 살펴보면 모두 소 우(牛)가 들어가 있고 옳을 의(義)자와 날 생(生)으로 구성되어 있음을 알 수 있다. 한자어 犧牲이 '소라는 동물이 죽음으로 의롭게 됨'을 뜻하는 것으로도 해석해볼 수 있어 동물이 희생의 모범이 되었음을 짐작케 한다. 또한 희생의 어원적 뜻을 살펴보면 '신명(神明)에게 바치는 산 짐승'이라는 의미를 가지고 있다. 희생을 뜻하는 'sacrifice'란 영어 단어의 어원도 라틴어의 '성스러운 것, 성스럽게 행하는 것'이라는 종교적 의미에서 기원한다. 이러한 관점에서 보면 희생이란 근본적으로 종교에서의 성스러운 의미, 구체적으로 종교적 예식에서 동물의 '피' 나 '생산물'을 바친다는 뜻을 포함하고 있다. 인간의 사회생활 속에서 고귀한 가치로 여기고 있는 '희생'의 배경적 의미가 예배 의식을 완성하는 동물의 죽음으로 점철되어 온 인류 역사를 돌아볼 때, 그만큼 동물의 희생이 많았음을 보여줄 뿐 아니라 동물이 인간 자체의 희생에 버금가는 최고의 제물 역할을 담당하여 왔음을 알 수 있다.

동물의 희생은 여러 종교에서 신앙심의 척도와 연계되어 많이 등장한다. 힌두교에서는 예배의 경건함이 암소가 생산하는 기(ghee, 우유의 지방이라는 뜻)와 관련이 깊은 것으로 알려져 있다. 이는 사경을 헤매던 어느 성자의 목숨을 암소가 자신의 우유를 먹여줌으로서 살리게 되었다는데서 유래하였다고 한다. 그로 인하여 ghee는 힌두교에서 희생의 상징이 되었고, 결국 희생의 상징인 ghee를 생산하는 암소도 성스러운 존재로 숭배의 대상이 되었다. 또한 구약 성서에서는 지고의 제물이었던 인간(아들)이 극적으로 어린 양, 즉 동물로 동등하게 대체 된다. 또한 온전한 동물을 도축하여 그 피를 제단에 바르거나 고기를 태우는 예식이 여러 종교에서 나타나는데, 이는 주로 인간이 저지른 죄에 대하여 사함을 받기위한 예식에 동물이 대속 제물로 희생된 경우이다.

신앙의 차원은 아니더라도 동물의 희생을 기리기 위하여 그 동물을 신성시 하거나 귀하게 여기는 경우도 매우 많다. 우리나라에서는 죽음이라는 희생을 무릅쓰고 천년이나 묵은 뱀으로부터 행인을 구해주었다는 전설에 따라 까치를 귀한 동물로 여기어 왔다. 흥부전의 하이라이트는 놀부의 박이 흥부의 그것과는 전혀 다르다는 것인데 그 이유가 근본적으로 놀부가 제비의 다리를 부러트린데 기인한다. 여기서 동물에 대한 학대가 인간의 흉화로 연결되고 또한 이로 인하여 제비를 길조로 여기게 되는 과정을 되새겨 보면, 인간에게도 동물의 희생을 조금이나마 미안하게 여기어 왔던 마음이 자리 잡고 있었음을 보게 된다.

동물은 인간이 사고하고 생활하는 영역에서도 다양한 모습으로 공존하여 왔다. 동물은 인간에 의하여 때로는 사악한 대상의 상징으로 묘사되기도 하고, 같은 동물이 때로는 경하의 대상으로 나타나기도 하였다. 단군 신화에서 호랑이는 사람이 되지 못하여 실패를 상징하는 동물이었지만, 그 이후 설화에서는 사람으로도 둔갑할 수 있는 신출귀몰의 상징이 되었다. 한편, 인간이 되었던 곰은 단군신화에서는 생산과 번영을 상징하였으나 신라시대 설화에서는 사람을 괴롭히는 귀신으로 격하된다. 이렇듯 인간 생활 문화 방식의 시대적, 역사적 변천과정에서 같은 동물에 대한 상징 내용이 변화한 것은 인간과 더불어 동물도 상당기간 인류 문화 변천의 주역으로 자리 잡아 왔었음을 보여주고 있다. 특히 동물에게 부여되었던 상징 내용에서 공통적인 것은 상징이 의도하는 내용이 대부분 인간의 사유

영역이라는 점이고, 또한 인간의 길흉화복과 연계되었다는 사실이다. 우리 문화에서 뱀은 용이 되기 위해서 오랜 세월을 기다리는 슬픈 동물이기도 하지만, 두려우면서도 상서로운 동물이었고, 복이나 재물을 가져다주는 상징물로, 흉조나 길조를 알리는 징표동물로 자주 등장하였다. 그 외에도 고양이는 영리하고 반드시 복수하는 두려운 동물로, 개는 충직하고 똑똑한 동물로, 말은 권력을 상징하는 동물 등으로 상징되는 등 인간의 사유를 대역하여 왔음을 알 수 있다.

이러한 동물 의인화는 많은 설화나 동화의 서두에 '옛날! 옛날! 까막까치 말할 적에…' 라든지, '호랑이 담배 피우던 시절에…'라는 대목에서 고조에 이르렀다(김려화, 2009 ; 황구연 설화 연구). 나아가 의인화 정도를 넘어 일부 신화 속에서는 동물들이 혼을 가지고 있거나 신비로운 힘의 소유자로 등장하기도 하였다. 따라서 경외의 대상이 되거나 신의 뜻을 인간에게 전달하는 심부름꾼이 되기도 하였으며, 때론 고귀한 제물로 변하기도 하였다. 유라시아 대륙의 유목민들 사이에서 말은 신에게 바쳐지는 대표적인 희생 제물이었는데, 신라 혁거세 신화에서도 하늘에서 내려오는 혁거세를 앞서 알리는 신성한 대상으로 백마가 등장한다. 그 밖에 인간이 동물과 결혼하는 내용이라든지, '짐승을 도와주면 은혜를 갚고 사람은 도와주면 앙갚음 한다'는 속담처럼 동물이 의인화된 설화적 사례는 매우 많다. 이들 모두를 종합해보면 종교 예식을 넘어 대부분의 인류 문화, 설화 및 전설 속에서 동물이 인간과 동등한, 때로는 신성한 대상이 되어 제물로서, 인간 대역자로서, 인간 훈육 기구로서 다양하게 활용되어 왔다고 할 수 있다. 그런데 이러한 활용 과정을 동물의 입장에서 평가해 본다면 희생 자체이거나 희생 행동이었다고 할 수 밖에 없을 것이다.

비단 종교 차원에서 뿐 아니라 인간의 삶을 영위해나가는 과정에서 동물이 희생되는 경우도 많다. 인간의 삶과 역사를 살펴보면 그들의 의지, 생각, 감정 또는 행동을 나타내는 과정에서 수많은 동물들이 희생되어 왔음을 쉽게 찾아볼 수 있다. 김유신 장군이 자신의 의지를 상징적으로 나타내기 위하여 말(馬)의 목을 베었던 것처럼 실제 인간의 생각이나 의지를 표현하는 징표로 동물이 희생되기도 하였다. 뿐만 아니라 '닭의 모가지를 비틀어도 새벽은 온다'는 표현이나 다양한 욕설 표현에서 동물은 언어적으로 희생되기도 하였다. 이는 인간이 스스로 하기 싫어했던 역할을 담당하는 하나의 대역으로서도 동물의 희생이 다양하게 이루어져왔음을 의미한다. 역설적으로 이는 인간의 다양한 삶 속에 동물이 마치 하나의 인간처럼 중요한 구성원으로 자리 매김 되어 왔음을 보여주고 있다. 더군다나 인간의 삶에 등장한 동물은 대부분 희생의 모습으로 인간을 대역하고 있음을 알 수 있는데 이는 동물이 인간에게는 주로 희생의 대상으로 간주되어 왔음을 의미한다. 2010년 3월, 뉴욕 타임즈 신문은 어릴 적 동물학대의 경험이, 이후 흉악한 범죄를 저지르게 되는 것과 높은 상관성을 가진다는 특집 기사를 보도한바 있다. 이는 희생이나 학대 대상으로서도 동물과 인간이 동급으로 연계될 수밖에 없었던 이제까지의 관계 역학을 역설적으로 나타내고 있다.

자연 생태계의 물질 순환과 지속을 위해서도 동물의 희생은 매우 중요하다. 자연 생태계가 오염이나 순환의 병목 현상 없이 바르게 순환하기 위해서는 유기물의 생산(production) ⇨ 이용(utilization) ⇨ 분해(decomposition)로 이어지는 순환 축에서 각 순환 구간 별 순환 역량과 속도에 균형이 이루어져야 한다. 또한 전체 순환 속도도 너무 빠르지 않아야 한다. 그러나 최근 지구 생태계는 이용 후의 폐기물이 생태계의 자체 분해 역량보다 과다하게 배출되어, 폐기물이 누적되는 이른 바 오염(pollution)으로 중병을 앓고 있다. 왜냐하면 생태계의 분해 역량은 태초부터 비교적 일정하게 유지 되어왔는데 반하여, 최근 들어 생산이나 이용량은 급증하고, 난분해(難分解) 폐기물도 급증하고 있기 때문이다. 이러한 문제를 해결하기 위해서는 물론 이용량(소비량)을 줄여주어야 한다. 또한 폐기물의 재활용 또는 재순환(recycle)을 확대하거나 중간 이용자를 통하여 생산이나 이용구간의 순환 속도를 늦추어 주어 생태계 스스로의 분해 시간을 늘려주는 길 밖에 없다.

그렇다면 생태계 유기물 순환과정에서 동물의 희생적 역할은 무엇일까? 동물은 유기물 순환 축에서 매우 중요한 중간 이용자가 될 수 있는 역량을 가지고 있을 뿐 아니라, 실제 직접 분해의 대상이던 부산물의 중간 이용자로서 긴요한 역할을 수행하여 왔다. 중간 이용자로서 동물의 모습을 살펴보면 부산물이나 재활용 자원과 같이 상대적으로 열등한 자원을 묵묵히 이용할 뿐 아니라, 그 자원을 이용 한 후에도 희생의 산물이 되어 또 다른 이용 경로로 투입되는 것을 볼 수 있다. 이러한 과정이야말로 동물의 입장에서는 목숨을 내놓는 희생이라고 할 수 있는데 자연계에서 이러한 희생을 마다하지 않는 주체는 실제 동물 뿐 이 없다고 해도 과언이 아니다. 즉 동물은 자기 자신의 희생을 통하여 생산과 이용의 순환속도를 조절함으로 생태 환경의 오염 방지와 생태 지속을 가능케 할 수 있는 중요한 중재자라고 할 수 있다.

인류의 실제 생활사 속에서도 동물의 고귀한 희생과 그 희생적 행동은 인간에게 꼭 필요했을 뿐 아니라 매우 중요한 역할을 수행하여 왔다. 동물의 축력이나 운송능력이 인류의 문화 발달과 역사에 기여한 비중은 이루 가늠하기 어려울 정도로 막대하다. 동물의 흘린 땀이 없었다면 과연 농경문화의 발전이나 실크로드의 개척이 가능 했으며, 만약 말 과 마술이 일찌감치 발달하지 않았더라면 몽골 제국의 구축이 가능 했을 것인가? 이를 가정해 본다면 동물의 희생이 인류의 역사를 바꾸는데 매우 중요한 역할을 수행하여 왔음을 알 수 있고, 역으로 그 만큼 인류 역사의 전개 과정에서 수많은 동물이 희생되어 왔음을 짐작할 수 있다. 뿐만 아니라 전 세계 인구의 약 20% 는 아직도 축력이 유일한 운송 수단이며, 농업 노동력의 99% 를 축력에 의존하는 나라도 있다. 이는 동물의 축력 즉 희생이 앞으로도 운송 및 노동력 제공 수단으로 상당 수준 이용될 수밖에 없음을 보여주고 있다.

최근 인간의 건강 증진과 질병 저항능력 증진, 나아가 수명 연장을 위하여 다양한 연구와 실험이 이루어지고 있다. 이 중 과학적으로 가장 강조되는 것이 균형 있는 영양소의 섭취이며 이를 위해서는 동물의 희생 산물인 축산 식품의 균형 섭취가 꼭 필요하다. 축산식품의 과잉섭취나 식도락만을 위한 섭식을 제외한다면 축산식품의 섭취 정도가 인류의 건강 및 수명에 미치는 영향은 매우 클 뿐 아니라 또한 필수적이다. 이를 뒤집어 보면, 축산식품 공급을 위한 동물의 희생도 그만큼 막대함을 의미하며, 또한 동물이 인간의 건강 장수를 위하여 꼭 필요한 것에 희생되고 있음을 보여준다.

비단 축산 식품만이 아니라 질병 및 생명 현상을 연구하고, 치료제 및 건강 증진물질을 개발하기 위해서도 동물의 희생이 더욱 필요하게 되었다. 동물은 인간을 대신하여 인간의 생명현상에 대한 연구를 가능케 하는 지구상의 유일한 생물 도구(bio-tool)이다. 수많은 실험의 대상이 되었던 동물과 그들의 희생이 없었더라면 생명과학이나 의학의 지금과 같은 발전이 불가능했을 것임은 불을 보듯 자명하다. 앞으로도 의학이나 생명과학은 계속 발전할 것이며, 더불어 인류는 더욱 건강과 장수를 누리게 될 것이다. 따라서 각종 약품, 기능성 식품, 신물질, 미확인 물질 등 생물 산업 물질이 더욱 더 많이 출현하게 될 것이고, 이들의 효능이나 부작용등을 검증하기 위하여 보다 많은 동물이 실험이라는 이름 아래 희생될 것이다.

뿐만 아니라 앞으로 동물은 인간을 위한 대체 바이오 장기의 생산자이며, 각종 의료 신기술의 시험적 시술 대상이 될 것이다. 또한 동물 자체가 기능성 축산물, 기능성 물질로 활용되는 경우도 더욱 증가하게 될 것이다. 앞으로 축력이나 운송 수단 등 전통적 동물의 역할을 수행하기 위하여 희생되는 동물의 비중은 감소할 수도 있으나, 의학 및 생명과학의 발달과 더불어 오히려 연구를 위한 동물의 희생은 더욱 증가할 수밖에 없고, 그 희생의 과학에의 기여와 비중은 더욱 막중해질 것이다.

그 밖에도 동물은 신체 희생은 아니라 하더라도 여러 가지 희생 행동에 의하여 인간에게 봉사하고 인간과 같이 생활하고 있다. 동물을 활용한 인간의 질병, 고통, 장애의 치료(animal-assisted therapy), 애완 및 반려 동물을 활용한 인간 정서의 함양 및 교육(animal-assisted activity, animal-assisted learning), 인간의 게임, 스포츠, 오락을 위해 봉사 희생하는 동물, 그 밖에 훈련된 동물에 의한 명도, 치안유지, 마약류 적발 등에 이르기 까지 동물의 희생 행동이 인간 생활에 기여하는 바는 매우 많다.

최근 들어 동물로부터 유래 된 각종 질병의 발생, 일정 지역 내 동물의 과잉 생산에 따른 분뇨 폐기물 오염, 온실가스 발생, 동물성 식품의 과다 섭취와 우연히 시발을 같이하는 인간의 비만 및 성인병 증가 등으로 동물의 희생적 역할이 과소평가되거나 심지어 동물 무용론까지 등장하는 것을 볼 수 있다. 그러나 이들 대부분의 문제는 인간의 근시안적 욕망으로 동물을 균형 있게 활용하지 못하였기 때문에 나타난 문제이다. 그러므로 인간에 의하여 야기된 문제로 동물의 희생을 과소평가하거나 무용론을 주장해서는 안 될 것이다.

실제 병리학계에서는 동물이 없을 경우, 인간이 병원성 미생물이나 해충의 유일한 공격 또는 감염 대상이 되어, 인간에서의 질병은 더욱 창궐할 것이라고 예측하는 보고도 있다. 또한 환경이나 수계 오염의 주요 원인이 오히려 생활 및 산업 폐기물이며 온실가스 급증의 주요 원인도 인간의 산업행위라는 사실은 이미 과학적으로 입증 된 바 있다. 뿐만 아니라 비만이나 성인 질환도 동물성 식품 자체보다는 전체 식품의 불균형 섭식이나 과잉섭취가 원인이라는 것이 정설이다. 이는 동물의 희생 자체가 근본적으로 생태계의 균형을 목표로 하고 있음을 보여주는 대목이기도 하다.

동물과 인간! 그 희생의 정도나 방향을 떠나서 모두 생태계 공존의 중요한 구성 요소이다. 동양에서는 십이 간지의 띠 동물로, 서양에서는 별자리의 이름으로 사람의 운명과 연계되어온 동물, 윤회의 신앙 속에서 인간의 전생 대상으로 등장하고 있는 동물, 마력(horse power)이라는 단위로 공학 및 역학에 등장하는 동물, 각종 신화, 우화, 문학, 예술에 마치 인간의 대역과 대변자가 되었던 동물. 이들 모두 우리 인간과 너무나 밀접하게 생활해오다보니, 우리 인간들은 자연스레 그들의 희생을 당연하게 여기고 있는 것은 아닐까? 그러다 보니 우리 사회생활 속에서도 상대방의 희생은 보이지 않고 상대방에 의한 불편만 커 보이는 것은 아닐까? 인류 역사 내내 인간을 위하여 희생하고도 조금도 그 희생을 내세우지 않는 동물에게 이제 우리 인간이 감사하는 마음을 가질 때다.

더군다나 과학과 의학의 발전 그리고 인간의 삶에 대한 기대와 목표가 높아지면서 인간을 위한 동물의 희생은 끊임없이 요구되고 있다. 사람이 만물의 영장이라는 논리로 더 이상 동물의 일방적 희생을 그들의 숙명인 것으로 정당화해서는 안 된다. 왜냐하면 생태계 구성원 그 어느 하나만의 일방적 희생은 오히려 다른 구성원의 삶을 피폐케 할 뿐 아니라 현존하는 생태계를 지속하기 어렵게 만들기 때문이다. 이와 관련하여 저명한 환경정책학 학자인 오어(Orr) 교수는 "어린이에게 인간과 동물의 바람직한 공존을 체득하게 하지 못한다면 인류 문명과 지구생태를 더 이상 지속하지 못하게 될 것이다"라고 잘라 말하고 있다.

이제 인간과 동물, 그 관계에 바람직한 공존 방향을 정립할 때다. 이미 하버드 대학의 윌슨 교수를 비롯하여 일부의 선구적 노력으로 생명생태존중(Biophilia)의 중요성이 제시된바 있고, 동물인간관계학(Anthrozoology)이란 학문도 태동하면서 공존의 분위기는 조성되었다. 그러나 이러한 움직임에서 무엇보다 필요한 것은 이를 주도하고 동물을 동등한 구성원으로 받아들여야 할 또 다른 구성원이 바로 이제까지 동물의 희생을 향유한 우리 인간임을 보다 많은 사람이 자각하는 것이라고 하겠다.

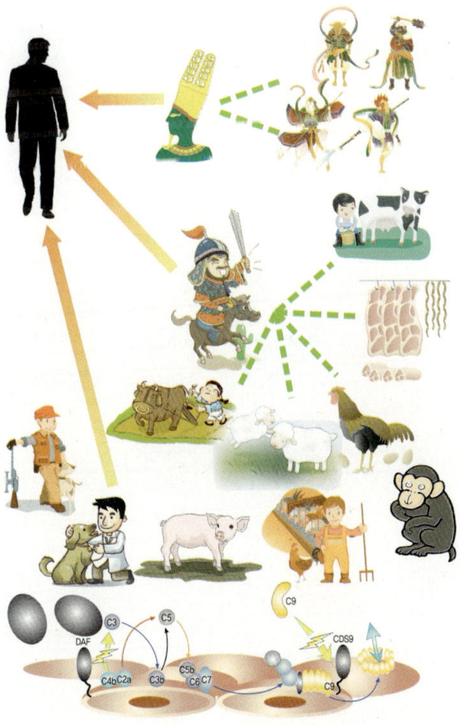

〈그림 1-5〉 인간을 위한 동물의 희생

인간에게 필요한 동물의 능력

신 종 서 (강원대학교 교수)

1. 동물의 의사소통 방법

1) 음파로 사물을 인식하는 고래

수중에서 음파의 속도는 공기 중에서 보다 4.5배 정도 빠르기 때문에 초 당 1.6Km의 속도로 진행하지만, 초음파는 물 속에서 멀리까지 전파되지 못한다. 그러나 비교적 주파수가 낮은 음파를 멀리까지 전파되는 특성 때문에 일부 동물의 경우 높은 주파수의 초음파를 이용하여 먹이를 찾거나 동료의 위치를 파악하는 일상적인 용도로 사용되고 있지만 인간의 청각으로는 들을 수 없다.

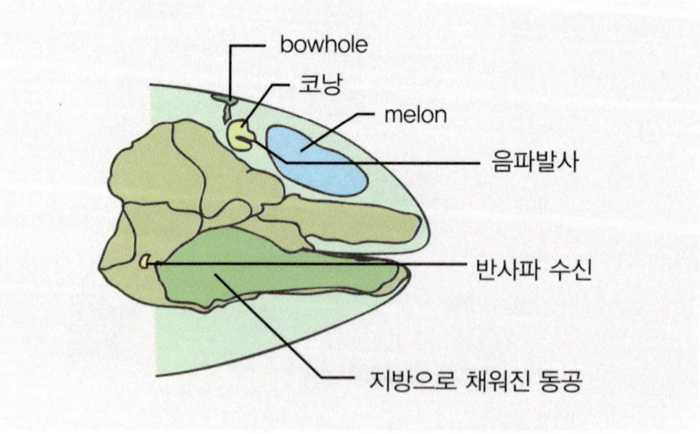

〈그림 1-6〉 고래의 머리 구조

고래는 음파를 통해 사물을 인식하며, 운동하는 동안에도 항상 초음파를 이용하여 앞쪽의 먹이, 동료 혹은 적의 위치를 파악하게 된다. 고래가 초음파를 발생 및 이용하는 과정을 살펴보면, 고래의 두개골 속에는 코낭이라는 두 개의 기관이 존재하는데, 이 기관사이에 존재하는 공기를 움직임으로써 초음파를 발생시키고 발생된 음파는 앞이마에 있는 지방으로 가득 찬 멜론(melon) 층을 지나면서 증폭되어 밖으로 전파된다. 이 멜론 주머니는 음파를 한 곳으로 모아 주는 역할을 하고, 모아진 음파는 강한 힘을 얻어 피사체를 향해 방사하게 되는데, 방사된 음파는 물체에 부딪혀 되돌아오는 반사파를 아래턱뼈를 통하여 수신하며, 수신된 음파는 지방으로 채워진 동공을 지나 소리샘을 울리고 이것이 청각 신경을 타고 뇌의 소리 센타로 전달된다. 이 과정을 통해 고래는 소리를 통하여 부근의 지형, 먹이, 적, 동료의 위치 및 움직이는 방향 등을 비교적 정확하게 파악한다.

2) 춤으로 의사소통 하는 꿀벌

꿀벌은 꽃이 있는 장소를 자기의 동료에게 알려 주기위해서 엉덩이를 흔드는 춤으로 의사를 전달한다. 예를들어 먹이가 태양 쪽에 있을 경우 꿀벌은 엉덩이를 흔들면서 수직으로 날아오르며 춤을 추면 먹이는 태양의 왼쪽 45도에 위치함을 알리는 것이다.

한편, 꿀벌은 종에 따라 춤추는 방법에 다소 차이를 보이는데, 먹이와 벌집 사이의 거리가 3미터 이내일 때는 모두가 원형춤을 추는 것이 일반적인 흐름이다. 그러나 먹이와 벌집 사이의 거리가 3미터 이상의 거리일 때는 낫 모양의 춤을 추고, 20미터 가량의 거리일 때는 8자 춤으로 춘다. 반면에 오스트레일리아산 꿀벌은 먹이와 벌집 사이의 거리가 3미터가 넘더라도 60미터 이내에서는 원형춤을 추지만, 60미터 이상에서는 8자 춤을 추게 되는데, 8자 춤을 출 때는 먼 거리일수록 엉덩이를 흔드는 속도가 늦어진다. 따라서 오스트레일리아산 꿀벌은 엉덩이 흔드는 속도를 보고 동료들은 좀 더 정확한 거리를 파악할 수 있게 된다.

〈그림 1-7〉 꿀벌의 동그라미 춤(100m 이내에 꽃이 있을 때 추는 춤)

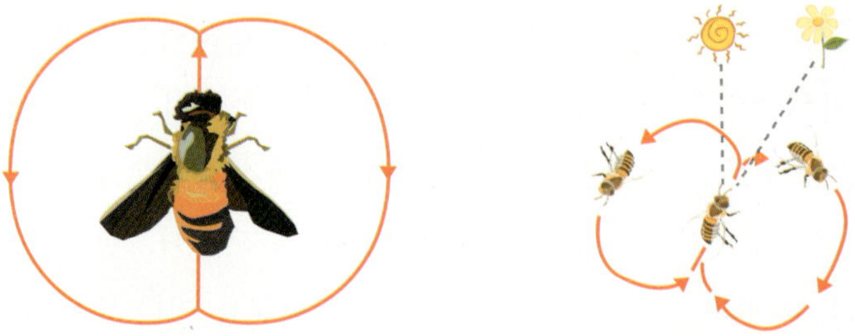

〈그림 1-8〉 꿀벌의 "8"자 모양의 춤(엉덩이 흔들기 춤 : 태양의 방향을 기준으로 벌이 엉덩이를 흔드는 "8"자의 한가운데를 진행 방향에 연장시키면 꽃이 있는 방향이 되며, 엉덩이를 흔드는 모양과 걷는 속도로 거리를 파악할 수 있는데, 동작이 느릴수록 거리가 멀다는 것을 나타낸다.)

2. 조류의 각인

1) 오리

각인은 조류에게는 매우 흔하게 일어나는 현상으로써, 주로 새끼 때 이루어지는 매우 빠른 집중적인 학습을 말하며 조류들은 각인을 통해 자기 종의 중요한 특징을 배우게 된다. 각인의 시기는 종에 따라 다소 차이를 보이는데, 어린 조류들의 각인현상은 부화하자마자 처음에 보는 움직이는 물체에 이루어져 무조건 처음 보는 물체를 따라다니는 특징을 가지고 있다. 예를들어 오리의 각인 시기는 부화 후 12~17시간 정도로써 17시간이 지나게 되면 급격히 학습의 민감도가 떨어지고 하루 정도가 지나게 되면 거의 학습 효과가 없어지게 된다.

〈그림 1-9〉 오리

2) 회색기러기

조류학자인 로렌츠는 회색기러기를 이용해서 각인에 관한 연구를 실시하였는데, 회색기러기 모형을 만들어 그 모형 안에 스피커 장치를 해 놓고 그 모형을 끌고 다니면서 자기 음성을 갓 태어난 새끼 기러기들에게 들려주었다. 새끼 기러기들은 모형을 어미로 생각하고 평생 그 모형만을 따라 다니는 현상을 보였다. 로렌츠는 실험을 통해 부화 초기가 가장 각인에 민감한 시기로 그 시기에 얻어진 경험은 평생 잊지 않는다고 하였다. 또한 모형 기러기 대신 노란 장화를 신고 그 장화에 검정 테이프를 얼룩얼룩하게 붙여 소리를 내면서 다녔는데, 그 결과 기러기들이 로렌츠만을 따라다니게 되어 로렌츠는 동물들의 어미가 되곤 했다.

〈그림 1-10〉 회색기러기

3. 동물의 감각 세계

1) 월요일을 아는 고양이

고양이는 예전부터 영물로 인식되어 왔으며, 다른 어느 동물보다도 정확한 시간개념 및 공간지각능력이 있는 것으로 알려져 왔다. 어느 심리학 교수가 직접 체험한 바에 따르면, 그 교수는 몬디라는 검은 고양이를 사육하고 있었다. 몬디는 매일 월요일 저녁 7시 30분이면 교수의 연구실에 나타나 먹이를 요구하고는 어디론가 목적이 있는 듯 사라지곤 하였다. 그 교수는 몬디가 월요일 저녁 이후의 시간에 무엇을 하는지 몹시 궁금했고 그래서 몬디의 뒤를 따라가 보았더니, 몬디는 대학의 캠퍼스를 빠져나간 뒤 파란 불이 켜진 신호등 앞에서 잠시 기다린 후 7시 45분에 대학 병원에 도착해서 어느 창가로 뛰어 올라가는 것이었다. 몬디는 불이 켜진 창문은 통해 2시간씩이나 방안을 흥미롭게 들여다본 후 총총걸음으로 집으로 돌아오곤 했다. 물론 그 방안에서는 언제나 그 시간이면 간호사들이 카드놀이를 하곤 했다는 것이다. 따라서 몬디는 시계를 보지 않아도 월요일이 언제인 것을 알고 있을 뿐만 아니라 7시 45분이라는 시간조차 정확히 알고 있었던 것이다.

〈그림 1-11〉 고양이

2) NASA의 연구대상인 올빼미

올빼미는 먹이가 놀라 달아나지 않도록 조용히 날 수 있는 날개 구조를 갖고 있는데, 이런 식으로 올빼미는 백여 미터나 떨어진 들쥐가 낙엽 속을 지나가는 소리를 듣고 유령처럼 소리 없이 날아가서 밤의 세계를 정복해왔다. 또한 올빼미가 저속으로 나는 새라는 것은 이미 반세기 전부터 잘 알려진 사실이며, 올빼미는 스텔스 특성을 가지고 있어 저속으로 날면서 놀랍게도 먹이를 잡을 수 있다. 특히, 올빼미 날개의 뒤쪽에 있는 주 깃털은 가장자리 형상이 톱니모양을 하고 있으며, 날개 꼭대기에 있는 낮은 계단형상은 음향학적 챔버의 기능을 수행, 날개짓을 할 때 2kHz 이상의 모든 소음을 제거하는 기능을 한다. 올빼미 전문가인 Wink는 "깃털의 톱니모양이 깊으면 깊을수록 올빼미는 더 조용히 날 수 있을 뿐만 아니라 각각의 깃털들은 개별적으로 조절되며, 양력, 제동 및 추진에 적합하도록 깃털의 각도가

〈그림 1-12〉 올빼미

변한다"고 설명한다.

한편, 올빼미 날개 앞쪽의 톱니모양은 유동방향의 와류를 형성하기 때문에 전체 날개의 윗면을 따라서 깊이방향으로 유동방향 와류를 만들게 되며, 이러한 와류는 높은 고도에서 운항하는 항공기의 날개뒷전 와류와 매우 흡사하고 날개 끝에서 크게 한 개로 발생하는 와류 대신 날개 전체에서 와류를 형성, 날개를 통과하는 공기가 난류를 발생시키지 않고 안정적으로 흐르게 하는 기능을 한다.

또한 다른 새의 날개나 항공기에 있는 날카로운 모서리는 소음을 아랫방향으로 전파시키는 특성이 있어 지상 거주자들에게 소음공해를 증가시키지만, 올빼미의 경우 날개 뒤쪽에 있는 솔들은 이러한 소음을 완전히 제거하는 기능을 하며, 마지막으로 날개윗면에 있는 계단은 고주파 소음을 흡수하는 역할을 한다.

한편, 항공기 연구자들은 자두 만한 뇌를 가진 올빼미가 어떻게 인간이 이해조차 하기 어려운 일을 할 수 있는지 궁금해 하고 있으며, 차세대 항공기의 소음기준을 만족시킬 수 있는 기술을 개발하기 위해 올빼미에 대한 연구를 수행하고 있다. NASA의 연구팀은 올빼미의 깃털로부터 항공기에 적용할 수 있는 다음과 같은 세 가지 사실, 즉 올빼미 깃털의 앞쪽 언저리를 따라서 존재하는 미세한 톱니 모양의 형상, 스카프의 가장자리에 있는 솔 모양의 날개뒷전 및 날개꼭대기에 있는 소음을 굴절시키는 계단층을 발견하기에 이르렀다.

3) 지진을 예보하는 동물들

최근 자주 발생하는 지진현상 역시 곤충 및 동물의 예보를 첨단 위성 예보가 따라가지 못하는데, 동물적 본능은 말 그대로 조물주의 생명보전의 장치라고 할 수 있다. 세계에서 지진이 가장 많이 발생하는 나라인 중국에서는 크고 작은 지진을 합쳐 1년에 한 번 꼴로 큰 지진이 일어나는데, 중국에서는 이미 오래 전부터 동물의 행동을 관찰함으로써 지진을 사전에 예측하여 큰 재난을 줄이고 있다고 한다. 중국에서는 이미 명나라 때 지진이 일어나기 전 동물들의 이상한 행동들이 관찰되었다는 기록이 있다. 최근의 기록에 따르면 지진이 일어나기 전에 집안에 있던 고양이들은 달아났고, 닭, 오리, 거위 등의 가금들이 겁을 먹고 나무와 지붕 위로 날아올랐을 뿐만 아니라 돼지들은 음식물을 먹으려 하지 않았다. 이외에도 말들이 마구간에서 뛰쳐나갔을 뿐만 아니라 소들이 서로 싸우기 시작했으며, 집집마다 개의 울음소리가 요란했다. 이러한 동물들의 갑작스런 행동을 신고

받은 대책반은 1975년 2월 4일 11시를 기해 1백만 명의 주민을 대피시켰는데, 예측했던 대로 2월 4일 19시 36분에 그 지역 남동부의 건물 절반 이상이 크게 부서진 강도 7.3의 대지진이 발생하였다. 만약 이 때 사람들이 대피를 하지 못했더라면 최소한 1만 명은 피해를 입었을 만한 지진이었다고 알려지고 있다.

또한 1976년 봄에는 이탈리아 북쪽 후리아울시에서 수천에 이르는 지진 희생자가 발생한 일이 있었는데, 지진이 일어나기 몇 시간 전에 동물들의 이상한 행동들이 목격되었으나, 아무도 거기에 관심을 갖지 않아 큰 피해를 보게 되었다. 이처럼 온갖 과학 기술을 동원해서 만든 지진계로도 미리 감지해 내지 못하는 지진을 어떻게 동물들은 미리 알 수가 있을까? 우리는 지진이 일어나기 전에 동물들이 겪는 이러한 장애를 '셀토닌 증후군'이라고 부르는데, 이 증후군은 지진이 일어날 때 마다 항상 나타나는 것은 아니며 동물들은 지진 지역에 따라 매우 다양한 반응을 보일 뿐만 아니라 가끔은 전혀 반응을 보이지 않을 때도 있다고 한다.

4) 박쥐의 초음파 레이더

박쥐는 그 종류가 무척 많아 전 세계적으로 1,000종이 넘게 분포하고 있으며, 이처럼 다양한 박쥐들에게 한 가지 공통적인 특징이 있다면 야행성이라는 점이다. 어두운 밤에만 활동하기 때문에 눈이 있어도 제대로 볼 수가 없을 뿐만 아니라 박쥐의 눈은 형편없는 정도가 아니라 일부 박쥐들은 얼굴에 잔뜩 나 있는 털에 가려서 거의 찾아볼 수 없을 정도로 눈이 아주 작다.

야간에 제대로 앞도 보지 못하는 상황에서 박쥐가 움직일 수 있는 이유는 눈에 비해 상대적으로 큰 박쥐의 귀에 답이 있는데, 어두운 밤에 움직이는 박쥐는 앞을 잘 볼 수는 없지만 소리는 잘 들을 수 있기 때문에 이 청각을 이용해서 사물을 파악하는 것이다.

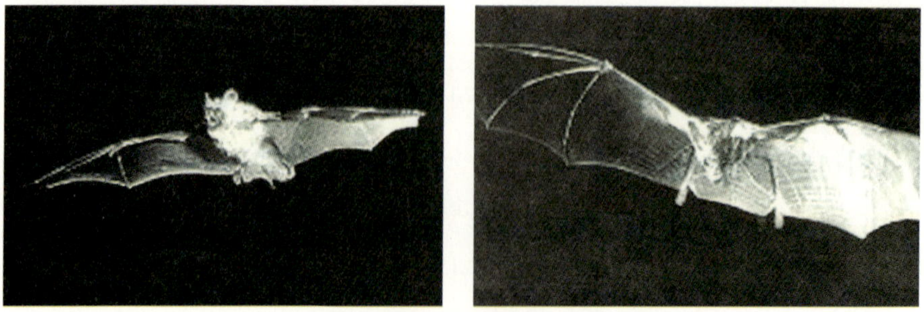

〈그림 1-13〉 야간 비행 중인 박쥐

박쥐는 초음파를 발사해서 그 초음파가 물체에 부딪쳐 되돌아오면 그 소리만 듣고도 마치 우리가 눈으로 보는 것처럼 사물을 정확히 파악할 수 있으며, 어둠 속에서 인간이 들을 수도 없는 초음파를 내서 적을 발견하고 장애물을 피할 뿐 아니라 먹이도 잡을 수 있다.

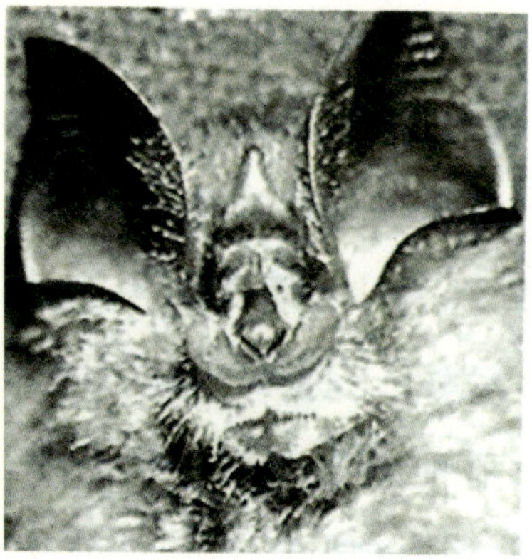

〈그림 1-14〉 관박쥐

한편, 관박쥐는 콧구멍을 통해 83킬로헤르츠의 가느다란 소리를 발산하고 그 메아리를 귀로 들어 먹이를 발견하며, 박쥐는 뇌의 초시계로 자기가 처음에 쏜 음이 반향음(메아리)으로 귀에 도달될 때까지의 시간을 1/000초 정도까지 정확하게 재서 그것을 거리로 환산한다. 또한 관박쥐 새끼의 지저귐 소리는 생후 1주일까지는 우리의 귀에도 잘 들리지만, 차츰 성장함에 따라 음이 높아져 생후 4주 정도가 되면 어미의 초음파와 비슷하게 발전하여 우리의 귀로는 들을 수가 없게 된다. 이때가 되면 관박쥐는 서식처 안을 조금씩 날면서 그 음을 이용하여 주위를 스스로 탐지할 수 있는 능력을 갖추게 될 뿐만 아니라 어미와 동료를 익히고 자신의 서식하고 있는 환경과 사냥 구역을 차츰 익혀나가게 된다.

또한 박쥐가 어두운 공간에서 구석에 부닞히지도 않고 날뿐만 아니라 어둠 속에서 작은 곤충들을 잡아먹기까지 하는 기술은 가공할 만한 초능력에 해당된다고 할 수 있다. 이외에도 새끼들의 소리를 녹음하고 틀어주면 어미는 자기 새끼를 정확히 찾게 되는데, 이것은 새끼들이 내는 소리가 저마다 조금씩 다르기 때문에 어미는 자기 새끼의 목소리를 알아낼 수 있다고 한다.

박쥐는 어둠 속에서 초음파를 발사해서 초음파가 물체에 부딪쳐 되돌아온 음을 귀로 듣고 0.1mm 정도의 작은 물체까지도 감지하게 되는데, 물체에 부딪쳐 박쥐의 귀에 되돌아온 소리는 우리가 육안으로 보는 것과 다를 바가 없다. 만일 박쥐를 색깔이 없는 잘 닦여진 유리창을 향해 날려 보내게 되면 박쥐는 유리창 앞에서 돌아서지만, 새를 날려 보내게 되면 새는 유리창에 머리를 부딪치게 된다. 바로 이러한 현상이 초음파와 인간의 눈과의 차이점이지만, 박쥐는 초음파로 유리창 너머를 볼 수는 없다.

5) 돌고래의 청각

〈그림 1-15〉 돌고래

박쥐와 달리 돌고래는 청각뿐만 아니라 시각이 또한 발달해 있다. 수중에서 나무 상자 속에 복잡한 모양의 물체를 숨겨놓은 상태로 돌고래에게 보여준 후 비슷한 크기의 물체 두 개를 보여주면 돌고래는 나무 상자 속의 물체와 똑같은 물체를 골라낼 수 있다. 돌고래는 초음파를 발사하여 반사되는 복잡한 물체의 모양을 구별해 낼 수 있는데, 이 능력으로 바다 속의 진흙에 숨어 있는 먹이들을 찾아낼 수도 있다. 또한 돌고래의 청각은 매우 뛰어나서 수중에서 인간의 옷을 뚫고 몸의 내장까지 투시해서 볼 수 있는 것으로 알려져 왔으며, 돌고래는 실제 시각보다 더 뛰어난 청각으로 두 가지 시야를 확보하여 앞을 더 잘 볼 수 있는 셈이다.

6) 초음파로 서로 대화하는 코끼리

〈그림 1-16〉 코끼리

박쥐의 초음파가 너무 고음이라서 우리 귀에 들리지 않는 반면 이 코끼리의 초음파는 너무 낮아서 우리 귀에 들리지 않는다. 즉 코끼리는 우리 귀에는 들리지 않는 초저음을 이용해서 동료와 의사소통을 하고 있다.

소리는 주파수가 높을수록 멀리 퍼져 나가지 못한다. 다시 말해서 주파수가 낮을수록 소리가 멀리까지 퍼져 나갈 수 있기 때문에 박쥐의 초음파는 20미터 이상 전달되기 어렵지만 코끼리의 초저음파는 수 킬로미터 떨어진 장소까지 전달될 수 있는 것이다.

한편, 사람이 들을 수 있는 한계음은 30헤르츠(Hz)로 30헤르츠 이하의 낮은 음은 사람이 전혀 감지할 수 없지만, 코끼리는 무려 12헤르츠의 낮은 음을 통해 서로 의사를 전달할 수 있다. 코끼리의 경우 초저음파를 발사해서 무려 4킬로미터 이상 떨어진 다른 코끼리에게 위치를 알려 줄 뿐만 아니라 한 무리의 코끼리 가족이 이 소리를 들으면 잠시 가던 길을 멈추고 몇 분 동안 꼼짝하지 않고 그 소리에 귀를 기울인 후 가던 방향을 바꾸어 소리가 난 쪽을 향해 다시 여정의 계획을 세운다.

7) 일기를 예보하는 동물의 세계

1972년 독일 북부 지역에 태풍 허리케인이 강타하여 6천만 그루의 나무가 쓰러지고 20만 ha의 태풍 피해 지역에서 수많은 가축의 피해가 있었으나, 야생동물들의 피해는 극히 적었다. 태풍이 강타하기 18시간 전에 기압계상으로는 아무런 조짐도 예측할 수 없었지만, 야생 동물들은 이상한 행동을 보였다. 즉 야생의 노루, 사슴 및 멧돼지들이 불안을 느끼고 자기 영역에서 이탈하여 이리지리 뛰는 것이 삼림 감시원들에 의해 목격된 것이다. 그러나 그 때까지 아무도 야생 동물들의 이런 행동을 보고 태풍이 몰아닥칠 것이라고는 상상도 하지 못했다. 이 사실을 통해 동물들은 인간에 비해 자연의 재앙에 잘 대처할 줄 아는 지혜를 갖고 있다는 것을 알 수 있다.

동물들은 어떻게 일기의 변화를 감지할 수 있는지의 여부에 대해 아직 실험적으로 모두 증명된 것은 아니지만 동물들이 지구의 일주기와 자기 폭풍을 통해 일기를 예측하리라 생각된다. 지구는 매일 대기의 전리권에서 발생한 유도 전류에 의해 자장이 생겨나 본래의 지구 자장에 합쳐지게 되고 규칙적으로 일정 지점에서 지자기의 변화가 생기게 된다. 또한 지구는 수 시간 혹은 2~3일 간격으로 자기 폭풍의 영향으로 지자기가 크게 변하게 되는데, 그것은 태양 흑점의 증감 주기가 11년과 일치하는 것으로 태양의 흑점 발생수가 많은 해에는 자기 폭풍이 많이 발생하게 된다. 동물들은 신경계에 제2철염이라는 화학물질이 축적되어 있기 때문에 그것이 지구 자장의 변화에 반응하는 것으로 추측되며, 따라서 동물들의 신경계는 사람이 만든 기계보다 재난에 훨씬 정확하게 대비할 수 있는 것이다.

동물들이 날씨를 예보할 때 나타나는 현상

- 미꾸라지가 수면위로 떠오를 때는 날씨가 나빠진다.
- 비가 내리기 전에 개미는 개미집의 입구를 필사적으로 틀어막고, 꿀벌은 벌집 속에 틀어 박혀 버린다.
- 파리나 말벌은 날씨가 나빠지기 전에 집안이나 자동차 안으로 날아 들어가려고 한다.
- 맑은 날임에도 불구하고 큰멋쟁이 나비가 바람이 닿지 않는 장소나 나무구덩이에 피난처를 찾고 있다면 몇 시간 안에 틀림없이 천둥과 비가 온다.
- 귀뚜라미가 밤늦도록 시끄럽게 운다면 날씨는 맑아진다.
- 모기가 떼를 지어 날아다니면 역시 좋은 날씨가 된다.
- 가을에 개미집이 높아지면 높아질수록 겨울은 혹독하게 춥다.
- 추운 겨울이 올 때 꿀벌은 겨우 눈에 보일 정도의 작은 구멍만을 남겨놓고 벌집의 출입구를 막아 버린다.
- 염소가 지붕 밑으로 숨으면 비가 내리고 풀밭에서 놀고 있으면 반드시 하늘이 갠다.
- 개가 자꾸만 땅을 파면 비가 내리고 이리저리 마구 뛰어다니면 날씨가 나빠진다.
- 오리가 수면 위에서 날개를 치면서 쉬지 않고 자맥질을 하면 비가 온다.
- 동물들이 소동을 일으키거나 소란을 피우면 지진이 일어날 징조다.

동물의 성과 호르몬

박춘근 (강원대학교 교수)

인간을 포함한 대부분의 포유동물은 태내에서 성의 결정이 이루어지며, 어미로부터 분비되는 호르몬은 태아의 생식기 발달뿐만 아니라 뇌에도 영향을 미친다. 또한 동물은 사춘기가 되면 성 호르몬이 대량으로 분비되어 암컷은 암컷답게, 수컷은 수컷다운 몸의 발달 및 행동을 할 수 있도록 하는데 사춘기가 되어 대량의 성호르몬이 분비되는 것은 시상하부에 있어서 성호르몬의 감수성이 높아졌기 때문이라 할 수 있다. 성 호르몬은 수컷의 경우 정자의 생성 등에 관여하며, 암컷의 경우 배란, 월경, 난포 및 난자발육 등 주로 생식현상에 관여한다. 또한 성 호르몬은 임신을 유지시키며, 태아나 태반을 성장시키기 위해서도 필요하고, 태아의 발육과 분만시 각 호르몬의 분비량이 변동한다. 최근에는 피임조절을 위한 경구피임약으로 프로게스테론과 에스트로겐 2종류의 합성여성호르몬을 포함한 혼합형이 이용되는 등 동물의 성에 있어서 호르몬은 중요한 역할을 하고 있다.

1. 성 결정 호르몬

사람의 경우 남성과 여성의 차이는 염색체의 차이에 의해 구분된다. 남녀모두 22쌍의 상염색체는 같지만, 성 염색체중 X염색체는 남녀 모두 공통으로 존재하며 Y염색체는 남성에게만 존재하는 특징을 가지고 있다. 따라서 남성은 X염색체와 Y염색체를 각각 1개씩 갖고 있기 때문에 XY, 여성은 X염색체를 2개 가지고 있기 때문에 XX로 표시한다.

X염색체에는 난소의 분화, 정자 형성의 억제 등에 관련된 유정정보가 포함되어 있는 것 외에 개체의 생존에 필수적인 유전자도 들어있기 때문에 X염색체가 존재하지 않는 개체는 생존할 수 없다.

Y염색체는 정소의 분화를 일으키는 SRY(sex determining region of Y)라고 하는 성결정유전자, 정자형성과 관련된 유전자 및 정소의 크기를 결정하는 유전자를 포함하고 있기 때문에 이들이 남성화에 관계하고 있다.

이와 같은 관점에서 보면, 남성과 여성의 차이는 성염색체의 차이에 의존하고 있다고 생각할 수 있지만, 성염색체가 XY에서도 생식기관이 여성형으로 되는 경우가 있으며 이와는 반대로 성염색체가 XX에서도 생식기관이 남성형으로 되는 경우가 있다. 이와 같은 성의 분화에 이상이 생기는 이유는 성호르몬과 그 수용체의 이상이 관여하고 있는 경우가 많다. 여기에서 남녀 생식기관이 어떤 과정을 거쳐 만들어지며 성호르몬이 어떻게 관여하는지 생각해 볼 필요가 있다.

인간과 동물은 태내에서 성의 결정이 이루어지기 전에 원시성선이라고 하는 것이 있는데 이것은 수질과 피질로 구성되어 있다. 수컷의 태아에서 피질은 퇴화하고 수질이 정색으로 되었다가 이것이 정소로 발달하여 남성호르몬의 분비를 시작한다. 한편 암컷 태아에서는 원시성선의 수질이 퇴화하면서 난소가 형성되어 여성호르몬의 분비가 시작되는데 질과 자궁의 형성은 여성호르몬이 분비되기 전에 이미 형성되기 때문에 여성에서 내부생식기의 분화는 여성호르몬에 의해 영향을 받지 않는 것으로 생각된다.

태내에서 생식원기가 난소 또는 정소롤 분화해 가는 시기에는 2쌍의 관이 존재하고 있는데, 이중 1쌍은 난관등으로 분화하는 뮬러관(Mullerian duct)이고, 나머지 1쌍은 정관등으로 분화하는 볼프관(Wolfian duct)이다. 뮬러관과 볼프관은 남성호르몬의 유무에 의해 그 후 발생운명이 결정되며 여성과 남성의 경우로 나누어 생각해 볼 수 있다.

우선 여성의 생식기관이 어떻게 형성되는가를 살펴보면, SRY유전자가 작용하지 않기 때문에 난소가 생겨나기 시작하며, 계속하여 난소에서 만들어진 여성호르몬(에스트로겐과

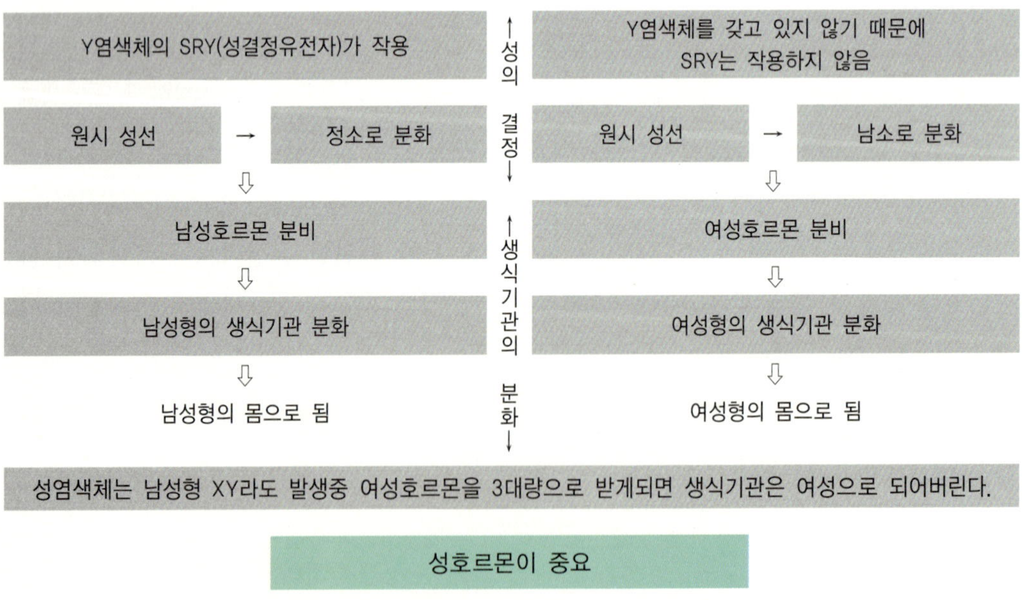

〈그림 1-17〉 성의 결정 : 생식기관의 분화와 성호르몬의 관계

(출처: 호르몬의 과학, 2000)

프로게스테론)의 작용으로 뮬러관으로 부터 난관, 자궁 및 질이 형성되며, 여성의 태아에서는 남성호르몬이 없기 때문에 볼프관은 퇴화한다. 만약 여성의 태아에서 발생의 어느 시기에 대량의 남성호르몬이 분비되면 생식기관의 발생이 변해버리는데, 예를 들어 선천성부신피질 과다형성증 환자에서는 남성호르몬이 과잉 합성되기 때문에 성염색체가 XX태아에서도 생식기관이 남성화되어 버린다.

한편 남성생식기관의 형성과정은, SRY유전자가 생식원기에 작용하기 때문에 정소가 생기며, 이어서 정소의 간질세포로부터 남성호르몬(안드로겐)의 하나인 테스토스테론이 분비된다. 이 호르몬은 볼프관을 발달시켜 부정소나 정관등을 만들며, 테스토스테론이 대사 작용을 하면서 태아의 외성기에 전립선의 발달에 관여한다. 그러나 성염색체가 XY에서도 남성호르몬과 수용체등에 이상이 생기면 생식기관이 여성형으로 되는 일이 있다. 예를 들어, 테스토스테론 수용체에 이상이 있는 정소성 여성화증 환자의 경우 테스토스테론의 작용이 세포내에 전달되지 않기 때문에 볼프관의 발달이 일어나지 않으며 테스토스테론이 대량으로 합성된다. 이와 같은 테스토스테론은 체내에서 대사되어 여성호르몬이 일종인 에스트로센이 되기 때문에 생식기관은 여성형으로 되어 버린다.

2. 사춘기와 성 호르몬

인간을 비롯한 모든 동물에게는 태아기부터 난소와 정소로부터 미량이기는 하지만 호르몬이 분비되고 있다. 그것이 왜 사춘기가 되면 대량으로 성호르몬이 분비되는 것일까?

몸의 성숙이 이루어지면 성 호르몬의 분비와 관련되어 "시상하부-하수체-성선계"라고 하는 자동조절 메카니즘이 완성되어 있다. 이 자동조절 메카니즘은 특히 여성의 경우 배란 및 월경이라는 과정에서 두드러지게 나타난다. 이것을 피드백 시스템(feedback system)이라고 한다. 이를테면 어느 연령에 도달하면, 시상하부로부터 하수체로 신호가 보내진다. 그러면 하수체로부터 성선자극호르몬(gonadotropin)이 방출되어 난소나 정소 쪽으로 향한다. 이때 gonadotropin의 자극을 받은 난소나 고환으로부터 여성호르몬이나 남성호르몬을 왕성하게 혈액속으로 분비하는 구조로 되어 있다. 그런데 난소나 정소로부터 성호르몬이 혈액속으로 과잉분비 되면 이들 호르몬은 반대로 사상하부에 작용하여 하수체로 향하는 신호를 억제하게 된다. 그렇게 되면 하수체로부터는 gonadotropin의 분비가 감소하고,

남성호르몬이나 여성호르몬의 분비도 감소하게 되는 것이다. 이러한 호르몬의 자동조절은 눈에 보이지 않기 때문에 자각할 수는 없지만, 여성에게는 월경이라는 현상이 있기 때문에 그 주기의 변화로써 알 수 있다.

그렇다면 왜 일정한 나이에 도달했을 때 자동조절 피드백 시스템이 작동하느냐는 문제가 있다. 이것에 대해서는 아직 확실하게 밝혀지지 않았으나 사춘기전의 시상하부는 성호르몬에 대한 감수성이 낮고, 그 때문에 태아기나 소아기의 성호르몬에서는 시상하부를 자극하기에는 이르지 못하기 때문에 피드백 시스템이 완성되지 않는 것이라는 주장이 제기되고 있다. 따라서 시상하부의 성호르몬에 대한 감수성이 높아지는 시기가 사춘기의 나이라고 말 할 수 있다.

만약 이 주장이 옳다면 사춘기의 발현 연령에 개인차가 있는 것도, 또 시대나 환경에 영향을 받는다는 것도 설명이 된다. 시상하부는 그 바깥쪽의 대뇌피질의 자극으로 조절되고 있으므로 사회 환경의 변화가 대뇌피질을 통해서 시상하부의 감수성에 영향을 미치리라는 것도 쉽게 이해 할 수 있다. 일단 피드백 시스템이 완성되면, 하수체로부터 gonadotropin이 계속 분비되고, 그 자극으로 정소, 난소로부터 성선호르몬이 분비되어 제2차 성징을 비롯한 성기능이 항진하게 된다. 따라서 사춘기의 나이가 되면 대량의 성호르몬이 분비되는 것은 시상하부에 있어서의 성호르몬이 감수성이 높아졌기 때문이라 할 수 있다.

3. 뇌의 성별과 호르몬

우리들은 남자 아이에게는 청색계통의 옷을, 여자아이에게는 붉은 계통의 옷을 입히고 싶어한다. 또한 남자아이에게는 남자다운 언어의 사용과 사고방식을, 여자아이에게는 여자다워지기를 기대하면서 부모는 아이들을 양육하고 있다. 아이들의 놀이에서도 여자다운 놀이라고 하는 것은 인형을 갖고 놀거나 소꿉장난 등 조용한 놀이며, 남자다운 놀이는 축구나 야구 등 격렬하면서 투쟁적인 것이 일반적으로 되어 있다. 이와 같은 남자다운 언동이나 놀이의 내용이 틀린 것은 부모에게 맞추어져 양육된다든지 또는 다른 남자나 여자가 그렇게 하고 있으니까 한다는 등 주위의 환경에 의한 것으로 생각해 왔다. 그러나 최근의 연구에서 이와 같은 남녀의 차이는 성호르몬이 관여하고 있다는 것이 밝혀졌다.

성호르몬은 생식기관의 형태형성뿐만 아니라 뇌에도 영향을 미친다. 즉, 태아의 초기에 남성호르몬이 뇌에 작용하면 남성의 뇌가 되고, 남성호르몬이 작용하지 않으면 여성의 뇌가 된다. 단지, 뇌가 남성화 또는 여성화 하는 것은 남성호르몬을 분비하는 시기가 중요하다. 일단 남성화된 뇌는 후에 대량의 여성호르몬이 분비되어도 여성화되지 않고, 여성화된 뇌는 후에 대량의 남성호르몬에 노출되어도 남성화되지 않는다. 따라서 발생초기 어느 시기에 태아의 뇌가 남성호르몬을 어느 정도 분비하는지가 태아의 정상적인 발생에 있어서 매우 중요하다.

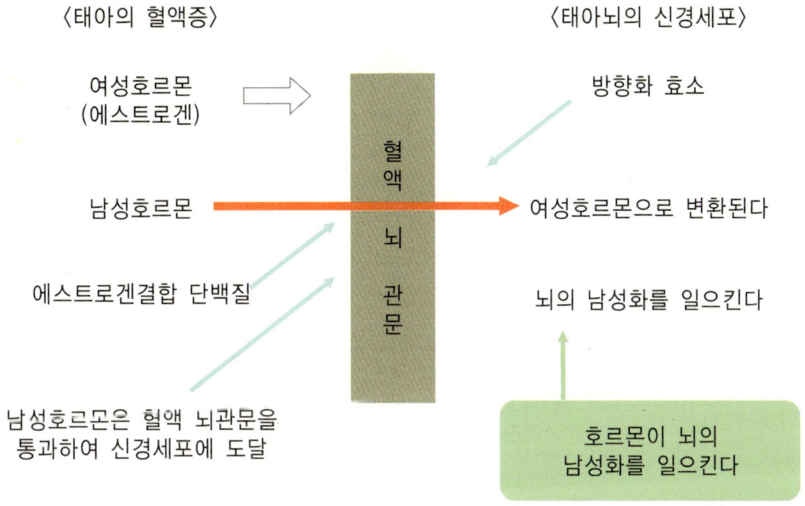

〈그림 1-18〉 뇌의 남성화

(출처: 호르몬의과학, 2000)

원숭이를 이용한 실험에서, 임신중의 어미 원숭이에게 남성호르몬을 주사하면 그 어미 원숭이로부터 태어난 암컷 원숭이는 놀이의 패턴이 수컷형으로 되었다. 또한, 생쥐를 이용한 실험에서는 출생 후 즉시 정소를 적출하면 뇌가 암컷화 된다.

성호르몬은 사람의 뇌를 변화시키기도 한다. 예를 들면, 부신피질형성증이라고 하는 유전병이 있지만 태아가 이병에 걸리면 태어나기 이전부터 대량의 남성호르몬이 분비되어 여자에게도 뇌가 남성화되어 버린다. 이 유전병에 걸린 여자는 "말괄량이"이가 되는 경향이 있고, 여자보다도 남자와 노는 일이 많고, 소꿉장난이나 인형놀이 등을 좋아하지 않는다. 결국, 유아시기에 있어서 부모가 아무리 여자답게 양육하려고 해도 태어나기 이전에 뇌가 남성화 되어버린 여자는 유감스럽게도 부모의 소망과는 반대로 남자와 같이 양육되어 버린다.

기이한 일로, 뇌의 남성화는 여성호르몬(estrogen) 수용체를 매개로 해서 일어난다.

여성 태아의 estrogen은 간장에서 만들어진 estrogen결합 단백질과 결합하기 위하여, 혈액뇌관문을 통과하지 않는다. 한편, 남성태아의 testosterone은 결합단백질과는 결합하지 않기 때문에 쉽게 혈액뇌관문을 통해 빠져나가 뇌에 운반된다. 뇌의 신경세포에는 방향화효소(아로마타제)가 있고, testosterone은 이 효소의 작용으로 estrogen으로 변환된다. 이것이 estrogen 수용체에 결합해서 뇌의 남성화를 일으키다.

4. 성호르몬에 의해 지배되는 동물

인간이 성 호르몬의 직접적인 지배를 받고 있는 것은 성징의 발달, 배란, 월경, 난포발육, 정자의 조성등 주로 생식현상에 관한 분야이다. 성충동이라든가 성행동으로 될 것 같으면, 성 호르몬 보다는 오히려 외계로부터의 자극, 파트너 등이 큰 영향을 끼치는 인자이다. 이와 같은 인간의 성행동은 성호르몬의 혈중농도와는 직접적인 관계는 없다. 그런데 인간 이외의 동물에 있어서의 성충동과 성행동은 완전히 성호르몬의 혈중농도에 의해 지배되고 있다. 인간도 생식에 관해서는 호르몬의 지배하에 있지만 동물의 성이 곧 생식이므로 성행동도 완전히 성호르몬에 의해 조절된다.

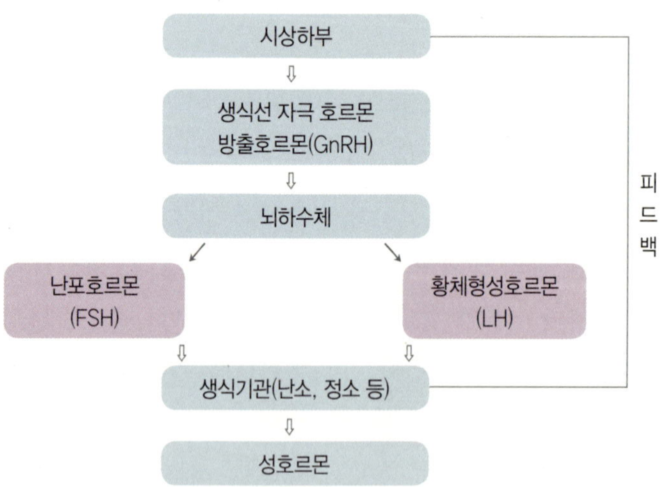

〈그림 1-19〉 호르몬에 의한 생식활동의 조절

(출처: 호르몬의과학, 2000)

이를테면 쥐의 난소를 제거하면, 성적으로는 전적으로 수컷을 받아들이지 않게 된다. 그러나 난소를 제거한 쥐에 에스트로겐을 투여하면 급속히 성행동을 개시한다. 그런데 인간에서는 난소를 제거하더라도 성욕이나 성행동에는 아무 영향이 없다. 만약 난소 제거에 의해서 성행동이 감퇴했다고 하면 그것은 뇌로부터의 영향, 즉 심리적인 영향에 의한 것이다.

암쥐에게 남성호르몬을 투여해도 쥐는 로드시스 등의 성행동을 일으킨다. 이와 같이 성 호르몬이 투여된 쥐는 뇌의 변연계로부터의 흥분이 대뇌피질을 경우하지 않고, 직접 중뇌척수를 거쳐서 로드시스나 마운팅을 발현시키는 것이라고 생각된다.

쥐의 성기를 손으로 자극하면 역시 로드시스를 일으킨다. 따라서 동물의 로드시스의 발현 메카니즘은 인간과 마찬가지로 성호르몬과 더불어 외계의 자극에 의해서도 일어나는 것이다. 그러나 동물의 경우는 시각, 청각 등 대뇌피질을 경유하지 않는 자극으로써 성행동을 일으킨다는 것을 알 수 있다. 외계로부터의 자극에서는 발기 라고 하는 성반응, 로드시스, 마운팅 등의 성행동을 일으키지만, 대뇌피질로부터의 자극에 의한 성반응과 성행동, 즉 에로틱발기라는 것은 동물에게는 없다.

이와 같이 인간외의 동물에서는 성중추와 성호르몬이 있으면 성행동을 일으키는 것이 가능하며, 대뇌피질이 발달했느냐, 아니냐는 그다지 영향이 없다 고양이를 이용한 실험에서도 대뇌피질을 세거한 경우 성행동에는 그다지 변화가 나타나지 않는다. 그러나 성중추인 변연계의 어느 곳을 파괴하면 성행동은 전혀 이루어지 않는 것으로 알려져 있다.

5. 성행동과 호르몬의 반응

성행동의 발현에는 여러 가지 요인이 관여하고 있다. 즉 동물자신의 유전적인 요인, 연령, 영양상태, 건강상태 등과 함께 자연환경과 사회 환경이 자극과 스트레스가 되어 체내환경에 영향을 미치기 때문이다. 특히 성행동의 발현은 직접, 간접적으로 호르몬의 지배를 받고 있다. 이들 호르몬은 뇌의 시상하부와 뇌하수체 및 정소, 난소와 같은 생식선계로부터 분비된다. 특히 생식선으로부터 분비되는 안드로겐, 에스트로겐, 프로게스테론은 생식기계의 발육과 기능유지에 직접 관여하는 호르몬으로서 성행동도 그 지배하에 놓여 있다. 일반적으로 안드로겐은 수컷의 성욕 및 성행동에, 에스트로겐은 암컷의 발정 및 교미허용 행동의 발현에 각각 작용하지만 에스트로겐+프로게스테론, 테스토스테론+에스트로겐과 같이 조합시켜 그 작용을 증강시키는 경우도 잘 알려져 있다.

수컷 동물에서 정소를 제거하면 소로부터 생산되는 안드로겐의 생산이 정지되기 때문에 생식기는 퇴행변화가 일어나지만 성욕과 교배행동은 수술의 시기, 동물 종, 과거의 교배경험 등에 의해 잠시 동안은 지속되는 경우가 있다. 한편, 암컷동물에서 난소를 제거하면 통상적으로 발정행동은 소실한다. 이와 같이 생식선을 제거한 동물에 대하여 안드로겐, 에스트로겐, 에스트로겐+프로게스테론 등을 투여하면 성행동을 부활시킬 수가 있다.

6. 호르몬의 외부자극에 의한 성행동

인간의 성행동 발현의 메카니즘은 성호르몬 보다는 오히려 외부로부터의 자극과 파트너라는 것을 알 수 있다. 이를테면 시각, 청각, 촉각 등으로 부터의 자극이며, 남자다운 남성, 믿음직한 남성, 정다운 말을 걸어주는 남성 또는 여자다운 여성, 아름다운 여성 등과 같은 파트너로부터의 자극이다. 이들의 자극에 의해서 대뇌피질이 흥분하고, 그 흥분이 성중추를 자극해서 성행동을 일으키는 것이다. 그러나 같은 자극을 받더라도 모든 인간이 성행동을 일으키지 않는 것은 어째서일까? 그것은 인간의 대뇌피질에는 성중추를 억제하는 기능이 있다. 교양, 학문, 윤리, 도덕, 종교, 사상 등의 고도한 정신활동을 관장하고 있는 인간의 대뇌피질이 잘 발달해 있기 때문에 같은 자극을 받아도 성반응이나 성행동의 발현방법에 각각 차이가 나타나는 것이다.

인간이외의 동물에 대해서도 어떤 학자는 숫쥐의 안구를 도려내거나, 후구를 잘라내거나 또는 코와 입에 연결되어 있는 신경을 절단하거나, 촉각을 차단하거나 하여 성행동에 관한 실험을 하였다. 그 결과 성경험이 없는 쥐에서는 시각, 후각, 촉각 의 어느 두 가지 자극이 없어지면 성행동이 나타나지 않는다는 것을 알았다. 그런데 성경험이 있는 쥐에서는 이들의 세 감각자극이 모조리 저해되지 않으면 성행동이 발현된다는 것을 알았다. 특히 냄새에 대해서는 개, 고양이, 돼지, 염소, 원숭이, 쥐 등 거의 모든 포유동물의 성행동을 유발한다는 것을 알았다.

이를테면, 발정한 암컷에서 질의 내용물을 발정기가 아닌 시기의 암컷 동물에 발라두면, 거의 모든 수컷이 마운팅을 한다는 사실이 알려졌다. 그러나 성경험의 유무에 의해서 다소의 차이가 있는 것은 무슨 까닭일까? 그 이유는 아직 상세하게 밝혀지지 않았지만 뇌 안의 신경섬유의 배선이 다르거나, 성경험에 의해서 성자극 전도경로가 바뀌어 지기 때문일 것이라 생각되고 있다.

한편, 같은 자극을 오랫동안 반복하고 있으면 반응이 무디어지고 반응이 나타나기 어렵다는 현상이 있다. 이와 비슷한 현상이 동물의 성행동에 있어서도 관찰되고 있는데 이를 "쿨리지효과"라고 한다. 이 효과는 소나 염소 등의 가축에서 관찰된 것으로서, 이를테면 한 마리의 암컷과 연속적으로 여러 번을 교미해서 사정한 수컷이, 이제는 그 암컷과는 교미하지 않게 되었다고 하자. 거기에 새로운 암컷이 나타나면 다시 교미를 시작하는 행위로서 이것도 생식과 종의 보존을 위해 신이 내린 법칙일지도 모른다.

7. 호르몬의 임신, 분만 및 수유 조절

사람의 경우 배란이 일어나고 나서 12~24시간 후 난관 내에서 수정이 일어나면 수정란은 세포분열을 시작하고, 난관의 섬모운동에 의해 자궁내로 운반된다. 그리고 수정 후 7일경이 되면 수정란으로부터 발생이 진행되어 배반포기 배가 자궁내막에 착상해 태반이 형성된다. 이때 태반으로부터는 여러 종류의 호르몬이 분비된다. 이들 호르몬은 임신을 유지시키며, 태아나 태반을 성장시키기 위해서도 필요하며, 태아의 발육에 따라 각 호르몬의 분비량이 변동한다. 임신초기에는 태반으로부터 분비되는 프로게스테론의 농도는 에스트로겐보다 높고, 임신이 진행됨에 따라 에스트로겐의 농도가 높아진다. 프로게스테론은 자궁근을

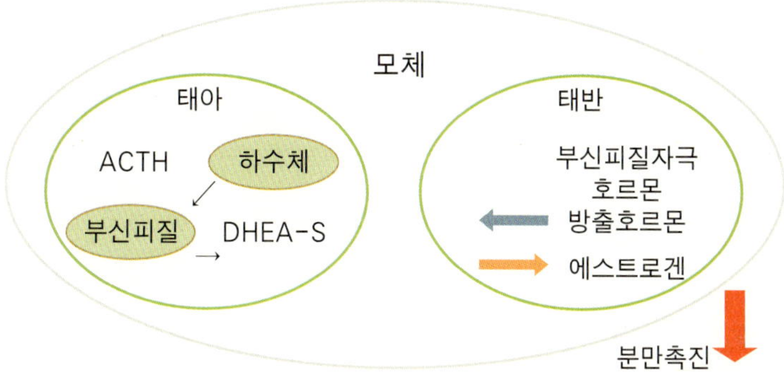

〈그림 1-20〉 분만과 호르몬 (출처: 호르몬의 과학, 2000)

이완시키는 한편 자궁경부를 졸라매서 임신을 유지시키며 조산이 일어나지 않도록 한다.

태아의 성장에는 인슐린이 가장 중요한 역할을 하고 있다. 태아혈중의 인슐린은 임신이 경과함에 따라 증가한다. 인슐린은 당과 단백질, 지질의 대사를 조절해서 이것을 축적하기 때문에 태아의 성장이 촉진된다. 따라서 모친이 당뇨병에 걸려있으면 모체의 혈당치가 높기 때문에 태아의 혈당치도 높아지는 경향이 있고 그 때문에 태아의 인슐린 분비가 왕성해진다. 인슐린의 작용으로 당과 단백질들이 세포로 축적되기 때문에 거대아로 되는 경향이 있다. 그렇다면 성장호르몬은 태아의 성장에 관계하고 있는 것일까?

기이한 일로 선청성 성선호르몬 결핍증이나 하수체가 없는 무뇌증의 태아에서도 정상적인 체중으로 태어나기 때문에 성장호르몬은 태아의 성장에는 직접 관계하고 있지 않는 것으로 밝혀졌다. 즉, 태아의 성장에는 인슐린이 필요하며, 태어난 후에는 성장호르몬이나 갑상선 호르몬이 인슐린의 역할을 대신한다.

사람을 비롯한 모든 포유동물은 수정 후 각각의 임신기간을 거친 후 여러 가지 호르몬작용을 받으면서 분만이 일어난다. 최근 분만을 일으키는 호르몬의 작용에 대하여 명확히 밝혀졌다. 부신피질자극호르몬방출호르몬은 시상하부 호르몬의 일종으로 알려져 있지만, 최근 이 호르몬이 태반으로부터 분비되어 그것이 출산시기를 결정하는 것으로 밝혀졌다. 즉, 이 호르몬의 모체 내 혈중 농도가 높은 여성일수록 조산의 가능성이 높았다. 그렇다면 태반성 부신피질호르몬자극호르몬은 분만에 어느 정도 관련되어 있는 것일까? 태반성 부신피질호르몬자극호르몬은 자궁경부에서 프로스타글란딘의 농도를 높이고, 자궁경부를 졸라매고 있는 콜라겐섬유를 느슨하게 해주는 역할을 한다. 또한 태반성 부신피질자극호르몬이 태아의 하수체에 작용하면 당질코르티코이드의 일종인 코티졸과 에스트로겐의 원료가 되는 디하이드로에피안드로스테론 유산염(DHEA-S)의 분비를 촉진한다. 코티졸은 태아의 폐를 성숙시키고, 폐로부터 물을 제거하므로서 태어나면 즉시 폐가 팽창할 수 있도록 준비한다. 한편, DHEA-S는 태반에 운반되면 에스트로겐으로 전환된다. 에스트로겐은 분만시에 자궁근이 옥시토신의 자극으로 쉽게 수축하도록 자궁근에 옥시토신 수용체를 준비시키다. 이와 같이 되면 혈중 에스트로겐 농도가 상승하고, 태반을 유지하는 프로게스테론 보다 높아지면 분만이 일어난다. 결국, 임신과 분만은 모체와 태아간의 호르몬에 의한 상호작용에 의해 진행되는 것이다.

신생아가 태어나기까지 수유가 되도록 미리 유선을 발달시켜 둘 필요가 있는데, 각종 호르몬은 수유에도 깊이 관여하고 있다. 유선의 발달에는 에스트로겐과 프로게스테론

이외에 성장호르몬, 프로락틴, 갑상선호르몬, 당질코르티코이드, 인슐린 등 수 많은 호르몬이 필요하다. 또한, 유즙의 생산에는 프로락틴이, 유즙의 배출에는 하수체후엽으로부터 분비되는 옥시토신이 관여하고 있다.

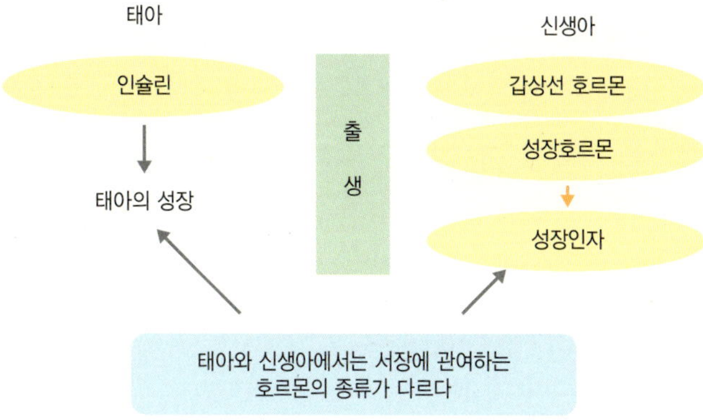

〈그림 1-21〉 임신과 분만시 모체와 태아간의 호르몬 작용(출처: 호르몬의 과학, 2000)

8. 호르몬의 피임조절

1999년 3월, 성적불능치료제인 비아그라가 신약으로 승인되었다. 같은 해 6월에 저용량 경구피임약의 승인을 둘러싸고 격렬한 논의가 벌어지고 있었다. 1960년대 후반부터 세계의 몇몇 국가에서 월경곤란증 등의 치료에 호르몬 함유량이 많은 경구피임약이 승인되어왔다. 그 후, 호르몬량이 개발당시의 1/2에서 1/5밖에 함유되지 않은 저용량 경구피임약이 개발되었다. 즉 저용량경구피임약은 중, 고용량 피임약에 비해 부작용이 적었지만 환경호르몬 작용이 의문시되는 일도 있어 오랫동안 승인되지 않았다.

보통 이용되는 경구피임약은 프로게스테론과 에스트로겐 2종류의 합성여성호르몬을 포함한 혼합형이다. 매일 1개의 정제를 약 21일간 계속 복용하고, 그 후 7일간은 피임약을 복용하지 않는다. 자연적인 월경주기에서 배란전은 에스트로겐이 프로게스테론보다 강하며, 배란 후는 프로게스테론 쪽이 강하므로 에스트로겐 보다는 프로게스테론을 많이 함유한 피임약을 복용하면 임신이 일어나기 어려운 배란 후와 같은 상태를 만들어 낼 수 있다.

현재 10종류 이상의 경구피임약이 사용되고 있는데, 기본적으로는 같은 것이지만 피임약에 배합된 호르몬양이 일정한 것과, 복용 전반기와 후반기에 호르몬양이 다른 것과 호르몬양이 3단계로 변하는 단계형 피임약이 있다. 1단계약은 매일 복용하는 정제에 내포된 호르몬 양이 같기 때문에 복용이 간단하다. 한편, 단계형 약은 자연적인 호르몬 분비상태에 가깝기 때문에 부정성기출혈이 비교적 적다는 이점이 있다.

또 한 가지 피임법으로서, 프로게스테론만을 매일 소량씩 복용하는 피임법이 있다. 이 방법은 혼합형에 비해서 배란억제효과는 약간 떨어지지만 자궁경부점액의 점성이 높아 정자가 자궁경부를 거슬러 올라갈 수 없기 때문에 확실히 임신을 억제할 수 있다. 또한 수유를 억제하는 에스트로겐이 내포되지 않기 때문에 수유 중 여성의 피임약으로서 이용되고 있다.

※ 주요인용 : 호르몬의 과학(Ohmsha, 2000)

어류자원과 물고기의 회유

김 정 대 (강원대학교 교수)

연어(salmon)는 회유성 어종으로 강에서 부화된 치어가 바다로 가서 성장한 후 다시 강으로 산란하러 돌아오는데, 이러한 어류를 소하성 어류라 한다. 반대로 뱀장어(eel)는 강에서 일생의 대부분을 보내다가 산란을 위해 바다로 이주하는데, 이러한 어류를 강해성 어류라 한다. 연어와 뱀장어의 회귀성에 대한 연구는 광범위하게 이뤄졌으나 아직도 정확한 기전은 밝혀지지 않았다.
지구상에 생물종이 출현한 이후 오랫동안 진화와 소멸과정을 거쳐 환경에 알맞은 다양한 생물이 자리를 잡았다. 생물학적 다양성은 생물 종(species)의 다양성으로서 형태적인 종의 다양성과 유전자의 다양성으로 구분된다. 현존하는 생물의 다양성은 진화와 환경변화에 적응된 특성을 소유함으로, 이러한 특성을 생물공학(biotechnology)에 적용할 경우 고부부가 가치 자원으로 활용할 수 있다.

1. 어류자원

동물자원은 포유류, 조류 및 어류로 구분한다. 그러나 지상동물을 단위동물과 복위동물로 구분할 경우 수중동물인 어류를 분류할 적당한 언어가 없다. 이것은 생리 및 생태학적으로 어류가 지상동물에 비해 상대적으로 복잡다양하기 때문이다.

물고기 사육의 역사는 고대 이집트 시대로 거슬러 올라가 찾을 수 있으나, 잡는 어업의 대안으로 부상한 어류 양식의 역사는 1960년대 초반으로 그 역사가 극히 짧다. 지구상에는 23,681 종의 경골어류와 52,000 여종의 갑각류가 존재하는 것으로 현재 알려져 있다. 대조적으로 조류는 9,702 종 그리고 태반 포유동물은 4,392 종에 불과하다. 사람들은 키우기 쉽고(단기간에 고기 생산량이 많고), 지키기 쉬운(온순한) 동물을 선택하여 사육했을 것이다. 따라서 사육을 위한 종의 선택 시 수중동물보다 지상동물의 종을 선택하는데 더 많은 시간을 보냈을 것이다. 사육중인 지상동물들이 초식성 또는 잡식성인 이유가 우연이 아니다. 지상동물의 각 범주 내에서도 축종의 선택은 더욱 다듬어졌는데, 그로 인해 선택된 우점 종은 거의 세계적인 사육종이 되었다. 조류 중에서는 닭이, 단위동물 중에서는 돼지가 그리고 반추동물 중에서는 소가 그렇다. 이와 같은 지상동물 사육 성향은 수산양식에서도 이어질 것이다. 시간이 지남에 따라 사육되는 수산동물 종의 수가 감소하여, 장래엔 몇 몇 한정된 종만이 사육될 것이다. 지금 현재에도 세계 양식 수산동물 생산량의 85%가 약 10 여종에 국한되고 있다. 그리고 상위 10 여종의 대부분은 초식성 또는 잡식성 종이다.

또한 갑각류는 52,000 여종이 존재하는 것으로 알려져 있다. 여기서 인류의 단백질 공급식품으로 지상동물을 닭, 돼지, 소 등으로 구분할 경우 수중동물을 통틀어 어류라고 구분하는 오류를 범하기 쉽다. 닭, 돼지, 소로 지상의 동물자원을 분류할 경우 잉어, 송어, 뱀장어 등으로 어류를 구분해야할 필요가 있다는 얘기이다.

20,000 여종에 이르는 어류중 인공적으로 양식되고 있는 어류는 100 여종 미만이다. 그러나, 이들 양식 어종의 생리학적 다양함이란 지상동물의 그것을 훨씬 앞지른다. 어류는 예로부터 장수식품, 뇌를 살찌우는 식품으로 알려지고 있다. 영국에서는 "Fish is brain food"라고 하며, 중국에서는 "흘어가사 두뇌청명 (吃魚可使 頭腦聽明)"이라 하였다. 스페인에서는 "Il pesce e lunga vita"라고 하여 장수를 위해서는 어류를 섭취하라고 하였다.

인구는 기하급수적으로 증가하는 반면 먹거리의 생산은 한계를 보이고 있다. 지상에서의 동물이나 식물생산은 인류의 먹거리 필요량을 충족하기엔 턱없이 모자란다. 오랜기간 강이나 바다에서 인류가 행한 잡는 어업은 결국 자원의 고갈을 야기하였다. 따라서 지구상의 인류를 먹여 살릴 먹거리는 이제 인공적인 생산행위를 통해서 얻을 수밖에 없는 것이다.

2. 수산양식

수산양식(aquaculture)이란 수중에서 동식물을 재배하는 행위를 일컫는다. 그러나, 가리비, 굴, 김, 미역과 같이 자연환경에서 종패나 종자를 획득하여 사람이 관리하여 생산하는 양식방법이 있는가 하면, 어류나 갑각류처럼 인공적으로 새끼를 생산하여 인공사료를 급여하여 사육하는 양식방법도 있다.

지상이나 수중의 동물 생산은 기하급수적으로 불어나는 인류에 충분한 먹거리를 공급하기에 턱없이 부족하다. 강이나 바다에서 잡아 올리는 어획량은 1986년 이후 더 이상 증가하지 않고 있다 (2006년: 어업 93백만톤, 양식 67백만톤). 이것은 자원의 고갈을 의식하지 못한 인류의 자연파괴 현상에 뒤이은 결과이다. 잡는 어업에 의한 수산자원의 고갈은 기르는 어업에 의해서만 충당될 수 있다. 이것은 들판이나 산속의 야생동물을 포획하여 식품으로 충당하던 인류가 그 동물을 집에서 길러 식품으로 사용하기 시작한 역사와 궤를 함께 한다고 볼 수 있다. 하지만, 수중의 동물은 지상의 동물과는 달리 복잡다양한 생태학적 현상을 나타내기 때문에 인공적 사육이 상대적으로 어렵다. 그럼에도 불구하고 FAO (1999)는 양식에 의한 어류와 갑각류 생산은 2030년경이면 잡는 어업에 의한 생산량을 상회할 것이라고 예상하고 있다. 잡는 어업과 기르는 어업은 다음과 같이 구분할 수 있다:

1) 잡는 어업: 바다나 강 및 호소에서 어류, 갑각류, 패류, 수산동식물 (해조류)을 수확하는 행위로 낚시, 그물어업, 원양어업 등이 이에 속한다.

2) 기르는 어업: 바다나 강 및 호소에서 어류, 갑각류, 패류, 수산동식물 (해조류)을 재배하여 수확하는 행위로 수산양식이라 하며 다음과 같이 구분한다.

- 패류양식 : 조개, 굴, 전복, 우렁이, 다슬기 등의 패류 생산
  조류양식 : 김, 미역, 다시마 등의 해조류 생산
- 어류양식 : 잉어, 송어, 연어, 넙치 등 담수어 및 해수어 생산
- 갑각류양식 : 새우, 가재, 게 등의 갑각류 생산
- 기타 : 자라, 개구리, 악어 생산

3. 어류의 생태학적 분류

어류는 종의 다양성에 기인하여 그 분류 또한 다음과 같이 복잡하다.

1) 먹이형태별 분류

어류가 섭취하는 먹이형태에 따라 작은 어류나 갑각류를 섭취하는 연어, 넙치와 같은 육식성 어류(carnivores), 잉어나 메기와 같이 동, 식물성 먹이를 섭취하는 잡식성 어류(omnivores), 초어와 같이 풀을 섭취하는 초식성 어류(herbivores), 은어, 백련어 또는 밀크피쉬 (milkfish)처럼 플랭크톤이나 조류(藻類)를 섭취하는 미조류식성 어류

(microphages) 및 수중의 온갖 유기물 부스러기를 섭취하는 잡(雜)유기물식성 어류(detritivores)로 구분할 수 있다.

2) 섭취습성별 분류

먹이를 섭취하는 습성에 따라 연어나 오리주둥이(pike) 처럼 육안으로 감지될 수 있는 큰 먹이를 포식하는 포식성 어류(predators), 민청어(menhaden)와 같이 아가미 새파를 통해 플랭크톤을 여과해 섭취하는 여과성 어류(strainers), 잉어나 버팔로 피쉬(buffalo fish)처럼 수중 바닥으로부터 진흙이나 찌거기를 흡인하여 소화가능한 물질을 섭취하는 흡인성 어류(suckers), 방목하는 포유류 같이 계속적으로 먹이를 섭취하는 숭어와 같은 방목성 어류(grazers) 및 타동물에 기생하며 숙주의 체액으로 살아가는 칠성장어와 같은 기생성 어류(parasites)로 구분할 수 있다. 한편, 포식성 어류는 시각성, 미각성 및 후각성 어류로 구분할 수 있다.

3) 서식염도별 분류

어류는 그들이 서식하는 환경수의 염도에 따라 담수어(freshwater fish), 해수어(seawater fish) 및 기수어(brackishwater fish)로 구분할 수 있다. 담수어는 잉어, 뱀장어, 송어, 틸레피아 등이 있으며, 해수어는 넙치, 방어, 참돔, 농어 등이다. 기수어로는 숭어가 대표적인 어종이다. 한편, 해수어중 염도의 변화에 잘 견디는 어류를 광염성(廣鹽性) 어류라고 하는데 점농어, 황복, 틸레피아, 뱀장어 등이 여기에 속한다. 그러나 염도의 변화에 적응하지 못하는 어류를 협염성(狹鹽性) 어류라고 하는데 방어, 참돔 등이 이에 속한다. 광염성 어류는 담수양식이 가능하며 현재 점농어 및 황복 등은 담수에서 사육되고 있다. 반대로 뱀장어는 해수에서 사육이 가능하다.

4) 서식환경별 분류

회유성 어류(diadromous fish)란 일정한 성숙기에 이르러 산란을 위해 바다나 강으로 이주하는 물고기를 말한다. 뱀장어와 같이 강에서 성장하여 서식하다가 산란을 위해 바다로 내려가는 어류를 강해성(降海性) 어류(catadromous fish)라고 하며, 연어나 은어처럼 바다에서 성장하여 서식하다가 산란을 위해 강으로 올라오는 어류를 소하성(溯河性) 어류(anadromous fish) 그리고 무지개 송어처럼 육지에 봉착하여 살아가는 어류를 육봉성(陸封性) 어류(landlocked fish)라 한다.

5) 서식온도별 분류

연어과 어류처럼 10-20℃가 사육적온인 어류를 냉수성 어류(coldwater fish)라고 하며, 잉어나 뱀장어처럼 20-30℃에서 서식하는 어류를 온수성 어류(warmwater fish)라고 한다. 그러나 넙치와 같은 어류는 15-25℃에서 동일한 성장률을 보이며, 30℃ 이상의 수온에서 자라는 열대어 (tropical fish)도 있다.

4. 연어 (salmon)

연어(salmon)는 회유성 어종으로 강에서 부화된 치어가 바다로 가서 성장한 후 다시 상으로 산란하러 돌아온다. 이러한 어류를 소하성 어류라 한다. 일본에서는 오래전부터 연어가 고가 어종으로 자리 잡아 훈제, 구이 및 통조림 등으로 식탁에 오르고 있으나, 우리나라의 경우 대중적인 어종은 아니다.

우리나라에서는 1967년 삼척 오십천에 연어를 방류한 것을 시작으로, 1969년부터 강원 삼척, 경원 영덕, 경남 밀양에 연어부화장을 설립하여 인공부화 방류사업 실시하였다. 1984년 강원 양양 남대천 변에 연구소를 신설, 1985년부터 본격적으로 연어 인공종묘를 생산하여 대규모 방류를 시작하였다. 1994년에 12000만 마리를 방류하였으며, 회규율은 점차 높아져 약 1%에 가깝다. 1987-1992년 사이 연간 약 50여톤이 어획되었다.

그 결과 연어자원의 증가에 의한 어민의 소득증대가 가능하게 되었고, 북태평양 연안국들의 공동관리 보존 대상인 소하성 어류(연어)의 방류국 대열에 합류하게 되었다. 아울러, 연어자원의 지속적 보존관리와 원양 조업국으로서의 해양 질서확립 및 어획쿼터 할당에 효과적으로 대응할 수 있게 되었다.

1) 연어의 종류

(1) 치눅연어(chinook salmon: *Oncorhynchus tshawytscha*)

태평양에 서식하는 연어중 가장 몸집이 큰 연어이다. 잇몸이 검고, 등에 청녹색 반점이 있으며 측선은 은색이고 은백색 꼬리지느러미 위에 흑색반점이 산재한다.

(2) 은연어(coho salmon: *Oncorhynchus kisutch*)

북한 및 북태평양에 서식한다. 잇몸의 아래턱 부분이 백색이며 등과 꼬리지느러미의 윗부분에 불규칙하게 흑색 반점이 산재한다. 국내에서는 1978년 일본에서 치어를 들여와 시험양식을 하였고, 본격적인 양식시험은 한국 해양연구소에서 1985년부터 실시하여 양식의 가능성이 확보되었다. 담수에서 1년정도 사육하다가 충무 연안 바다 가두리로 이동하여 성장시킨다.

(3) 홍연어(sockeye salmon: *Oncorhynchus nerka*)

북한 및 북태평양에 서식한다. 측선이 일직선이며 꼬리지느러미는 우유빛을 띄며 흑색 반점이 없다. 등은 밝은 청색을 내며 측면과 복부는 은색이다.

(4) 참연어(chum salmon: *Oncorhynchus keta*)

한국 동해안의 낙동강 수역까지 소상한다. 우리나라와 일본에서 방류하는 연어의 대표종이다.

(5) 곱사연어(pink salmon: *Oncorhynchus gorbuscha*)

북한 및 북태평양에 서식한다. 꼬리지느러미는 은색이 전혀 띠지 않으며, 등과 등지느러미 및 꼬리지느러미에 커다란 흑색 반점이 산재한다. 태평양에 서식하는 연어중 가장 작은 종이다.

(6) 스틸헤드연어(steelhead salmon: *Oncorhynchus mykiss*)

무지개 송어와 동일한 어종이다.

(7) 대서양연어(Atlantic salmon: *Salmo salar*)

연어중 양식에 의한 생산량이 가장 높은 종이다. 아가미 두껑과 등에 흑색반점이 있으며, 꼬리지느러미에는 반점이 없다.

(8) 마스연어(masu salmon: *Oncorhynchus masou*)

동해안 하천에 서식하여 일생을 보내는 마스연어를 산천어라하며, 바다로 내려갔다가 다시 소상하는 연어를 마스연어라 부른다.

2) 참연어의 특징

참연어는 경골어류강, 연어목, 연어과 어류로서, 최대크기는 체장 100 cm, 체중 10.5 kg이며, 양식연어의 경우 상품크기는 체장 50-75 cm, 체중 1.5-6.0 kg 정도이다.

외양에 서식할 때는 등 표면에 짙은 청록색을, 측면과 배면에는 은백색을 띤다. 산란기에는 몸 전체의 색깔이 싙어지며 검은 반점과 분홍색과 노란색이 점진적으로 혼합된 색을 측면에 띠게 된다. 치어 시기에는 작은 세로띠가 측면 선상에 나타난다〈그림 1-22〉. 외형적으로 몸통은 장방형으로 측면이 다소 압축된 형태이다. 등지느리미 뒤에는 기름지느러미가 있다. 비늘은 작으며 둥근 형태이다. 지느러미에는 가시(spine)가 없다. 산란시기가 다가오면 암컷은 입모양이 둥글게 변하고 복부가 팽창하며, 숫컷은 턱이 앞으로 돌출되며 이빨이 커진다. 수컷의 체색은 더 짙어지며 몸통이 측면으로 다소 압축된다.

〈그림 1-22〉 연어 치어

3) 참연어의 산란과 이동

성숙한 참연어는 산란을 위하여 9월 과 1월 사이 바다로부터 강으로 올라간다. 연어의 산란기는 10월부터 1월까지로 지역별로 다소간 차이를 보인다. 알에서 부화하여 4-5 cm 정도 자란 치어가 바다로 향해 나아갈 때 염도의 변화에 적응하기 위해 기수역에서 일정 기간 머문다〈그림 1-23〉.

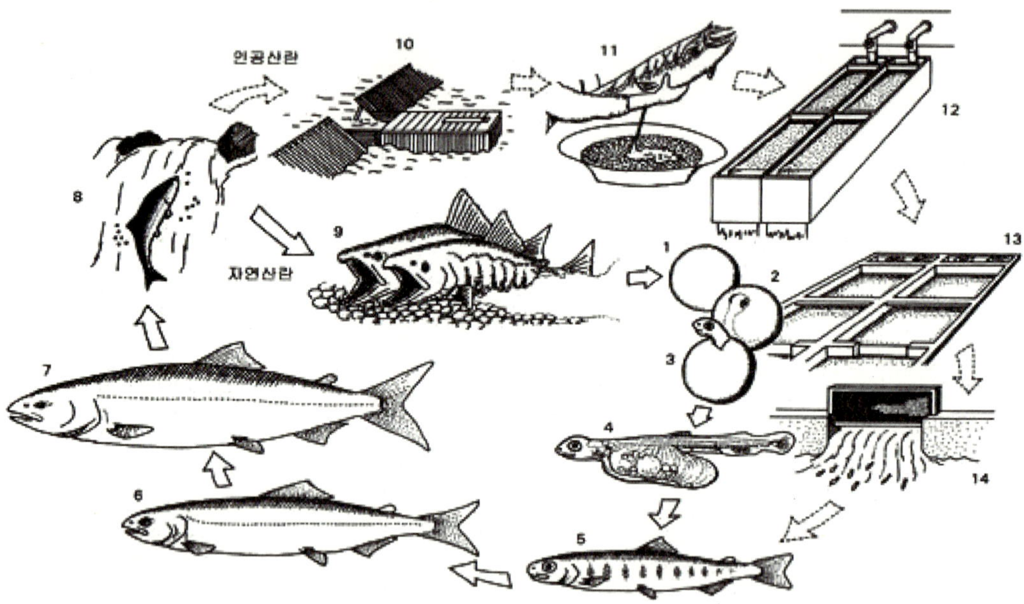

〈그림 1-23〉 연어의 생활사 (출처: Kafuku and Ikenue, 1983)

1. 수정란, 2. 발안기, 3. 부화, 4. 난황 자어 (yolk-sac fry) 3cm, 5. 치어, 3-6cm (강 상류), 6. 치어, 6-15cm (연안), 7. 육성어 (북태평양연안), 8. 강 상류로 이동, 9. 산란, 10. 성어의 포획, 11. 채란 및 수정, 12. 수정란 배양, 13. 치어사육, 14. 방류

자연에서의 연어는 모래와 자갈로 뒤덮이고 지하수가 스며 나오는 강바닥에 산란한다. 암컷 연어가 장소를 선택하여 바닥을 파기 시작하면 수컷은 다른 수컷이 암컷의 작업을 방해하지 못 하도록 곁에서 파수꾼 역할을 한다. 또한 수컷은 암컷에게 다가가 자신의 몸통을 비벼 흔들어 암컷이 산란 자극을 받도록 한다.

연어 암컷은 꼬리지느러미를 이용하여 강바닥의 산란지를 파기 시작한다 ①. 바닥을 파는 일은 한 시간 이상 지속되며 깊이 30-50 cm, 직경 50-100 cm 정도의 산란 둥지를 만든다 ②. 둥지가 완성되면 암컷과 수컷은 나란히 정렬하여 암컷이 바닥에 알을 낳자마자 수컷은 그 위에 방정을 한다 ③. 산란이 끝난 뒤 암컷은 알을 낳은 장소를 꼬리를 이용하여 자갈로 덮는다 ④. 그 결과 직경 100 cm 크기의 자갈 더미가 둥지 위에 형성된다. 또한 암컷은 산란이 끝나고 자갈로 산란 둥지를 덮은 뒤 그 주위에 남아 알을 돌보게 된다〈그림 1-24〉. 이러한 작업이 끝난 뒤 얼마 후 암컷과 수컷은 탈진하여 죽게 된다. 암컷은 산란을 통해 2,000-5,000개 정도의 알을 낳는다. 알은 오렌지색 또는 밝은 붉은 색을 띠며 그 직경은 6.5-8.5 mm 정도이다. 수정란은 자갈 밑에서 발생을 계속하여 수온 7-8℃ 환경 하에서 60 내지 70일 만에 부화하고, 부화된 난황자어는 다시 60-70일 정도 지나면 자유로이 유영하는 치어(fry)로 발달한다.

치어는 둥지 부근의 유속이 느리고 비교적 따뜻한 냇가에서 머문다. 수온이 상승함에 따라 이들 치어는 강에서 바다로 이동하기 시작한다. 강 하구로의 이동은 3월과 6월 사이에 일어나며, 눈이 녹아 강의 유속이 빨라지는 4월과 5월 사이에 절정에 달한다. 이때 연어 치어는 강에서 서식하는 수서 곤충을 섭취하며 살아간다.

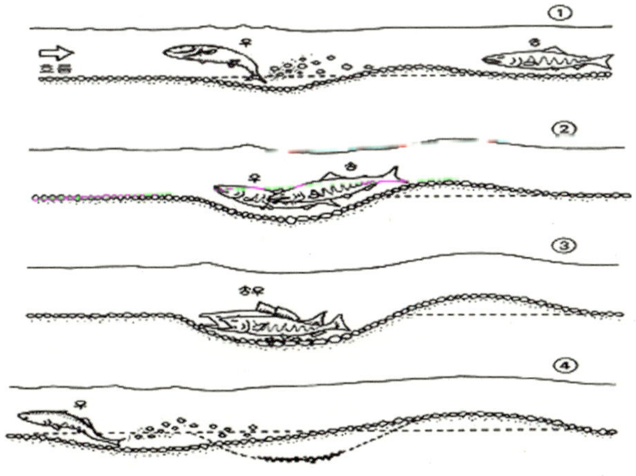

〈그림 1-24〉 연어의 산란습성 (출처: Kafuku and Ikenue, 1983)

연어 치어가 바다에 도달하면 짧은 기간 동안 연안에 서식하게 된다. 초기에 이들은 해안선 부근의 얕은 바다에 머무르나 점진적으로 서식지를 확장하여 깊은 바다로 이동한다. 바다에서 치어들은 요각류(copepods) 및 까나리(sand lance)의 자어를 섭취한다. 수온이 12-15℃ 에 이르는 오월 또는 유월이 되면 연어 치어는 몸길이 7-8 cm, 무게 3 g 정도로 성장하는데 이 때 외양(offshore area)으로 이동하기 시작한다. 이 시기에 연어 치어는 몸통이 가늘고 은백색인 형태를 갖추게 되며 몸통에 있던 세로띠(parr mark)는 사라지게 된다.

참연어는 북태평양에서 1-5년, 주로 2-3년 정도 머무른다. 원양에서 살아가는 동안 참연어는 동물성 플랭크톤, 요각류, 새우류 및 작은 물고기를 먹이로 삼는다. 원양 생활의 마지막 해 4월 또는 5월 경 이들은 산란을 위한 회유를 시작하는데, 이들이 태어난 곳으로 도착하는 시기는 우리나라의 경우 10월 말에서 11월 말경이다. 모천으로의 회유기간 동안 연어는 아무것도 섭취하지 않기 때문에, 난과 정자의 성장은 그들 체조직내 영양소의 분해를 통해 이뤄지는 것이다. 산란 후 죽는 이유는 부신(adrenal gland)이 비대해지기 때문이다. 이는 산란을 위한 이주기간 동안의 절식과 강에서의 염도변화에 따른 스트레스 그리고 체조직 내 영양소가 난과 정자의 성장을 위해 사용되는데 따른 이상현상의 결과일 것이다.

4) 연어의 인공 양식

(1) 친어 및 수정란 확보

산란을 위하여 강으로 회귀하는 연어 포획은 도립 및 국립 배양장에서만 할 수 있다. 강 상류에 위치한 연어 산란장에는 성숙한 연어가 많이 있으므로 연어 친어를 확보함에 있어 가장 좋은 장소이다. 그러나 최근 들어 일본에서는 강하구에서 성숙한 연어를 잡아들이는데 이는 불법 어로, 수질 오염 및 강 상류로의 회유 경로에 설치된 구조물 등으로 인하여 연어가 유실되는 것을 막기 위함이다. 강 하구에서 친어로 쓰일 연어의 체포는 주로 강 수위를 높이는 인공구조물, 즉 어량(漁梁)을 이용하여 잡는다. 연어 친어의 포획에 있어 가장 직접적인 방법은 연어를 강으로부터 배양장의 못까지 어도를 만든 뒤 연어를 강으로부터 배양장으로 몰아서 잡는 방법이다. 그러나 이러한 직접적인 방법은 강과 배양장을 연결할 어도를 건설하는데 있어 적정한 장소를 선택하는데 많은 어려움이 있으며 또한 이런 시설을 만드는데 막대한 비용이 소비되어 그리 보편화되지 못하고 있다.

강 하구에서 포획된 연어 친어는 배양장 못에서 2 내지 3 주간 양성하여 산란에 이르도록 유도한다. 포획된 연어는 때때로 강에 설치된 부동식 그물가두리에 수용되기도 한다. 연어가 산란 직전에 달하면 못으로부터 꺼내어 산란을 위하여 눈과 코 사이 부위를 강타하여 죽인다. 죽은 암컷의 배 부위를 절개하여 알을 꺼낸 뒤 산란용기에 수용한다. 여기에 성숙한 수컷의 배 부위를 압박하여 정액을 사출하여 수정시킨다. 여러 마리의 암컷에서 얻어낸 연어 알은 최소한 두 마리 이상의 수컷을 이용 이들의 정액으로 수정시킨다. 수정은 알과 정액의 혼합물에 0~5℃의 맑은 찬물을 첨가하여 이루어진다.

수정란은 세란을 위하여 깨끗한 수조에 수용한다. 이때 수정란은 물을 흡수하여 부풀어 오르면서 단단하게 경직되게 된다. 수온 8℃의 경우 수정란이 부풀어 올라 경직되기까지 약 한 시간이 소요된다. 수정란이 물을 흡수하면 곧 부화조로 옮기는데, 이 때 수정란은 충격에 무척 민감함으로 이들의 이동에 주의를 요한다.

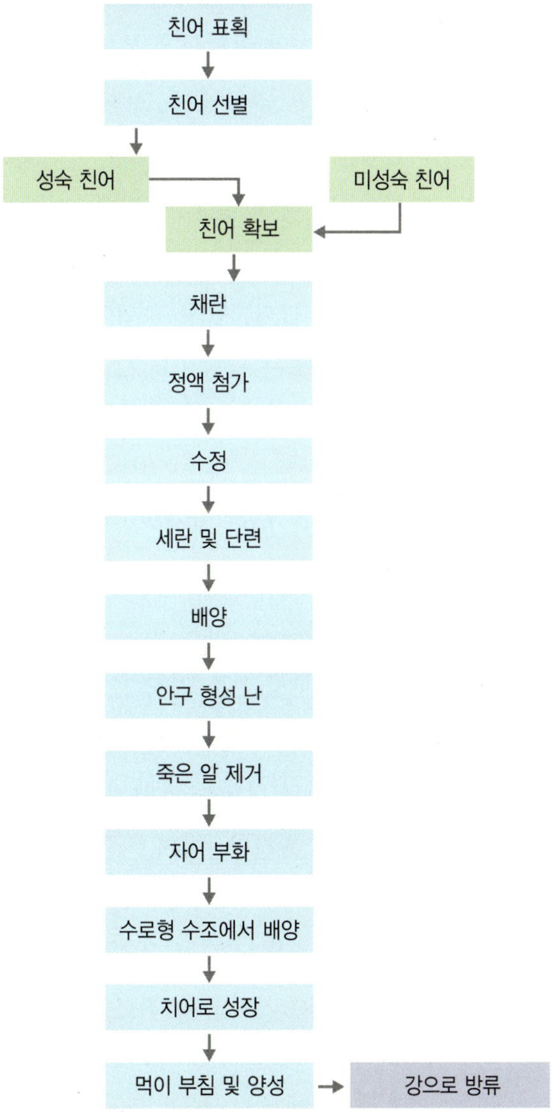

〈그림 1-25〉 연어의 양식단계

(2) 수정란의 부화 및 치어 사육

연어 수정란의 부화를 위해서는 아트킨스식 부화기, 자유형 부화기 및 입체형 부화기 등이 사용된다. 수정란은 부화시기에 충격에 무척 민감하므로 수정란에 눈이 형성되기 전 까지는 만지는 일이 없도록 주의하여야 한다. 또한 부화기 내에서 물곰팡이가 죽은 난의 표면에서 자라는 것을 방지하기 위하여 100ppm 포르말린용액을 일주일에 한번 씩 부화기에 주입시킨다.

수정란에 안구가 형성되고 보다 발생이 진행되면 부화기 내의 죽은 알들을 솎아낸다. 또한 미 수정란 또는 발생이 진행되지 않는 알들은 부화기에 약한 물리적 충격을 주어 죽게 한 뒤, 알의 색깔이 흰색으로 변하면 솎아낸다. 부화기간 중에는 수정란이 직사광선에 노출되는 일이 없도록 주의한다.

부화된 자어는 난황(yolk sac)을 배에 달고 있는데, 이들은 자어 사육조로 옮겨지게 된다. 입체형 부화기를 이용할 경우 부상 자어가 부상할 시기까지 관리가 가능하므로 자어 사육조로 따로 이동할 필요는 없다. 난황 자어가 부상 자어로 성장할 때까지 자어 사육조에 수용되는데 이 때 수용 밀도는 평방미터 당 6,000 내지 12,000 마리 정도이다. 자어 사육조는 콘크리트로 만든 수로형 수조로 바닥에는 자갈을 깐다. 바닥의 자갈층에 용존 산소가 고갈되는 것을 막기 위하여 물은 자갈 밑에 시설된 파이프라인을 통하여 공급한다. 사육조는 두껑을 덮어서 연어 자어가 직사광선에 노출되는 것을 막는다. 사육조에 공급되는 물은 온도 변화 폭이 좁고 용존산소의 농도가 7 ppm 또는 50-100% 포화도 및 pH 값이 6.0-7.5 인 지하수가 좋다. 물의 유속은 부상 자어에 이르기 전 까지 수정란 10,000,000 개를 기준으로 분당 1 톤 정도 흐르도록 한다.

자어가 난황을 80-90% 흡수하게 되면 수면위로 부상하기 시작하며, 외부먹이를 섭취하게 된다. 외부먹이를 섭취하기 시작하는 단계의 어류를 치어라 한다. 부상한 치어는 유영을 시작하며 이 때 사육 수조로 옮긴다. 치어 사육조는 깊이 50-100 cm의 콘크리트 수조로 물은 벽 측면에 설치된 파이프와 수조 끝으로부터 공급된다. 10,000,000 마리의 치어를 입식할 경우 유수량은 분 당 6톤 정도를 유지하여야 한다.

치어 사육 첫 주에는 미립자 인공초기사료를 적은 양으로 하루에 10-12 회 공급하여 치어가 사료에 길들어 지도록 한다. 성숙할수록 입자가 큰 사료를 공급하며 횟수는 하루에 3 내지 6회 공급하되 체중의 3%가 되도록 한다. 치어를 곧 바로 방류하지 않고 먹이를 공급하여 일정기간 사육한 후 방류하게 되면 강이나 바다에서의 생존율이 높아진다.

이것은, 또한 치어의 방류 시기와 하천 내 먹이 생물이 증가하는 시기 즉, 수온이 상승하는 시기와 일치하도록 하기 위함이다. 일반적으로 치어는 수조에서 1 개월간 사육한 후 강으로 연결된 수로를 통하여 방류한다.

5. 뱀장어

뱀장어 (eel)는 일본에서 가장 각광받는 보양식 민물고기이다. 일본 전역에는 많은 뱀장어 전문 레스토랑이 있다. 뱀장어는 살아있는 상태로 식당으로 운송되어 설탕, 간장 및 기타 양념으로 혼합된 특별한 소스와 함께 구이로 요리된다. 우리나라에서는 여름철 고온다습한 기간에 전통적으로 보신탕을 섭취하지만, 일본인들은 이 기간에 뱀장어 구이를 섭취한다. 일본에서는 여름철이 연중 뱀장어 소비가 가장 높은 시기이다.

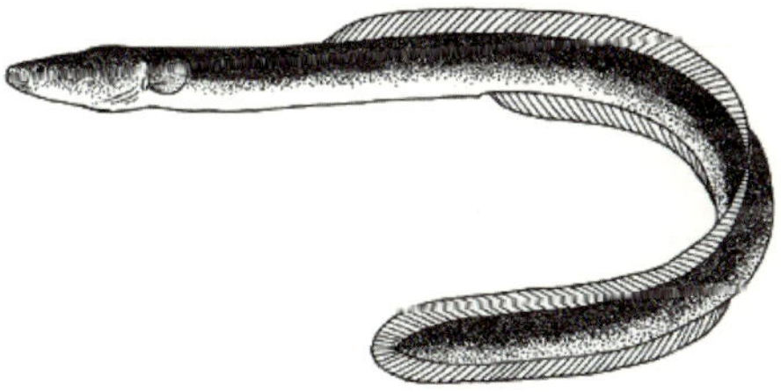

〈그림 1-26〉 뱀장어

1) 뱀장어의 특징

뱀장어는 경골어류강, 뱀장어목, 뱀장어과 어류로서 최대 크기는 수컷의 경우 체장 60 ㎝, 암컷의 경우 체장 75 ㎝ 그리고 어체중은 약 1 kg 정도이다. 어미로서 이용될 수 있는 생물학적 최소 크기는 알려져 있지 않다. 양식 뱀장어는 어체중이 150-250 g 정도일 때 판매된다. 바다와 강이 만나는 지점에서 포획되는 실뱀장어(elvers)는 투명한 색을 띤다. 강 상류로 올라오면서 채색은 점차 어둡게 변하고 2-4주 후면 검게 된다. 성숙한 뱀장어의 경우 등 쪽은 검고 배 부분은 은색을 띤다. 채색은 먹이와 물의 환경적 요건에 따라서 어두운 갈색, 어두운 푸른색에서 어두운 초록색까지 다양하게 나타난다. 완전히 성숙한 뱀장어는 측면에 금속성 광택과 유사한 혼인색을, 배 부분에는 자주빛을 띠며 산란을 위하여 바다로 내려간다.

외형적으로 몸은 매우 긴 원통형이다. 가슴지느러미, 등지느러미 및 꼬리지느러미가 한줄로 연결되어 있으며, 지느러미에 가시는 없다. 비늘은 매우 작고 피부에 묻혀있다. 머리통의 길이는 등지느러미 기부와 꼬리지느러미 사이의 길이보다 더 길다〈그림 1-24〉. 뱀장어는 암컷의 성장이 빠른 반면 수컷은 느리다. 특히, 수컷은 다 자라도 150g 이상 이르지 않기 때문에 상업성이 적다. 양식장에서 1년 이상 키워도 자라지 않는 개체는 대부분이 수컷이다. 뱀장어는 크기가 20 cm 이하일 때는 암수 구분이 어렵고, 25cm가 넘으면 생식소로 암수가 구분되지만 때로는 30 cm가 넘어도 구분이 안 되는 개체도 있다. 생식소는 복강의 등쪽 척추를 따라 양쪽으로 배열되어 있다. 난소는 폭이 넓고 커지면서 서로 접힌다. 정소는 폭이 좁고 마디져 있다.

2) 뱀장어의 산란과 이동

양식되고 있는 물고기중 인공종묘 기술이 확립되지 않은 유일한 어종이 뱀장어이다. 따라서, 뱀장어의 산란 활동과 초기 유생 발달에 관한 자세한 내용은 밝혀져 있지 않다. 학자들은 바다로 내려간 뱀장어가 초봄에서 여름 사이에 산란하는 것으로 추정하고 있다. 산란 장소는 수온 16-17℃, 염분 35‰ 이상인 북위 20° - 28°, 동경 121°-128° 사이인 태평양의 수심 400-500 m 수층으로 알려지고 있다〈그림 1-27〉.

알은 부상란으로 그 크기는 직경 약 1 mm 정도이다. 한 번에 700 내지 1,200 만 개의 알을 산란한다. 수정된 난은 2-3일 내에 부화한다. 갓 부화된 자어는 버드나무 잎 모양을 하고 있는데, 이 시기의 자어를 렙토세팔루스 유생이라고 부른다. 이 유생은 중층에서 점진적으로 표층으로 이동하며, 표층의 해류에 의하여 여러 방향으로 퍼져나간다. 렙토세팔루스 유생은 대양의 해류에 의하여 얕은 연안 역으로 이동되어 바닥에 정착한 후 실뱀장어 단계로 발달한다. 연안역에 다다른 실뱀장어는 부화 후 약 1년이 지난 것으로 추정되고 있다. 실뱀장어들은 강 상류로 회유하기 이전에 강의 입구 기수지역에서 염도변화에 따른 적응기를 거친다. 실뱀장어가 강 상류로 이동하는 광경은 11월에서 4월까지 관찰된다.

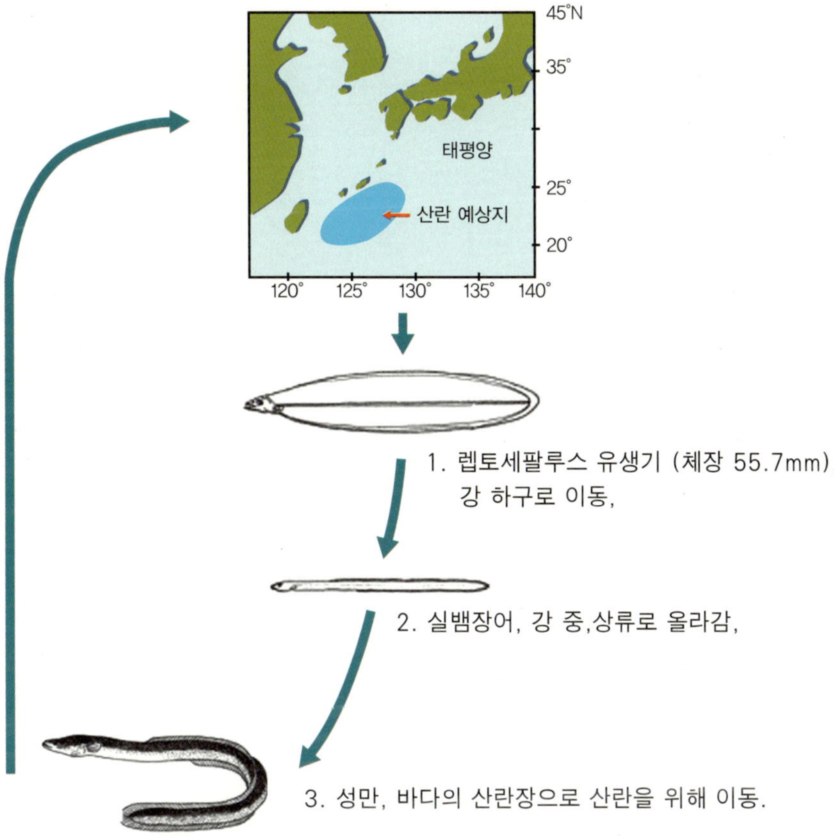

〈그림 I-27〉 뱀장어의 생활사 (출처: Kafuku and Ikenue, 1983)

3) 먹이섭취 및 강으로의 이동

뱀장어는 야행성이기 때문에 실뱀장어는 낮 동안 강바닥에 구멍을 파고 들어가 쉬었다가 밤이 되면 강을 거슬러 올라간다. 소상하면서 실뱀장어의 체색은 점차 검게 변한다. 최종적으로 실뱀장어는 강 중류, 호수, 늪 또는 기수 역 등에 도달하여 정착한다. 낮 동안 뱀장어는 바위 또는 강바닥 밑에 숨는다. 먹이섭취 행동은 자연 서식지의 경우 밤에만 관찰된다.

실뱀장어는 주로 온갖 유기물 부스러기 등을 먹이로 섭취한다. 수온이 상승함에 따라 실뱀장어의 먹이 섭취 행동은 증가하고 다양한 종류의 동물들을 먹이로 삼는다. 뱀장어 성어는 지렁이, 새우, 게, 조개, 물고기, 개구리를 포함한 다양한 동물들을 먹는다.

뱀장어는 수컷의 경우 3-4세가 되면 성적으로 성숙한다고 추정되며, 암컷의 경우 4-6 세가 되면 성적으로 성숙하는 것으로 알려진다. 성숙한 뱀장어는 산란을 위하여 바다로 내려가고 이 기간 중 먹이는 먹지 않는다. 뱀장어 수명은 정확하게 알려져 있지 않다. 바다로 내려간 뱀장어는 산란 후 죽는 것으로 알려져 있지만, 바다로 내려가지 못하고 못에서 20-35년간 생존한 뱀장어의 예도 있다.

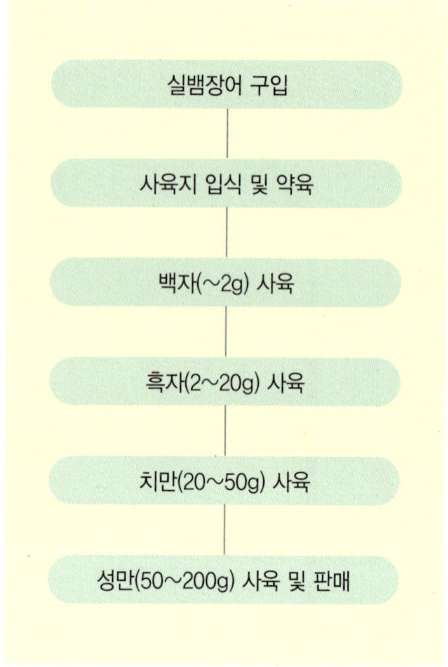

〈그림 1-28〉 뱀장어 사육

4) 뱀장어의 인공 사육

(1) 실뱀장어의 확보

국내에는 동북아산 뱀장어(*Anguilla japonica*)와 수년전부터 수입한 유럽뱀장어(*A. anguilla*) 및 북미뱀장어(*A. rostrata*)가 양식되고 있다. 뱀장어는 아직까지 인공적인 종묘생산이 불가능한 관계로 실뱀장어를 구입하여 사육한다. 우리나라는 12월에서 이듬해 4월까지 바다와 강이 접하는 지역에서 실뱀장어를 채포할 수 있는데, 해양수산부로부터 허가를 받은 사람만이 이 일을 할 수 있다. 뱀장어 사양가들은 이들로부터 실뱀장어를 구입하여 출하시기까지 사육한다 〈그림 1-28〉.

실뱀장어(백자)와 작은 뱀장어(흑자) 양식을 위한 수조의 깊이는 50-70 ㎝이고 중간(치만) 및 큰 크기 뱀장어(성만) 양식을 위한 수조 깊이는 70 내지 100 ㎝이다. 사육 수조의 물 공급은 각 양식장의 수조 조건에 따라 5-400% 또는 그 이상이다. 지하수를 이용하여 가온하여 25-28 ℃의 최적 수온을 유지한다. 대부분의 경우 실뱀장어 사육 수조는 수온 유지, 직사광선의 차광 및 고요함을 유지하기 위하여 온실 내에 만든다.

먹이 급여 장소는 각 탱크 벽의 특정 지역에 고정하고 목재로 만든 뚜껑을 씌워 뱀장어가 조용하고 어두운 환경에서 먹이를 먹게 한다. 먹이는 배합사료를 반죽 형태로 제조하여, 수면 바로 아래 위치한 강철 바구니를 이용하여 급여한다〈그림 1-29〉.

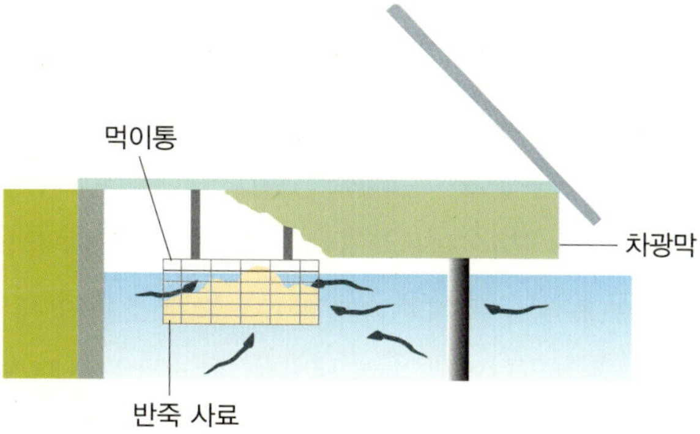

〈그림 1-29〉 뱀장어의 먹이 급여

(2) 사육지의 구조

사육지 탱크 바닥은 탱크 중앙에 위치한 배수구를 향하여 경사지게 만든다. 배수구는 뱀장어가 빠져 나가지 못하게 하고 배설물은 통과할 수 있도록 그물망의 크기를 조절하여 강철그물로 덮는다. 물 유입구는 일반적으로 배수로의 반대편에 위치한다. 수조 안의 물은 수조 표면에 한 개 또는 두 개의 선기 수차를 이용하여 배수로 주위를 향하게 회전시킨다. 뱀장어의 배설물, 먹이 찌꺼기 및 다른 유기물 부스러기 등은 물의 회전에 의해 탱크 중앙으로 이동되고, 배수로를 통하여 물과 함께 배출된다.

(3) 뱀장어 인공종묘 생산

실뱀장어를 인공적으로 생산하기 위한 연구는 1974년 일본의 과학자들이 시작한 이래 일본에서는 매년 뱀장어를 부화시켜 키우고 있고, 대만과 중국도 근래에 뱀장어 부화 및 치어 사육실험을 계속하고 있다. 그러나 부화 후 30일 정도 키우는 정도이며, 크기는 10mm 정도에 이르지만 자연산 뱀장어처럼 정상적으로 성장하지 못한다. 이러한 결과는 뱀장어의 산란을 유도하는데 사용되는 호르몬(연어의 뇌하수체 호르몬)에 따른 문제이거나, 산란 부화 때의 조건이 자연 상태와 달라 산란이나 부화 때 생리적 충격을 받은 때문으로 추정하고 있다. 그러나 영양학적 차원에서 접근할 경우 부화된 유생의 먹이 확보가 아직까지 불가능하기 때문에 정상적인 성장을 이어가지 못하는 것으로 보인다.

6. 연어와 뱀장어의 회유

물고기의 생태에서 가장 장엄하고 이해하기 어려운 행동이라 여겨지는 것이 수천 마일이나 떨어져있는 모천이나 바다로 돌아오는 연어나 뱀장어의 산란을 위한 회귀(spawning migration) 행동이다. 연어는 대양을 회유하여 태어난 고향으로 돌아오는 모천(母川) 회귀성을 가지며, 거꾸로 뱀장어는 실뱀장어 때부터 살아온 하천을 떠나 태어난 대양으로 돌아가는 모해(母海) 회귀성을 가진다. 산란과 함께 그 일생을 마치는 연어와 뱀장어의 회유에 관한 연구는 오래되었지만, 생활사의 대부분이 태평양이라고 하는 광대한 해역에서 이루어지고 있어 이에 대한 연구는 매우 어렵다.

망망대해에서 어떻게 모천을 찾아오며, 어떻게 망망대해의 산란지를 찾아가는가 ? 연어는 치어 단계에 짧은 기간동안 머문 모천을 몇 년간 어떻게 기억해서 돌아오는 것일까 ? 뱀장어는 바다에서 부화한 후 곧 바로 해류를 타고 이동하여 하천으로 올라와 일생을 살다가 어떻게 동일한 산란지역을 찾아가는 것일까? 이에 대한 의문은 여전히 풀리지 않고 있으며, 단지 다음과 같은 몇가지 가설이 제시되어 있을 따름이다. ① 태양컴퍼스나 편광(偏光)을 이용하여 이동한다. ② 해류의 방향 또는 해류를 거슬러 올라간다. ③ 균일조건을 가지는 수괴(水塊)를 타고 이동한다. ④ 적정 수온과 먹이를 찾아 이동한다. ⑤ 자기(磁氣)를 탐지해서 이동한다.

이상의 여러 가지 가설이 있으나 아직까지 결정적으로 해명된 것은 없다. 그러나 이러한 회유와 이동은 연안유역의 복잡한 해황(海況) 조건과 조류(潮流), 난바다의 해류, 환류, 수온 등과 깊은 관계가 있을 것이다. 연안역에 도달한 성어가 모천으로 이동하는 것은 태어나 일정 기간 머물렀던 강의 냄새를 기억하기 때문이란 사실은 후각차단실험을 통해 확인할 수 있다고 한다. 후각적 단서가 되는 화학물질이 연어나 뱀장어의 회귀성에 방향타 역할을 한다는 것이다. 산란을 위해 이주하는 연어의 후각구에서 뇌전기 기록활성도(EEG)를 조사해보면 이러한 가설이 명백히 입증된다는 것이다. 즉, 모천의 물을 비강으로 유입시킬 경우 EEG 형태의 자극이 분명히 나타나는 반면, 다른 하천의 물을 비강에 유입시킬 경우 아무런 반응이 일어나지 않는다는 것이다. 따라서, 이 가설에 의거할 경우 연어나 뱀장어가 자어 또는 치어단계에 자신이 머물렀던 지역의 특이한 후각을 입력한 후 다시 그곳으로 돌아올 때까지 기억한다는 설명이 된다.

최근 연어 치어가 강에서 바다로 내려가거나 친어가 산란을 위하여 하천으로 역상하는 모천회귀행동에 관여한다고 생각되는 호르몬에 대한 연구가 진행되고 있으며, 신경생물학적 근거 하에 후각기능에 관련된 유전자들에 대한 연구가 활발히 진행되어 모천회귀하는 각각의 회유행동에 성장호르몬과 성호르몬이 관련되어 있으며, 또한 모천을 인식하는 몇 가지의 기전이 존재한다고 추측되고 있다고 한다.

그러나 돌아오고 돌아가는 문제는 연어나 뱀장어의 생리학적 특성이라 그들이 해결할 수 있는 것이지만, 연어의 회귀율을 높이거나 실뱀장어의 채포율을 증가시키기 위한 과제는 인류가 해결해야 하는 것이다. 좋은 예로서, 1998년 실뱀장어 kg 당 구입가격이 천만원을 홋가하는 진풍경이 벌어진 적이 있었다. 지구상 어느 식용동물의 kg 당 구입가격이 이렇게 높은 것인가? 이것은 이상 기후현상에 기인한 측면도 있었겠지만, 수년 동안 하천으로 돌아오는 실뱀장어들을 채포하여 사육한 후 인간이 먹어치운 결과인 것이다. 실뱀장어의 소상이 줄어드는 또 다른 이유는 뱀장어 서식처인 연안과 강물의 오염 및 기후 변화와 연관이 있는 것으로 추정된다. 가능한 방법은 동북아 4국이 협조하여 자원량을 늘리는 방안으로, 자연산 뱀장어 어획량 조절 및 친이 자원 방류 등이 현실적으로 가능하다. 대만은 1965년부터 치어를 바다에 방류하고 있으며, 한국도 1998년부터 치만과 성만을 방류하고 있다.

7. 어류자원의 산업적 전망

지구상에 생물종이 출현한 이후 오랫동안 진화와 소멸과정을 거쳐 환경에 알맞은 다양한 생물이 자리를 잡았다. 생물학적 다양성은 생물 종(species)의 다양성으로서 형태적인 종의 다양성과 유전자의 다양성으로 구분된다. 현존하는 생물의 다양성은 진화와 환경변화에 적응된 특성을 소유함으로, 이러한 특성을 생물공학(biotechnology)에 적용할 경우 고부가 가치 자원으로 활용할 수 있다. 기호식품에 지나지 않았던 수산물이 최근에는 장수식품뿐 아니라 의약품의 개발 자원으로 연구되고 있다. 한번에 자기 체중의 5-10배의 피를 빨아먹는 거머리를 보자. 거머리의 침속에는 마취성분 물질이 포함되어 있기 때문에, 거머리에 물린 사람은 아픔을 느끼지 못한다. 이러한 점에 착안 거머리로부터 혈액응고억제제, 마취제 등의 주요 약품을 추출하고 있으며, 혈관 수술후 혈액의 정상적

흐름을 유지하기 위해 흡혈원으로 거머리는 고가의 수술 보조원이 되고 있다.

바다속 생물도 예외가 아니다. 해파리나 복어의 독성물질을 이용한 위궤양, 심장병 및 류머티즘 치료제 생산, 불가사리나 갯지렁이의 독소를 이용한 살충제와 무공해 농약 생산, 전복과 산호에서 출출한 항암제, 연어나 가리비 내장에서 분리 추출한 혈압 강하제 등 종류를 셀 수 없는 치료약이 여러 연구기관 및 벤처기업에서 개발되고 있다. 이와 같이 생물자원의 중요성이 커지면서 다른 나라의 생물자원을 공짜로 가져다 이용할 수 있는 시기는 끝나고, 세계 각국이 생물자원의 무단 유출 방지를 위한 규제조치를 강화하고 있다.

그럼에도 불구하고 해양동물 중 인간들이 가장 두려워하는 상어도 엄청난 포획으로 인해 멸종의 기로에 섰다. 세계자연연맹이 발표한 바에 의하면 상어지느러미, 간의 기름(스쿠알렌 제조), 고기, 가죽을 얻기 위해 포획되는 상어가 연간 1억 마리에 이른다고 한다. 특히 지난 10여년 사이에 상어잡이가 급증한 것은 중국이 공산정권 수립이후 반혁명적 특권층의 요리로 규정해 조리를 금지했던 '샥스핀'요리를 해금한 것과 관련이 깊다. 상어 지느러미의 독특한 젤라틴 성분으로 맛을 내는 이 요리는 특권층의 음식에서 개방 바람과 함께 대중화되었고 이에 따라 그 수요도 급증하게 된 것이다.

뒤늦은 감이 있긴 하지만 우리나라는 1994년을 생명공학 도약의 해로 채택하여 생물자원의 보전과 확보를 위한 각종 정책개발에 몰두하고 있다. 종의 소멸은 지구상에 존재하는 중요한 유전자원의 소실이며 유전정보의 소실이다. 미래에 발전할 새로운 생물공학적 기술이 생물학적 다양성이 가져다주는 유전자원에서 얻어낼 수 있는 가치의 폭을 넓혀주기 때문이다. 유용물질이 가지고 있는 품종이나 개체를 탐색하여 선발하고 이러한 가치를 신속히 증가시키는 기술, 예를 들면, 미세침을 이용하여 유전자를 가진 세포에 능력이 뛰어난 새로운 유전인자를 주입하는 미세주입법과 형질전환 기술의 발전 등은 육종기술에 드는 시간을 단축시키게 되었으며, 생물 다양성으로부터 인간이 추구할 수 있는 가치의 폭을 넓혀주게 될 것이다. 따라서, 우리는 문화유산을 지켜 보존하듯이 우리의 자연환경에 살고 있는 다양한 물고기를 잘 보존해야할 의무가 있는 것이다.

동물의 행동

송 영 한 (강원대학교 교수)

가축들이 동료들끼리 서로 간섭하는 환경이 사회환경이다. 먹고 싶은 것이 있어도 다른 개체에게 빼앗겨 버리고, 쉬고 싶은 장소를 차지하는 등 실제로 개체의 유지를 방해받게 되는 환경도 생긴다.
외부의 환경에 대해 모여서 대응하는 군거성의 동물들은 거기서 더 하나 대응기구를 만들지 않으면 안 된다. 따라서 군거사회구조라는 기구이다. 여기서는 여러 가지 메카니즘이 있는데, 예로 위와 같은 자원을 둘러싼 투쟁에는 강약의 관계를 정해두는 우열순위구조가 있다.

1. 동물의 휴식

휴식은 사람에 있어서나 가축에 있어서 중요한 행동이다. 휴식에 따라 에너지소비를 절약하고, 또 소비된 에너지를 회복한다. 휴식에는 수면이라는 행동이 포함된다. 가축의 수면은 휴식자세에서 나타나는데, 그렇다면 어디서 휴식을 하게 될까? 직접휴식행동이란 동료끼리 서로 붙지 않고, 번식행동에 관계하는 것인데 소(巢)를 만드는 가축과 그렇지 않은 동물로 나뉜다. 소(巢)를 만드는 가축은 닭과 의외인 것은 돼지를 들 수 있다.

비육돈은 그다지 움직이지 않도록 좁은 곳에서 길러지고, 또 번식돈은 자돈의 압사를 방지할 목적으로 좁은 스톨에서 갇힌 채 길러지고 있다. 그러나 어느 정도 넓은 곳에서 길러지면 배설장소와 휴식장소를 구분해서 생활하는 동물이며, 또 짚이나 콩깍지 등의 재료를 넣어두면 집을 만들려고 한다. 돼지는 더울 때에는 웅덩이에 뒹구는 것을 좋아하는데 땀샘이 없는 관계로 체온조절을 위한 행동으로 볼 수 있다.

초식가축(말, 면양, 산양, 소) 들은 둥지를 만들지 않는다. 말은 휴식, 수면하는 시간이 짧고, 또 말은 선채로 수면하는 시간이 많은 것으로 알려져 있다.

소는 누워있는 시간이 긴 동물이다. 사양관리상 가능한 쾌적하게 횡와시키기 위해, 어디에서 횡와할까에 대해서 연구한 결과를 간단히 모으면 "연한 곳", "평편한 곳", "건조한 곳"을 좋아한다. 이 중에 소가 중시하는 것은 아무래도 건조된 곳 일 것 같다.

소를 방목해서 사육하는 경우 비 바람을 피할 수 있게 대피소를 만들어주는 경우가 있다. 그러면 소는 아주 강한 비바람이 아니면 비, 바람을 그다지 신경 쓰지 않는 것 같다. 이 대피우사의 역할은 소를 비바람에서 보호한다는 것보다 건조한 복와장소(배를 바닥에 닿도록 앉는 자세)를 확보한다는 의미가 클 것이다.

"잠자는 소, 선 말"이라는 속담이 있는데, 소는 잠자고 있는 상태가 보통 보이는데, 말은 선 자세가 일반적이다 라는 것을 나타낸 것이다. 확실히 소는 하루 중 반은 횡와상태에서 휴식이나 수면, 또는 반추를 하고 있다. 한편 말의 횡와 · 복와시간 은 이것에 비해 아주 짧은데, 길어도 1시간 정도이다.

소는 하루 중 반 정도를 자면서 보내는 것이 아니라 잠자리가 충분히 쾌적하고, 앉거나 설 때 원활한 장소에서 소는 약 1시간에 1번 정도 나누어 일어서고, 자세를 바꾸어 또 앉는다. 이것을 몇 회 반복하면서 이동이나 채식으로 옮기는 패턴이 일반적이다. 따라서 눕지 않는 소도 걱정이나 일어서지 않는 소도 주의할 필요가 있다. 일어서거나 앉는 것이 원활하지 않은 즉 잠자리가 적절하지 않은 장소에서는 1회 복와휴식 지속시간이 길어진다.

즉, 지금까지 설명하지 않은 몸의 복부를 아래로 해서 앉는 자세를 복와, 체측부를 지면에 옆으로 해서 자는 자세를 횡와라 부른다.

2. 사회행동

사육되는 가축의 대부분은 원래 군거성을 지닌 동물이었다. 오래전 가축화가 진행된 때 군거성 동물이 선발되었다 라는 설도 있다. 군을 이루지 않고 생활하는 것은 위험이 많은 야생의 생활 중에 장점이 많은 것이다.

모여서 생활하면 포식자에게 대한 방어기능을 갖는다. 또 모두 먹고 있는 사이에도 주변을 살피는 것이나 어린동물을 돌보는 개체나, 기능분담도 발생한다.

가축들이 동료들끼리 서로 간섭하는 환경이 사회환경이다. 먹고 싶은 것이 있어도 다른 개체에게 빼앗겨 버리고, 쉬고 싶은 장소를 차지하는 등 실제로 개체의 유지를 방해받게 되는 환경도 생긴다.

외부의 환경에 대해 모여서 대응하는 군거성의 동물들은 거기서 더 하나 대응기구를 만들지 않으면 안 된다. 따라서 군거사회구조라는 기구이다. 여기서는 여러 가지 메카니즘이 있는데, 예로 위와 같은 자원을 둘러싼 투쟁에는 강약의 관계를 정해두는 우열순위구조가 있다.

소나 말 등은 종래부터 "군중의 대장"이 있다는 것이 잘 알려져 있다. 이것은 실제는 군 전체의 구조적 구축물인 것이 명확해진 발단은 닭의 연구에서다. 닭에서는 대장이 있을 뿐 아니라 가장 강한개체에서 최하위의 개체까지 순위가 정해져있다 라는 사실에 따른 것이다. 쪼기순위(pecking order) 라 부르는 구조는 현재, 우열순위구조라 불리며 다양한 가축에서 연구되어오고 있어, 여러 가지 변화는 있는 채 대체로 군거하는 동물에서는 관찰되는 행동이라는 것이 알려졌다.

만약 군내에서 우열순위가 정해지지 않았다면 먹이나 휴식장소를 둘러싼 투쟁이 일어날 경우 그것은 매우 격렬한 공격이나 방어를 동반하게 된다. 투쟁에서 지는 개체는 사망이나 중상, 이긴 개체 역시 성하진 않을 것이다. 이러한 투쟁을 반복해가면 온전한 개체는 없어져 최악의 경우전체가 멸망할 것이다. 따라서 미리 강하고 약함을 개체 간에 정해두는 것이다. 정하는 방법은 별도로 투쟁할 필요 없이 어린 때부터 노는 가운데 서서히 결정되게 된다.

먹이나 휴식장소를 두고 두 마리가 마주치게 되면 강한개체가 '비켜'하면서 공격하는 자세를 보인다. 약한 개체는 "미안합니다. 피할데니 그만두쇼"라고 복종자세를 취하면서 떠나게 된다. 따라서 우위개체는 어떠한 공격으로 에너지를 쓰지 않고 먹이나 휴식장소를 얻게 되고, 열위개체는 물리적인 피해를 받지 않을 뿐인가, 새로운 먹이나 휴시장소를 찾는 시간이 필요하다. 이때 우위개제의 공격자세와 열위개체의 복종자세는 모두 의시화되었다고 해도 좋다. 동물행동학으로 노벨상을 수상한 로렌츠박사는 확실히 자원이 충분하게 있으면 이러한 메카니즘은 효과적으로 작용하게 된다고 하였다.

3. 면적과 순위

가축에서는 일반적으로 먹이는 충분히 주는 것으로 되었는데, 그 점에서 군사가축 가운데 이러한 구조가 잘 기능하면 대단히 효과적이다. 그런데 가축을 관리하는데, 가축에 주어진 면적은 가능한 적은 것이 경제적이라는 대 원칙이 있다. 1두당 시설면적이 적을수록 건설비가 적게 들고 또 매일의 노동작업 동선도 짧아진다. 하면, 먹이는 충분히 준다고 해도 공간적인 면에서 편안하게 지낼 수 없는 개체도 있게 된다. 거기서 이러한 가축의 군거 메카니즘과 관리기술의 관계를 아는 것이 생산에 있어서도 매우 중요한 과제가 되기 때문이다.

4. 개체간 거리와 공간구조

이렇게 강함, 약함을 말하면 우열관계 이외에도 군 형성에는 어떤 구조가 있다. 공간구조라 불리는 것이다. 기본적으로 개체동료가 일정거리 이상 가까이하지 않는 거리와 동료로서 일정거리이상 떨어지지 않는 두 가지의 거리감이 있다. 전자의 개체간거리, 후자는 사회적거리라 부른다.

좁은 시설에 가축을 밀사하면 문제가 생기는 것은 서로간의 행동을 물리적으로 저해할 뿐 아니라 약한 개체가 강한개체의 개체간 거리의 안으로 들어올 뿐 아니라 또 약한 개체의 개체간 거리가 강한 개체에 빈번하게 침해당한다는 현상에서 기인된 부분도 있다.

가축과 사람의 사이에는 두 가지정도의 독특한 거리감이 있다. 공격거리와 도피거리로 표현할 수 있다. 알지 못하는 고양이를 쫓아가 돌면서 일정거리 이상 접근하면, 고양이는 공격을 개시한다. 이 거리를 공격거리라 한다. 한편, 방사가축 등에서 모르는 사람이 가까이 오면, 어느 정도의 거리까지는 지그시 접근하는 사람을 보고 있으나, 어느 거리를 일정거리를 넘어서면 그 가축은 도망치는 경우가 있다. 이 접근을 허용하는 최소거리를 "도주거리"또는 "접근허용거리"라 부르고 있다.

일본의 연구결과 다양한 품종, 월령의 암컷 및 거세우 합해 70여두의 도주거리를 측정한 결과 평균도주거리는 3.3m 이였으나, 결과적으로 이 거리를 품종이나 월령, 성은 거의 관계가 없고, 통계적으로 효과를 갖는 항목은 사람과의 접촉이 많았던지 적었던지 였다.

5. 동물의 학습

학습이란 지금까지 발견하지 못했던 행동을 어떠한 자극으로 인해 나타내는 일련의 행동이다. "습관", "고전적학습", "조작적학습", "분별학습", "통찰학습"등으로 구분할 수 있다. 이 가운데 습관은 일상적으로 반복되는 행동이 습관화되는 것으로, 특히 보수나 벌이 주어지는 종류의 것이 아니다.

고전적학습이란 유명한 파브로프의 실험에서 조건반사로 종소리를 들려주며 먹이를 준 개는 종소리만 들어도 수액의 분비가 많아진다는 현상을 보이고 있다. 조건반사는 일반적으로도 많이 활용되는 언어이지만, 외부자극으로 자율신경계에서 "학습"이라는 현상을 보이는 것으로 보수나 벌을 기대하는 개체가 판단하는 학습과는 다르다.

조작적학습은 스키나상자로 알려져 있다. 동물이 램프나 그림의 지시에 따라 페달을 밟으면 먹이가 나오는 시스템이다. 이 학습행동은 가축에서 잘 이용되고 있어, 비근한 예로 계류우사에서 각 개체에 물을 급여하는 워터컵이 이에 해당된다. 워터컵은 세면기와 같은 모양의 기구로 혀 모양의 레버가 달려있어, 소는 이것을 코로 누르면 물이 나와 음수가 가능한 구조로 되어 있다.

한편, 분별학습에서는 아주 작은 고등행동이 기대된다. 가축은 빛이나 도형, 색의 표식에 따라, 정답과 오답을 분별하지 않으면 안 된다. 가축의 색각검사에 잘 이용되는 Y자 미로의 예에서 설명된다. 우선, 가축에 Y자 미로를 걷게 해 사전에 준비된 식별표식인 색을 선택하면 먹이가 놓인 장소에 도착한다는 행동을 학습시킨다. 적어도 30회 정도의 반복에서 통계적으로 의미 있는 정답률에 도달한다. 개체가 이 미로를 이해했다고 판단되는 단계에서 색을 변화시키는 것이다.

덧 부쳐서 대개의 가축은 색을 식별하고, 가축 종에 따라 확실하게 식별하는 색에 약간의 차이가 있고, 또 시력은 사람의 란도르트환의 측정에서 1.0이하의 근시인 것으로 알려졌다. 또, 소나 말에서는 반년정도는 기억이 유지되는 것으로 보였다.

침팬지 우리에 봉을 넣고, 철망밖에 바나나를 둘 경우 처음엔 손을 뻗어 바나나를 잡으려 하나, 실패를 거듭한 후, 봉을 사용해 바나나를 끌어당기는 것에 성공한다. 이와 같이 과거에 전혀 경험이 없었던 새로운 문제에 직면했을 때 두뇌를 써서 문제를 해결하는 것을 통찰학습이라 한다. 이와 같이 동물들의 지능을 비교하기 위해 소와 개 및 닭을 이용하여 그 앞에 사료를 놓고 가축과 사료사이를 일정한 길이의 철망으로 가려두었을 경우에 소와 개는 곧 우회하여 사료가 있는 곳으로 가는 것을 확인할 수 있으나, 닭은 오랫동안 곧장 가려고 철망에 근접해 있는 광경을 볼 수 있다. 이와 같이 소와 개는 우회하여 문제를 해결할만한 예견학습 능력이 상대적으로 우수하다고 판단할 수 있다.

그러나 작업이나 행동의 향상을 위해 반복적으로 시도하는 것, 즉 사냥개의 훈련이나 승마 또는 역용으로 이용되는 우마 들은 연습에 의해 이루진다. 또한 주기적으로 소음에 노출되면서 놀라는 현상이 소실되고 새롭게 적용되는 학습은 최근에 중요시되는 부분이다.

6. 관리를 학습한 돼지들

전자기기에 의한 가축의 제어가 최근 발전하고 있는 관리기술이다. 알기 쉽게 생산에 직결된 학습이용의 관리기술로서 돼지의 온도조절시스템을 소개한다. 이것은 카나다 중부의 마니토바주의 돼지 행동연구자가 소개한 예이다. 이 주의 겨울은 매우 춥고, 영하 70℃에도 이르는 곳이다. 추위에 약한 돼지에는 온도조절이 필요하다. 거기서 겨울 중 난방비는 상당한 경비를 소요로 한다.

일반적으로 쾌적하다고 느끼는 온도범위는 가축에 따라 다르다. 이 온도범위는 실은 수면 · 휴식시와 활동시간에서 다르다. 수면휴식시의 경우가 약간 온도가 낮아도 쾌적하게 느낀다. 이러한 수면 · 휴식시와 활동시 온도범위의 차에 이 행동연구자가 주목하게 되었다.

또, 돈사내의 온도를 2단계로 설정해, 낮은 쪽은 수면휴식시의 쾌적온도대에 맞추고, 높은 쪽은 활동시간대의 온도범위에 맞추어 두었다. 높은 쪽의 온도범위는 일정시간이 경과하면서 스위치가 꺼져, 낮은 온도대로 옮기려는 시스템이 되었다.

거기서, 각 돼지에 춥다고 느꼈다면 높은 온도 범위까지 난방이 들어가고, 코로 스위치를 누르게 학습시킨다. 활동시간대의 돼지는 만일 춥다고 느끼면 코로 스위치를 누르게 되는데, 수면휴식에는 쾌적한 온도대도 있고, 또 비활동시간대 이므로 스위치를 누르지 않는다. 돼지는 하루의 반 정도는 졸거나 수면상태에 있다. 실제, 이 연구자가 소속된 대규모의 돈사는 이 돼지 자신의 온도조절시스템에 따라 매우 고액의 경비절약에 성공했다는 것이다.

또 이 시설에서 더욱 다른 학습시스템을 돼지들에게 부여해 관리하고 있다. 돼지 사료에 적당한 물을 가하면 먹기 쉽고 소화도 용이하다고 한다. 거기서, 이 시설에서는 사료가 급여되는 사조에 코로 조절하는 급수페달을 달아 돼지 자신이 아주 먹기 쉬운 모양으로 물을 나올 수 있도록 돼지 자신이 조절하게끔 학습시킨다. 이것도 상당히 좋은 성적을 낸 것으로 안다.

7. 가축관리에 활용되는 로봇들

1980년대 후반에 가축행동학실험실에서 로보테크 싸우(sow)라는 로봇이 개발되었다. 여기서 말하는 싸우(sow)란 모돈이다. 갖난 새끼용 침실을 말아 크게 한 기기로, 약 1/3이 포유용의 유즙탱크와 자돈두수분의 인공유두를 끼운 상자, 제어기기로 만들고, 나머지는 자돈이 생활하는 공간으로 되었다.

근대 양돈시스템 중 어미에 의한 자돈압사방지는 무시할 수 없을 정도로 큰 손실을 가져온다. 거기서, 포유자체를 기기로 하려는 시도를 했던 것이다. 이 기기는 모돈과 자돈의 행동특성을 잘 고려해 흥미 있는 작동순서를 갖고 있다. 실은 현재까지 개발된 컴퓨터조절의 가축관리기기는 가축의 행동특성을 잘 이용한 것이 많다.

자돈에 포유하기 위해서는 일정시간마다 우유를 먹게 하는 유두에 자돈을 불러들여야한다. 이 로보테크 사우에서는 빛과 소리의 2가지 자극을 이용했다. 우선, 통상의 상태에서는 자돈의 거주공간의 끝에 보온도 가능한 조명을 설치했다. 포유시간이 되면, 거주공간의 조명이 꺼지고, 포유기 앞의 조명등이 점등한다. 이것이 자돈에 대한 첫 번째 자극으로, 학습이 진행되면 이 단계에서 자돈은 포유기의 앞에 모여, 유두가 기기에서 돌출되는 것을 기다리게 된다.

다음으로 소리가 난다. 이것은 모돈 특유의 수유행동직전에 느린속도로 리듬있게 울음소리를 녹음재생한 것으로, 자연포유시 자돈을 부르는 어미의 소리이다. 다음으로 자돈의 수 만큼 설치된 유두가 기기에서 나오면 자돈은 유두에 접근하는데 유즙은 아직 나오지 않는다. 잠시 시간이 지나면 이번엔 모돈수유시 유즙분비가 시작될 때의 울음소리, 빠른템포로 울음소리가 나와 유즙분비가 시작된다. 당시에는 상당히 잘 만들어진 기계라고 생각된다. 그 후, 양돈현장에서의 기계가 이용되고 있는 것을 볼 수 없는 것은 그다지 보급되지는 않은 모양이다.

현재, 일본 북해도를 중심으로 많이 사용하기 시작한 포유로보트는 송아지용이다. 이 기계는 돼지용과는 다르게 송아지용 방사우사의 한쪽에 설치하는 것으로 송아지가 한 마리만 들어가는 스톨로, 그 앞에 설치된 유두가 돌출된 모양으로 만들어졌다. 송아지 포유로보트는 송아지가 장착한 식별용 인식신호를 읽어, 개체마다 일정시간을 두고 적당한 양을 전자렌지에 데워 따뜻한 유즙을 급여하는 시스템으로 되어, 1대 유두 1개씩

30두정도의 송아지 포유가 가능하다고 한다.

착유로보트는 네덜란드에서 개발되어, 국내에서도 사용하고 있는 낙농가가 늘어나고 있다. 이것도 로봇이 착유하는 것이 아니라 소를 수용하는 박스와 착유기 자동탈착기로 되어 있다. 소가 이 틀에 들어가면 유두위치를 자동적으로 검출해, 복부의 아래쪽으로 밀어 넣는 유두컵이 나와서 유두에 장착되어, 착유하는 시스템이다. 이러한 착유로보트에서는 우사와 휴식사와 급이사의 두 가지 공간이 착유틀과 같은 방향으로 문을 닫도록 설계되어, 휴식사의 소가 먹이를 먹기 위해서는 착유틀을 통과하지 않으면 급이사로 가지 못한다. 따라서 소는 급이시설로 가기 위해서 착유하게 된다. 개체에 따라서는 하루에 몇 번이라도 착유되지만 소의 생리상 많이 착유하는 쪽이 유선조에 부담이 적지만 유량에는 좋은 영향을 줄 수 있다.

동물의 복지

이 용 준 (농협중앙회)

동물은 생명을 유지하면서 건강하고 안락한 생활을 할 수 있는 기본적인 욕구를 가지고 있고, 기본적으로 자연적인 행동을 취하려는 욕구가 있다. 동물도 우리 인간처럼 충분한 햇볕을 받으면서 마음껏 뛰어다니는 것이 필요하고, 스트레스로 인한 고통을 받지 않으며 넓은 사육공간에서 암수가 자유롭게 사육되기를 원할 것이다. 동물은 사료와 물의 섭취, 동료와 함께 어울림 등 모든 것을 편하게 즐길 수 있는 권리가 있고, 우리는 이에 맞는 복지환경을 마련해 주어야 한다.

1. 동물복지란?

최근 동물복지라는 말을 많이 듣게 된다. 사람에 따라서는 동물애호 또는 동물의 권리라는 용어와 같은 의미로 사용하는 쪽도 있다. 이것은 실은 의미가 다르다. 또한 동양과 서양의 차이처럼 자연관이나 동물관의 역사적 풍토가 다르기 때문에 같은 단어로 표현되어도 깊은 의미에서는 다른 경우가 있다.

축산업은 기술의 향상, 자본의 효율적 이용, 노동력 절감, 시설의 현대화 등으로 비약적인 발전을 하면서 양질의 동물성 단백질을 저렴하게 공급하는 등 인류복지에 크게 기여하였다. 하지만 대규모 집약적인 사육방식에 따라 여러 가지 문제점들을 야기하게 되었다. 예를 들어 축산분뇨로 인하여 악취, 수질 및 토양의 오염 등을 야기하면서 축산업이 환경오염 산업으로 인식되기도 하였다. 또한 공장식 축산 방식으로 가축을 사육함으로써 열악한 사육환경을 제공하게 되고 그로 인한 질병만연과 과도한 약품 사용 등으로 식품안전 문제가 대두되기도 하였다.

최근, 소비자들의 안전한 축산물에 대한 요구가 급증하면서 친환경 축산 및 유기축산에 대한 관심이 고조되고 있다. 더욱이, 항생물질의 사용제한으로 인해 동물의 사육환경이나 복지를 고려한 스트레스 저감 사육방법에 대한 관심 역시 증대되고 있다. 동물복지는 생명을 유지하고 생산 활동을 하고 있는 상태가 얼마나 양호한가의 여부를 나타내는 용어로써, 동물에게 주어진 현재의 환경조건이 심리적으로 신체적으로 얼마나 편안한가를 나타내는 개념이다. 동물복지와 관련된 개념은 요구, 자유, 의무와 권리를 들 수 있는데, 요구는 생물학적, 생리적, 행동 및 복지의 요구이고, 자유는 복지문제 해결을 위한 필수 사항으로써, 특히 최근에 동물복지 운동과 관련하여 행동의 자유 부분이 강조되고 있다. 또한 의무와 권리는 대부분의 사람들이 동물은 고통과 불편함을 느끼지 못한다고 믿고 있으나, 축사 및 환경 조성에 있어서 동물들의 정상적인 생리과정에 대한 이해와 배려가 있어야 한다는 것이다. 동물에 있어 복지의 평가는 크게 두 가지 접근에 의하여 이루어져 왔는데, 하나는 복지상태가 얼마나 양호한가를 평가하는 것이고 다른 하나는 얼마나 불량한가를 평가하는 것이다.

동물복지는 크게 수송 및 취급 등에 의한 단기적인 복지문제와 사육밀도 및 사육환경 등과 같은 장기적인 복지문제로 분류할 수 있다. 동물복지를 판단하는 일반적인 방법으로는 생산성 측정, 혈액분석, 행동조사 등이 있는데, 이는 동물의 경우 최적의 환경 하에서 생산성이 극대화되고, 주어진 환경에 의해 생리학적, 행동학적 변화를 나타내기 때문에 복지수준의 평가에 이용되고 있다.

축산의 기술향상은 생산성의 향상과 비용절감을 통해 인류에게 고급식품을 값싸게 공급하는데 크게 기여를 하였지만, 이러한 기술은 동물의 입장이 아닌 인간중심의 효율성 위주로 개발되면서 산란계의 케이지 사육, 모돈의 스톨 사육 등과 같은 집약적 축산이 일반화가 되어 있다.

〈표 1-1〉 동물복지를 위한 5가지 자유 (FAWC)

항 목	주요내용
배고픔과 갈증으로부터의 자유	충분한 건강과 활력을 유지할 수 있도록 신선한 물과 먹이에 쉽게 접근할 수 있게 함
불편함으로부터의 자유	피난처와 안락한 휴식장소를 포함한 적절한 환경을 제공해야 함
통증, 부상, 질병으로부터의 자유	질병 예방 및 신속한 진단과 치료를 제공해야 함
정상적인 행동 표현의 자유	충분한 공간, 적절한 시설, 그리고 동료들과 어울림을 유지할 수 있도록 해야 함
공포와 고통으로부터의 자유	정신적 고통을 피할 수 있는 환경을 유지해야 함

〈표 1-2〉 5가지 자유를 위한 실천방안 (FAWC)

항 목
책임 있는 관리계획과 경영
능란하고 식견이 있으며 성실한 목축업자 의식
적절한 환경설계
신중한 취급과 수송
인도적인 도살

동물애호사상은 19세기 영국에서 전형적으로 발전된 것으로 그 배경에는 당시의 영국에서 동물의 취급이 매우 열악하고, 잔혹했던 배경이 있다. 개와 수소를 싸우게 하거나, 곰과 개를 투쟁시키는 것은 당시 인기 있는 볼거리였다. 또 유럽 전역에서도 영국은 잔혹한 곳이었던 것 같고, 이탈리아인 극작가도 "영국의 말로는 태어나고 싶지 않다"라는 탄성이 전해지기도 했다. 그런 가운데 그 반대로 주로 상류층을 중심으로 동물을 애호하고자 하는 움직임이 강해 동물애호운동으로 이어졌다. 그러나 이 건은 어디까지나 사람중심으로 "잔혹하게 취급되는 동물을 보면 사람이 싫다"라는 어디까지나 생각하는 것이 사람 중심이었다고 생각된다.

50여년 전부터 일부 과학자들과 소비자들을 중심으로 집약적 축산에 대한 비판적인 의견이 제시되면서 동물의 권리, 윤리 및 복지에 대한 관심을 갖게 되었다. 현대적 동물복지운동은 1964년 Ruth Harrison의 'Animal Machines'라는 책이 출간되면서 시작되었고, 영국정부는 1965년도에 Harrison의 주장에 따라 동물이 고통과 스트레스를 받으며 불안, 두려움, 기쁨 등의 감정을 느낀다는 점을 인정하고, 동물복지에 대한 대책을 수립하게 되었다.

그 후 영국의 FAWC(The Farm Animal Welfare Council)는 가축사육, 수송, 도축, 정부의 입법 등에서 동물복지에 대한 자문을 실시하고 있으며, 1993년에는 동물복지를 위한 5가지 자유를 제시하게 되었다 〈표 1-1, 1-2〉. 이와 같이 유럽을 중심으로 전개되었던 동물복지는 최근에 와서 안전한 축산물을 요구하는 소비자의 욕구와 가축을 단지 인간의 먹거리를 생산하는 도구에서 인간과 같은 생명체로서 그들이 가져야할 기본적인 권리를 보장해야 한다는 윤리적인 관점의 보편화로 인해 전 세계로 확산되어지고 있다.

이러한 가축복지사상에는 사람의 감정이나 의학과는 별도로 가축을 학대하는 것은 피할 수 없는 것이다. 즉 "가축은 고통을 느끼는 것은 생리적으로도 해부학적으로도 사실이나 어떤 종의 고통이 불필요하게 가축에 가해진다고 하면 그것은 학대가 있다" "불필요하다고 알려진 채로 고통이 가해지는 것을 방치하는 것은 이것은 사람의 윤리의 문제이다"라는 것이다. 이러한 것에서 가축복지사상은 도살하는 것을 타부시하지 않았다. 문제는 죽이는 것이 아니라 죽이는 방법과 기르는 방법이다.

〈그림1-30〉 동물복지를 상징하는 삽화

2. 동물의 스트레스 반응

가축의 생체조건은 유전적 요인과 함께 환경적 요인의 영향을 받는다. 환경이란 넓은 의미로 가축에게 영향을 줄 수 있는 주변의 모든 요인을 말하며, 환경 요인을 효과적으로 조절하면 가축은 최적의 생리적 상태를 유지하면서 최상의 생산기능을 발휘할 수 있게 된다. 지금까지 가축의 생산성을 극대화시키기 위한 최적의 환경조건에 관한 많은 연구와 생산성을 저해하는 여러 가지 인자들의 영향과 수준에 관한 다양한 연구가 진행되어져 왔다. 가축의 생산성에 영향을 미치는 스트레스 요인 중 가장 큰 것은 기후적 환경이며,

비기후적 요인도 가축에게 많은 영향을 미친다.

스트레스에 관한 연구는 많이 진행되어 왔으나, 아직까지 스트레스의 개념을 명확히 정립하기에는 부족하다고 할 수 있다. Selye는 생체에 가해진 해로운 인자가 어떤 상처를 주어 생체가 이를 회복시키려 할 때 이 상처와 이를 막으려는 방어력 모두를 합쳐 스트레스라고 하며, 좁은 의미로는 이때의 해로운 인자를 스트레스라고 정의하였다. Ames는 환경스트레스를 가축생산능력의 극대화를 위축시키는 물리적 생리적 주변요인들이라고 정의하였고, Duncan은 스트레스는 ACTH의 전형적인 반응을 수반하지는 않으나 자극적인 조건에 노출된 결과로 동물에게 생리화학적 또는 행동적 변화가 발생할 때를 통괄적으로 설명하기 위하여 사용되는 용어라고 정의하였다.

또한 Webster는 스트레스란 생체활동에 영향을 미치는 추위, 더위, 영양결핍, 과로, 공포 또는 정신적 손상과 같은 환경적 교란을 의미하며, 이로써 직접적으로 질병을 촉발하거나 감염에 대한 저항력을 약화시키는 경우라고 정의하였다. 스트레스를 정의하는 시각은 시대와 상황에 따라서 다소 차이가 있으나, 스트레스가 가축의 생리조건에 불리하게 작용하는 환경적 자극요소라는 점은 동일하다고 할 수 있다.

스트레스 인자를 크게 구분하면 소리, 진동, 온도, 빛, 공기, 냄새 등과 같은 물리 · 화학적 인자와 불안, 경악, 긴장, 흥분, 실망, 좌절, 분노, 슬픔 등과 같은 사회적 인자로 구분할 수 있다. 또한 동물이 스트레스를 받게 되면 체내에서 생리적, 생화학적, 해부학적 반응이 일어나게 되고 이로 인해 행동적 변화도 유발되게 된다.

생리학이나 생리 심리학분야에서 스트레스의 개념은 '뇌하수체나 부신피질선의 특정 호르몬의 분비량을 증가시키는 원인'이 되는 stressor에 대한 생리적 반응을 의미한다. Stressor에 대한 생리적 반응은 경고반응과 일반순응증후군으로 구분이 되어진다. 경고반응이란 자극인자에 노출되는 상황이 발생하면 즉각 발생하는 것으로, 부신척수로부터 adrenaline과 noradrenaline의 분비량이 증가되면서 교감신경의 활력이 증가하게 되는 것을 말한다. 또한 일반순응증후군이란 뇌하수체와 부신피질의 반응을 동반하는 장기적 반응이고, 이러한 내분비물질들은 신체 각 기관에 다양한 생리적 변화를 파생한다.

동물은 스트레스 상황에서 생리적 반응과 함께 행동적 반응을 일으키게 된다. 가축에게 자극을 주는 환경이나 취급, 관리 등은 그 가축에게 하나의 적응행동으로써 이상행동을 유발한다. 예를 들어, 조기이유 자돈에서 인위적으로 대조구에 비해 2배 밀사를 시키고, 바닥에 짚을 깔아주지 않고, 여러 배 새끼를 혼합하였을 때, 대조구에 비하여 처리구에서

belly-nosing, 공격행동, 체인 씹기 등의 이상행동이 많이 발생하였다. 또한 열악한 환경에서 자란 자돈들은 안락한 환경에서 자란 자돈들 보다 새로운 장소에서 더 많은 탐색행동을 보이는 것으로 나타났다.

스트레스는 동물의 체내에 여러 가지 변화를 가져오게 된다. 원숭이를 이용한 스트레스 실험에서 물리적 스트레스 또는 행동적 스트레스에 노출되었을 때, cortisol, adrenaline, noradrenaline, growth hormone, testosterone 및 insulin의 변화가 측정되었다. 또한 닭에 있어서 갑작스럽게 나는 소리와 같이 단기간 동안 일어나는 스트레스 요인에 노출되는 것은 18시간 안에 heterophil : lymphocyte (H:L) 비율 같은 혈액성분의 변화를 가져오는 것으로 알려져 있다.

일광은 생태계를 지배하는 중요한 환경인자임과 동시에 장기적으로는 계절의 변화와 더불어 동물에게 장기적인 스트레스 요인으로 작용한다. 빛은 사료섭취량, 생산성 및 영양소 이용효율에도 영향을 미치며, 가금류의 번식생리에는 직접적이고도 지대한 영향을 미친다. 빛에 관련된 환경인자는 크게 빛의 품질, 빛의 강약, 그리고 빛이 작용한 기간으로 나뉘는데, 이 인자들 중에서 가장 중요한 것은 광주기이다. 낮의 길이는 여러 동물의 번식과 관련이 깊으며, 소나 말의 털갈이 및 피모의 발육에도 영향을 미친다.

가축의 가청범위 내에서 청각에 자극을 줄만한 형태의 소리는 분명히 스트레스로 작용할 뿐 아니라, 그 영향은 동물의 생산능력에 적지 않은 영향을 미치게 된다.

열 스트레스는 나른함, 식욕감퇴, 관절경직, 설사, 혈변 및 근육약화를 초래한다. 열파는 알파, 베타, 감마선의 세 가지 형태가 있는데, 이 중 베타파와 감마파는 신체부위 중 성장이 가장 빠른 세포를 공략한다. 방사파의 영향은 방사원의 거리, 노출기간 및 노출강도에 따라 다르게 나타난다. 열 스트레스는 동물의 번식에 직접적인 영향을 미친다. 수컷의 경우에는 성욕감퇴, 정자생산능력 저하, 정액 사출량의 감소, 정액의 품질 저하 등을 야기 시키고, 암컷에서는 발정주기의 변화, 난자발육부전, 난자기형, 무배란, 조기배 사망, 태아재흡수 등을 유발하여 번식효율을 크게 떨어트린다.

군거 스트레스는 밀집수용과 공격의 결과로 나타날 수 있으며 이것은 adrenal grand의 변화를 초래하며, 가축의 번식능력에도 영향을 미친다. 밀집사육은 개체간 행동적 제약을 초래하고 이로 인한 스트레스가 유도하는 adrenal glucocorticoids의 분비가 gonadotropin의 합성과 분비에 영향을 미침으로써 발정과 배란에 이상을 가져올 뿐 아니라 개체간 공격의 기회가 증가됨에 따라 물리적 충격에 의한 번식효율의 감소를 유발시킨다.

동물은 취급방식에 따라 다양한 스트레스 반응을 나타내는데, 이는 자극의 낯선 정도, 자극에 대한 이전 경험, 그리고 유전적 요인 등에 영향을 받게 된다. 가축을 취급하는데 있어서 때리거나 발로 차는 혐오적인 행동은 가축의 인간에 대한 두려움을 상승시키고, 동물의 등 뒤에서 가볍게 치거나 쓰다듬는 것과 같은 행동들은 인간에 대한 두려움을 감소시킨다.

동물은 스트레스의 수준에 따라 다양한 반응을 나타내는데, 스트레스 수준이 높을 때에는 lymphoid 반응을 자극하는 바이러스성 질병과 다른 기타질병이 많이 발생하게 된다. 스트레스 수준이 너무 낮으면 유전적 변이는 감소되고, 박테리아성 질병이나 기생충성 질병의 발생이 높아지며, 특정 독성분에 대한 감수성이 민감해 진다. 그리고 적절한 수준의 스트레스는 질병을 발생을 줄이며, 이는 유전인자에 따라 달라지기도 하지만 각 개체의 경험에 의해서도 영향을 받게 된다. 또한 동물은 스트레스 환경에 노출되면 체중에 대한 유전적 잠재력의 표현이 감소하고 적응력이 증가하며, 판단력이 향상되고 활동성이 증가하게 된다.

이와 같이 동물주변의 환경인자들은 다양한 형태로 동물의 행동적, 심리적 변화를 초래하며 변화의 이면에는 생체 내 각 기관의 생리적 적응반응이 작용하게 된다. 이러한 생리적 적응반응은 궁극적으로 동물의 생산에 영향을 미치게 되는데, 특히 불리하게 작용하는 스트레스인자는 생산성과 복지를 크게 저하시킨다.

3. 선진국의 동물복지 동향

EU에서는 임신 중인 모돈의 사육에 이용되는 결박사육 방법을 2006년부터 금지하였고, 2013년 1월 1일부터는 임신스톨 사용을 임신 초기 4주간을 제외하고는 금지할 예정이다. 핀란드, 스웨덴, 영국 등의 몇 나라에서는 다른 EU국들보다 일찍 임신 중 돼지의 격리사육용 칸막이 축사와 결박사육을 금지시키는 국내법을 이미 통과시켰다.

영국에서 도축되는 돼지의 대부분은 자유로이 먹이를 먹을 수 없을 정도로 매우 비좁은 축사에서 과밀상태로 사육되고 있으며, 이러한 최악의 과밀상태는 EU의 법률에서 허용하는 최소한의 공간을 법적으로 정하는 것으로 막을 수 있다. 또한 영국에서는 이미 돼지의 꼬리 절단과 이빨 자르기 등의 새끼돼지에 대한 절단행위는 금지되었다. 땀의 상자

(sweat box)란 비육돈이 주위로부터 격리된 건물 안에서 극도의 과밀상태로 사육되어 소변과 땀에서 증기가 발생되고 있는 것 때문에 붙여진 이름이며, 이러한 사육 형태 역시 영국에서는 금지되고 있다.

비육용 송아지 우리(veal crate)는 도축되기 전까지 송아지를 사육하는 폭이 좁고, 나무틀로 고정된 우리를 말하며, 이 우리는 너무 비좁기 때문에 사육되는 송아지는 죽을 때까지 방향을 바꿀 수조차도 없다. 이러한 비육용 송아지우리의 사용은 1990년에 영국에서 금지되었고 2007년부터 EU 전역에서 금지되었다.

배터리케이지는 매우 비좁기 때문에 갇혀있는 암탉은 무미건조한 생활로 인해 알을 낳을 집도 만들지 않으며, 너무 좁은 공간에 익숙해져 날개 짓도 하지 않아 뼈가 약해져 쉽게 부러지는 등 닭의 건강에 심각한 문제를 일으키는 사육방식이다. 배터리케이지는 9단으로 쌓아 올려지는 경우도 있으며, 창이 없는 건물 안에서 최대 9만수의 닭이 사육되는 경우도 있다. 이에 EU에서는 2012년까지 모든 배터리케이지 사육을 금지하는 데에 합의하였다.

강제 환우란 암탉의 몸에 쇼크를 가해 부자연적으로 빠르게 털갈이를 하게 하는 방식으로, 여기에서 말하는 쇼크란 10일부터 14일간 먹이를 주지 않거나, 케이지 내부를 어둡게 하는 것들을 의미한다. 1년간 알을 낳은 암탉은 자연적으로 산란을 멈추고, 그 시기에 털갈이를 하는데, 암탉을 가능한 한 빨리 다시 산란할 수 있도록 하기 위해서 강제적으로 환우를 시킨다. 강제 환우는 미국 등 전 세계적으로 이용하는 일반적인 축산기술로 통용되고 있지만 이러한 사육방식은 결과적으로 암탉에게 큰 스트레스와 고통을 주며, 닭의 치사율을 비약적으로 높이게 된다. 따라서 영국은 산란계에게 먹이, 물, 빛을 강제적으로 빼앗는 등의 강제 환우가 갖는 가장 잔혹한 부분을 법률로 폐지하고 있다.

전 세계적으로 매년 400억 마리의 육계용 브로일러가 극도의 과밀상태에서 사육되고 있으며, 이들은 산란계와는 달리 케이지에서 사육되는 것은 아니지만 축사의 바닥이 보이지 않을 정도로 과밀상태라고 할 수 있다. 브로일러는 몸체가 너무 빠르게 성장하기 때문에 뼈나 심장, 폐의 성장이 몸체의 성장에 따라가지 못할 정도로 놀랄 만큼 빠르게 성장하며, 유럽에서는 생후 6주 미만의 브로일러 가운데 약 4분의 1정도가 과도하게 빠른 성장으로 인해 통증을 동반한 마비로 고통을 받고 있으며, 100마리에 1마리는 신장질환으로 죽어가고 있다. 유럽의 축산분야에서 브로일러의 사육이 차지하는 비중이 가장 큼에도 불구하고 그들의 복지를 지킬 수 있는 특정한 법률이 제정되고 있지 않은 것이 현실이며, 영국에서는 브로일러의 최대 사육밀도를 정하는 가이드라인을 제정하고 있다.

영국에서는 소의 꼬리절단과 낙인, 수컷의 거세, 양의 이빨 절단, 그리고 사슴의 뿔 자르기 등 가축에 대한 일체의 절단 및 절개 등의 처치를 법률로 금지하고 있다. 유럽에서는 많은 수의 가축을 도축이나 비육을 위해 오랜 시간(24시간에서 30시간 혹은 그 이상의 시간) 동안 먼 거리를 운송하고 있으며, 대개 운송과정에 있어서는 사료나 물을 먹이기 위해 휴식을 취하는 일이 거의 없다. 따라서 EU에서는 동물의 운송 관리와 운송 중 복지를 위한 규칙을 제정하고 있으며, 이 규칙에서는 EU내에서의 최장 운송시간, 사료급여 및 급수의 간격, 가축의 휴식시간 등을 규정하고 있다. 예를 들어 양의 경우 최장 운송시간을 30시간으로 규정하고 있으며, 운송 도중 단 1시간이라도 휴식시간을 가져야 한다. 또한 이 규칙에서는 각각의 허가된 운송에 관한 세부적인 과정을 서류로 제출하도록 의무화 하고 있다.

4. 동물복지형 사육방법

동물복지형 축산이란 동물의 기본적인 행동욕구와 생리적인 습성을 잘 알고 이해한 다음에 각각의 동물에게 적절한 환경조건 및 사육방법을 제공하여 동물을 키움으로써 동물에게 가해지는 스트레스를 줄여주고 생산 효율성을 높임과 동시에 안전하고 우수한 품질의 축산식품을 생산하는 것을 말한다.

동물은 생명을 유지하면서 건강하고 안락한 생활을 할 수 있는 기본적인 욕구를 가지고 있고, 기본적으로 자연적인 행동을 취하려는 욕구가 있다. 동물도 우리 인간처럼 충분한 햇볕을 받으면서 마음껏 뛰어다니는 것이 필요하고, 스트레스로 인한 고통을 받지 않으며 넓은 사육공간에서 암수가 자유롭게 사육되기를 원할 것이다. 동물은 사료와 물의 섭취, 동료와 함께 어울림 등 모든 것을 편하게 즐길 수 있는 권리가 있고, 우리는 이에 맞는 복지환경을 마련해 주어야 한다.

축산업은 생산성을 극대화하기 위해 규모를 증대시키고 가축을 집약적으로 사육하면서 가축에게 열악한 복지환경을 제공하게 되었다. 예를 들어, 비좁은 공간에서 가축을 밀집사육하고, 산란계를 제대로 쉬거나 움직일 수도 없는 산란케이지에서 키우며 산란기간을 늘려 더 많은 계란을 생산하기 위해 절식, 절수 등의 강한 스트레스를 주어 인위적인 털갈이인 강제환우를 시키기도 한다.

돼지의 경우 자연상태에서의 어미돼지는 새끼들에게 15주령까지 젖을 물리는 반면, 농장에서는 모돈회전율을 높이고 질병예방을 위해 이유일령을 3주령에서 4주령 사이에 실시하고 있고, 심지어 2주령에 이유를 시키는 경우도 있다. 새끼가 태어나면 어미의 유두가 다치거나 다른 새끼돼지가 다칠 것을 예방하기 위해 송곳니를 자르고, 꼬리를 물어뜯는 악습을 막기 위해 미리 꼬리를 잘라준다. 그리고 임신을 한 모돈은 개체관리를 위해 비좁은 개별 스톨에서 사육을 한다. 또한 가축을 수송할 때 적절한 상 · 하차대를 사용하지 않고 전기충격기를 이용하여 가축을 차량 안으로 몰거나 밖으로 내모는 경우도 있으며, 각 품종에 맞는 전용 수송차량을 이용하여 적절한 수송밀도를 유지하여 주지 않을 경우 부상을 발생시키거나 육질에도 안 좋은 영향을 미칠 수 있다.

이와 같은 열악한 환경은 동물의 복지를 저하시키고 육체적 손상과 함께 스트레스 증가로 인한 생리적 변화, 이상행동 등의 이상증후를 나타내게 된다. 산란케이지나 모돈 스톨에서 사육되고 있는 닭과 돼지는 운동성이 부족하여 뼈의 강도가 낮아지고 이로 인하여 부상의 위험이 높아진다. 또한 비좁고 열악한 사육환경은 욕구불만을 유발하여 왕복보행, 스톨물기, 헛된 씹기 등의 상동행동과 같은 이상행동을 발현시킨다 〈그림 1-31〉.

이와 같이 사육환경이 가축의 복지에 직접적인 영향을 미친다는 점을 고려한다면 자유롭게 휴식하며 행동할 수 있는 충분한 사육공간과 여름철의 무더위, 겨울철의

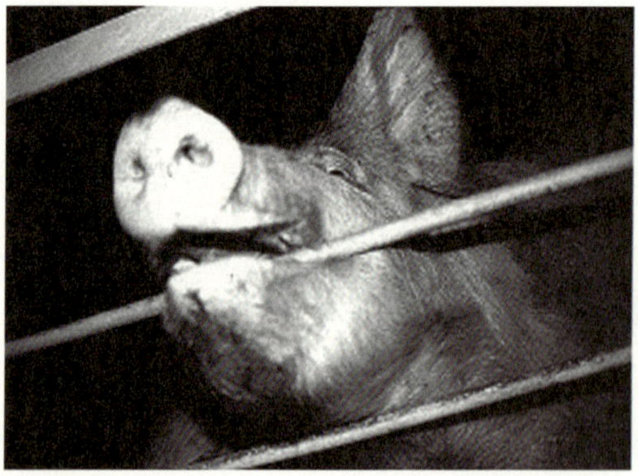

(1) 막대물기

(2) 거짓씹기

〈그림 1-31〉 돼지의 이상행동

추위, 눈, 비, 바람과 같은 불량한 기후 속에서 이를 피할 수 있는 안전한 사육환경을 제공해 주어야 할 것이다. 축사는 환기가 원활하여 가축에게 신선한 공기를 지속적으로 제공할 수 있어야 하고, 품종이나 성장단계별로 적절한 환경온도를 맞추어 줄 수 있어야 한다. 일반적으로 어린 동물들은 적정 환경온도가 성축에 비해 높고 성장해감에 따라 점차적으로 낮은 환경온도를 요구한다. 따라서 축사 내 모든 동물에게 적절한 온도를 맞춰 주기 위해서는 열풍기, 냉방기 등의 시설을 설치하고, 추가적으로 보온등, 보온매트 등과 같은 보조 난방시설을 갖추어야 한다.

(1) 배터리케이지

(2) 복지형케이지

(3) 다단식방사체계

(4) 방사

〈그림 1-32〉 산란계의 사육시스템

축종별 사육환경을 비교할 때 양돈과 양계에서 다른 축종에 비해 집약적으로 사육되어지고 있고 열악한 복지환경을 나타낸다. 현재 집약적인 양계산업에서 일반적으로 이용되어지고 있는 배터리케이지는 생산성을 향상시키고 관리의 효율성을 높이고자 고안되었다. 이러한 배터리케이지는 배설물의 효율적인 처리로 인해 위생적이며, 닭에서 문제시되었던 카니발리즘의 발현을 줄이는 등의 효과를 나타내고 있다. 하지만, 좁은 공간과 구조적인 특성으로 둥지 틀기, 횃대에 앉기, 날개 다듬기, 모래목욕 등의 정상적인 행동을 억압하고 있으며, 이로 인해 심리적, 육체적 갈등을 야기하여 이상행동을 유발시키는 등 동물복지 차원에서 매우 열악한 환경이라고 할 수 있다.

〈그림 1-30〉은 산란계의 여러 가지 사육시스템을 보여주고 있다. 배터리케이지(battery cage)는 현재 가장 많이 이용되고 있는 사육시스템으로 열악한 복지환경을 나타내고 있다. 복지형 케이지(furnished cage)는 케이지 내부에 산란상, 모래목욕상자, 횃대를 설치하여 기존의 케이지에 비하여 동물복지를 향상시킨 시스템이다. 다단식 방사 사육시스템(aviary system)은 사조, 급수기, 난상, 횃대 등은 케이지 형태의 시설물에 설치되어 있고 바닥은 깔짚을 깔아주어 닭들이 자유롭게 돌아다니며 활동할 수 있도록 해준다. 방사형 사육시스템(free-range)은 산란상, 횃대 등을 설치한 계사와 함께 그늘막 등의 휴식처를 갖춘 방목장으로 이루어져 있고, 닭이 자유롭게 계사와 방목장을 이용할 수 있다.

돼지는 푹신한 볏짚, 보리짚, 톱밥과 같은 부드러운 깔짚을 선호한다. 하지만 집약적인 사육체계에서는 분뇨처리의 수월성을 위해 콘크리트 바닥이나 틈바닥이 이용되고 있다. 〈그림 1-33〉은 모돈의 임신스톨사육과 군사사육를 비교한 사진이다. 임신스톨은 임신단계나 각 개체에 맞는 사양관리와 개체관리를 용이하게 할 수 있는 장점이 있지만, 공간이 비좁아 모돈의 활동성을 크게 떨어트려 건강이나 복지에 악영향을 준다. 임신돈의 군사사육은 행동의 자유를 부여하여 복지를 향상시키지만 개별적인 사양관리나 개체관리가 어렵다는 단점이 있다. 하지만, 임신돈방 내에 자동급이장치를 설치하여 개체에 맞는 사양관리를

〈그림 1-33〉 모돈의 임신스톨사육 및 군사사육

해주고, 프리스톨을 제공하여 개별적인 휴식공간을 부여해 주면 군사사육의 단점을 보안해 줄 수 있다.

〈그림 1-34〉 돼지의 분만틀 및 분만평사

〈그림 1-34〉는 돼지의 분만스톨과 분만평사를 보여주고 있다. 분만스톨은 어미돼지로 인해 새끼돼지가 압사를 당하는 것을 빙지하기 위해 어미와 새끼의 공간을 따로 제공하여 압사방지에 효과가 좋으나, 자유로운 행동을 억압하여 어미에게 과도한 스트레스를 주게 된다. 이로 인해 압사에 의한 자돈의 폐사는 줄어들지만, 어미가 새끼를 물어 죽이거나 사산을 하는 비율이 높게 나타난다.

우리나라에서 소의 사육환경은 다른 품종에 비하여 양호한 편이라고 할 수 있다. 방목상태에서 소는 하루 종일 풀밭을 걸어 다니며 풀을 뜯는다. 하지만 최대의 수익을 창출해야하는 산업적 관점에서 젖소는 양질의 우유를 많이 생산하여야 하고, 육우는 고품질의 고기를 생산해야 한다. 이를 위해서는 고에너지의 곡물사료를 다량으로 급여해야하고 조사료의 급여량을 줄여주어야 하는데, 이로 인해 소는 사료섭취와 반추행동 시간이 줄어들게 된다.

또한 좁은 공간에서 소를 묶어 사육하는 계류식 사육방식의 경우 운동량을 줄여 에너지 손실을 줄일 수 있고 개체관리가 용이하다는 장점이 있으나, 구속에 따른 육체적, 정신적 스트레스가 높게 작용하여 열악한 복지환경을 나타낸다. 이러한 환경들은 소에게 혀를 입 밖으로 길게 내거나, 좌우로 움직이거나, 혀끝을 둥글게 마는 동작을 지속적으로 반복하는 혀 돌리기 행동, 목책이나 사조 등을 지속적으로 핥는 행동, 몸을 좌우로 계속해서 흔드는 행동 등의 상동행동을 유발시킨다.

현재 한우의 사육방식은 톱밥이 깔린 우방에 4~5두 정도를 함께 사육하는 방사식 사육방식이 일반적이다〈그림 1-35〉. 이러한 사육방식은 계류식에 비하여 소가 자유롭게 움직이고 활동할 수 있고, 다른 개체들과 함께 사회적 교류를 맺을 수 있어 양호한 복지상태를 유지할 수 있다. 하지만 쾌적한 환경을 유지해 주기 위해서는 깔짚의 관리를 잘 해주어야 하고, 적절한 합사두수를 유지해 주어야 한다.

현재 동물복지에 관한 관심과 노력은 전 세계적으로 확산되고 있으며, 이것은 소비자와 생산자 모두의 의식이 변하고 있다는 것을 말해주고 있다. 또한 동물복지가 체계적으로 잘 지켜지고 있는 유럽의 경우, 축산물 무역 협상에 있어 동물복지에 대한 규제를 포함시키려 하고 있다. 따라서 무역시장 개방에 따른 국가 경쟁력 확보를 위해서는 우리나라도 세계적 흐름에 발맞추어 지금까지의 집약적인 생산 체계에서 벗어나 동물의 복지를 고려한 생산 시스템으로의 전환을 위해 노력해야 할 것이다.

〈그림 1-35〉 한우의 계류식 우사 및 방사식 우사

반려동물과 매개활동

채 병 조 (강원대학교 교수)

오늘날 인간과 동물과의 관계는 매우 중요한 의미를 지닌다. 반려동물의 범위는 점차 확대되고 있으며 어린이, 노인, 장애인에게 도우미견, 치료도우미견으로 활용되어 인간이 보다 나은 삶을 영위할 수 있도록 해준다. 반려동물을 선택함에 있어서 사육자는 여러 가지 여건을 고려해야 하며, 올바른 지식을 바탕으로 동물을 관찰하고 훈련시켜야 한다.

1. 반려동물의 개념

1) 반려동물과 애완동물의 개념

오늘날 인간과 동물의 관계는 인간과 인간의 관계만큼이나 중요한 의미를 지닌다. 왜냐하면 세계적으로 수많은 인구가 반려동물과 함께 살아가고 있으며, 한국 사회에서도 이미 1,000만 명이 넘는 인구가 반려동물과 함께 살아가고 있기 때문이다. 1999년, 미국의 세계 미래학회는 2035년부터 세계 인구의 증가세가 멈추는 대신 반려동물의 수가 급증할 것으로 전망하였는데 이는 사회구조적인 변화와 그로인한 인간관계의 변화 등과 밀접하게 관련되어 있는 것으로 해석할 수 있다.

최근에는 세계적으로 식용이 목적이 아닌 인간생활과 가까운 동물은 인간의 동반자로서 관심이 지속적으로 증가하고 있다. 또한, 서구 사회에서는 동물도 하나의 생명인 이상 자연 상태에서 인간과 같이 자연 수명을 누릴 권리가 있으며 인간에게 이익이 주어진다 해도 이기적 목적으로 동물을 이용해서는 안 된다는 인식이 사회 전체적으로 자리 잡고 있다.

반려동물(companion animal)이라는 명칭은 1983년 오스트리아 빈에서 인간과 애완동물의 관계(the human-pet relationship)를 주제로 하는 국제 심포지엄에서 처음 명명되면서 등장하게 되었다. 이 심포지엄에서는 개, 고양이, 새 등의 애완동물을 종래의 가치성을 재인식하여 반려동물로 부르도록 제안하였으며 승마용 말도 여기에 포함되었다. 동물이 인간에게 주는 다양한 혜택을 감안하여 더 이상 인간의 장난감이 아닌 더불어 살아가는 소중한 생명체라는 의미로 반려라는 말이 사용된 것이다. 국내에서는 반려동물이라는 말이 사용되기 시작한 것은 1989년경부터이다.

우리나라를 포함하여 많은 나라에서 일반적으로 반려동물 대신 애완동물(pet animal)이라는 단어를 주로 사용해 왔다. 애완동물의 사전적 의미는 "인간이 주로 즐거움을 누리기 위한 대상으로 사육하는 동물"이라고 정의하고 있다. 이는 반려동물이라는 말보다 인간에 대한 소유나 권리가 보다 강조된 개념이라고 생각할 수 있다. 그래서 일부 사람들은 가정에서 키우는 동물을 인간에게 단순히 장난감처럼 즐거움만을 제공하는 수단으로 여겨왔으며, 학대하고 쉽게 버리기도 하였다. 그러나 이들이 반려동물로 인식되면서 이들은 더 이상 장난감 취급받는 동물이 아니라 가족의 일원으로 인간과 함께 동고동락하는 소중한 생명체로 그 존재가 새롭게 인식되기에 이른 것이다.

반려동물은 과거 통치계급이나 귀족들의 장식이나 권위를 나타내기 위해 이용되기도 하였으나 현대의 반려동물은 맹도견(guide dog)이나 질병치료 도우미, 놀이 보조 등 가정적으로나 사회적으로 없어서는 안 될 중요한 역할을 하고 있다. 〈표 1-3〉은 국내 개별법상 관련 동물의 범위를 나타나낸 것으로 과거에는 반려동물의 범위가 개와 고양이에 한정되어 있었으나, 요즘 동물 애호가들은 "반려동물은 인간과 함께 살아가는 모든 동물"이라며 그 범위를 넓힐 것을 주장하고 있다. 즉 어류, 갑각류, 거미류, 곤충류, 파충류, 양서류 등 사람이 키우고 있는 모든 동물이 해당된다는 주장이다.

〈표 1-3〉 개별법상 반려동물의 범위

주요 관련법	동물의 범위
동물보호법	1 . 포유류, 조류: 개, 고양이, 소, 말, 돼지, 토끼, 닭, 오리, 산양, 면양, 사슴, 여우, 밍크 등을 말함 2. 파충류·양서류·어류 중 농림수산식품부가 관계 중앙행정기관과 협의를 거쳐 정하는 동물: 현재 정해진 것 없음
검역법	개, 고양이, 원숭이 등
가축전염병예방법	개, 고양이, 소, 말, 당나귀, 노새, 양(염소 등 산양을 포함), 칠면조, 오리, 거위, 돼지, 닭, 꿀벌, 사슴, 토끼, 타조, 그 밖에 사육하는 동물 중 가축전염병이 발생하거나 퍼지는 것을 막기 위해 필요하다고 인정해서 농림수산식품장관이 정해서 고시하는 동물: 현재 고시된 것 없음
수의사법	개, 고양이, 소, 말, 당나귀, 노새, 돼지, 양, 토끼, 친칠라, 밍크, 사슴, 가금(닭, 오리 등), 메추리, 꿩, 비둘기, 꿀벌, 어패류, 시험용 동물, 그 밖의 포유류·조류·파충류 및 양서류
소비자분쟁해결기준	개, 고양이

2) 역사속의 반려동물

반려동물의 역사는 인간이 동물을 길들여 가축(domestic animal)으로 만드는 것과 함께 시작되었다고 보아야 한다. 과거 원시인들은 포획한 야생동물을 반복적인 훈련을 통하여 인간과의 관계를 맺음으로써 동물과 인간의 관계는 꾸준히 가까워졌다. 우리 인간의 생활 속에서 함께 살아온 동물들은 인간의 문화와 생활이 변화할 때마다 시대에 맞게 역할과 의미가 동시에 변화하여 왔다. 수렵사회에서는 동물의 역할은 현재와는 다르게 단순히 사냥용 길잡이나 방범용으로 인식되어져 왔지만 반려동물로서의 흔적은 남아 있다.

1976년 고고학자 Simon Davis는 북부 이스라엘에서 약 12,000년 전 사람의 무덤에서 개와 주인간의 친밀한 유대 관계를 강조라도 하듯 죽은 사람의 손이 개의 어깨위에 올려 있었다는 것을 찾아내기도 했다. 오늘날 대표적인 반려동물인 개는 선사시대 주거지나 무덤에서 발굴되는 그림과 조각들을 통해 이미 구석기 시대 이전에 가축화가 되었다는 것이 증명되었다. 인간이 늑대를 길들이려 노력한 것은 50만 년 전부터 세계 여러 곳에서 시작되었다고 한다. 먹이사슬 안의 경쟁자였던 늑대를 이용하여 먹이를 찾고 추적하는 능력을 효과적으로 이용하고자 하였던 것이다.

우리나라에서도 예로부터 길러 온 동물은 소, 돼지, 말, 개, 닭 등 서구사회와 다를 바가 없다. 다만 품종이 다를 뿐이다. 이러한 동물은 주로 운송이나 농사, 사냥을 위한 도구로 이용되거나 중요한 식량자원으로 길러졌으며, 예나 지금이나 가축은 식량의 자급자족을 위한 중요한 수단이자 저축과 같은 재산의 의미를 지녔다고 볼 수 있다.

동물을 순수하게 반려동물로서 기르는 것은 현대사회의 실상으로 보이지만, 통치계급 또는 귀족들의 애완동물 소유는 오랜 역사를 갖는다고 보아야 할 것이다. 고대 이집트 무덤은 파라오가 동물을 애완용으로 길렀음을 보여주고 있으며, 중국의 많은 왕족들도 애완용으로 개를 길러왔으며 심지어 강아지들에게 사람의 젖을 먹이고, 성견이 되면 하인들로 하여금 보살피게 하였다.

그리스나 로마시대의 귀족들 역시 애완동물에 대한 소유욕이 강했었다. 그러나 특권계층에 의한 애완동물 소유는 그들의 부나 신분과 밀접한 관련이 있었으며, 그것은 그들이 일하지 않는 동물을 키울만한 재력이 있었고 그것에 대한 비판을 무시할 수 있는 힘이 있었기 때문이라고 여겨진다. 그러나 특권계층에서도 대개는 동물의 보호와 권익에 대해서는 관심을 갖지 않았다. 이것은 비교적 최근에 이르기까지 동물은 감정이 결여되어 있으며, 동물은 인간을 위해 존재한다는 보편적인 관점 때문이었다. 17세기 말에 와서야 애완동물에 대한 사회적 인식이 긍정적으로 평가되기 시작했으며, 중산층에서 애완동물 사육이 보편화되기 시작한 것은 18세기 말이었다. 인간생활에서 애완동물에 대한 인식이 변화함에 따라 19세기 빅토리아 시대에 현재와 같은 형태의 애완동물 기르기가 시작되었다고 한다.

현대 사회에서의 반려동물은 장식용에서부터 지위의 상징, 그리고 사람의 친구가 되어 되어주는 역할까지 다양한 기능을 수행하고 있다. 특이한 새나 물고기들은 장식 역할을 하고, 병의 치료나 사람이 직접수행하기 힘든 탐색 등 현대사회에서 동물은 너무나 다양하게 활용되고 있다.

2. 반려동물의 활용효과

반려동물이 사람에게 줄 수 있는 역할로서는 스트레스 감소와 정서적 안정, 운동과 놀이의 제공, 책임감 등을 들 수 있다. 반려동물은 배우자의 상실이나 만성질환 및 장애, 은퇴 후의 전환기 등과 같은 인생의 주요사건이나 시기에 대처하는 데에도 많은 도움을 준다. 이는 사람들이 세상을 살면서 여러 가지 어려움에 처하더라도 자신과 익숙하고 우호적인 반려동물과의 상호작용을 통하여 안정감을 얻을 수 있기 때문이다.

반려동물이 인간발달에 미치는 영향중 신체적 측면을 보면 인간은 동물과의 접촉을 통하여 운동량이 증가하고 감각이 발달되며, 또한 동물과의 지속적인 관계를 통해 혈압 및 콜레스테롤 수치, 긴장과 스트레스가 감소된다고 알려지고 있다. 이는 동물을 기르는 사람이 그렇지 않은 사람에 비하여 더 많은 신체적 활동을 하기 때문이다. 또한 인간은 반려동물과의 상호작용을 통하여 동물의 요구를 알게 되며, 나아가 타인의 감정과 욕구를 이해할 수 있게 되는 것이다. 과거 연구에서도 반려동물을 소유한 사람이 그렇지 않은 사람보다 타인의 감정을 더 잘 이해할 수 있으며 다른 사람을 배려한다고 하였다. 또한 반려동물을 보살피고 먹이를 주며 생활을 함께 하면서 책임감 역시 향상되는 것으로 알려져 있다. 또한 동물은 모든 부류의 사람들에게 앞에서 말한 대로 많은 효과가 있지만 어린이, 노인, 장애 및 장애인에게 아래와 같은 점에서 더없이 좋은 효과가 있는 것으로 알려지고 있다.

1) 어린이에 대한 효과

현대 사회는 빠른 산업화와 핵가족화 및 주거환경 등의 변화로 인하여 아이들이 자연에서 동물과 접하는 기회가 줄어들고, 또한 홀로 집에 머무르는 경우가 허다하다. 이로 인해 자연과 접하는 기회가 적어지고 이웃, 친구들로부터 고립되어가고 있는 어린이에게 반려동물은 사회성을 증진시킬 수 있게 해준다.

어린이들은 자신이 직접 동물을 돌봄으로써 생명의 소중함을 깨우침은 물론, 타인을 이해할 수 있는 능력과 변화해가는 사회 환경에 적극적이고 능동적으로 대처할 수 있는 능력을 함양시켜 준다. 또한 동물을 키우게 되면 아이의 지각발달에 도움을 주며, 어린이들의 언어습득 능력을 촉진시키는 것으로 알려져 있다. 그리고 아이에게 생명의 신비와 죽음 등에 관해 배우고 느낄 수 있는 기회를 제공하기도 한다.

2) 노인에 대한 효과

반려동물은 자식이나 친구, 그리고 사회로부터 소외되어가고 있는 노인들에게 다시 사회와 접할 기회를 주며, 자신감을 불어넣어 삶의 끝자락에 있다는 생각에서 벗어나 적극적이고 건강한 생활을 할 수 있는 기회를 준다. 또한 일상생활에서의 무력감이나 스트레스를 해소하는 작용을 하며, 반려자의 사별 등의 정신적 충격을 이길 수 있는 힘을 주기도 한다. 따라서 노인들이 반려동물을 키운다는 것은 소일거리가 생겨 좋은 일이며, 동물과 다정한 친구가 됨으로써 삶에 활력을 불어 넣을 수 있다. 반려동물은 노인들에게 흥미와 활동을 유발하며, 나아가 유대관계를 통한 즐거움과 외로움을 잊을 수 있는 위안처가 되기도 하는 것이다.

3) 장애인에 대한 효과

반려동물은 정신적으로 소외되고 외로운 장애인들에게 인생의 동반자로서의 역할을 하며, 비장애인과의 가교 역할을 하기도 한다. 〈표 1-4〉는 장애인 도우미견의 종류를 나타낸 것으로 장애인들의 불편한 부분을 도와주게 된다.

동물이 시각장애인, 청각장애인 등 육체적인 장애인에게 도움을 주는 경우는 보편화되어 있으며, 요즘은 정신지체, 우울증 등 정신적인 장애인에게 정서적인 안정을 가져와 치료효과를 얻게 되는 치료도우미로의 역할이 큰 관심의 대상이 되고 있고 실제로 활용되고 있다.

이러한 동물의 역할은 단순히 반려동물로서의 기능을 뛰어넘어 우리 인간생활에서 의료 등 첨단 과학이 감당하지 못하는 부분을 대체하고 있다는 데 큰 의미가 있다. 타인의 도움이 필요한 사람이 동물의 도움으로 타인의 도움을 받지 않거나 적게 받고 독립적으로 생활할 수 있다는 것은 매우 중요한 일이다.

〈표 1-4〉 장애인 도우미견의 종류

시각장애인 도우미견 (guide dog)	시각장애인의 눈을 대신해 보행중에 장애물을 피해가도록 하며 위험을 미리 알려 막아주며, 주인을 가고자 하는 목적지까지 안전하게 안내한다. 맹인안내견이라고도 불리나 시각장애인 도우미견이라 한다.
청각장애인도우미견 (hearing dog)	청각장애인과 함께 생활하면서 일상의 여러가지 소리 중에 주인이 필요로 하는 초인종, 팩스, 자명종, 아기울음, 압력밥솥, 물주전자, 화재경보 등의 소리를 듣고 주인에게 알려주며 주인을 소리의 근원지까지 안내한다.
지체장애인도우미견 (service dog)	휠체어 사용 및 이동에 불편을 겪는 사람들을 위해 그들의 보조역할을 해줌으로서 주인이 좀 더 편안한 생활을 하도록 해준다. 요즘은 심부름까지 하는 도우미견이 등장하기도 했다.

4) 치료도우미

치료도우미로써 동물의 역할이나 동물매개활동(animal assisted activity)이라는 용어가 알려진지는 그리 오래되지는 않았다. 동물매개활동과 치료를 위한 사항은 선진 외국에서 활발하게 진행되고 있다. 그러한 활동의 대표적인 기구로서 IAHAIO(International Association of Human Animal Interaction Organization)를 들 수 있다. 이것은 1990년에 발족된 국제기구이다. 인간과 동물의 상호작용에 관한 연구와 실생활에 도움이 되도록 적용하는 일을 하고 있으며, 3년마다 회의를 개최하여 탁월한 업적을 남긴 단체나 개인을 선발하여 시상하고 있다.

현재 미국, 영국, 일본 등을 포함한 15개국이 회원으로 가입되어 있다. IAHAIO의 본부가 있는 미국은 자원봉사자와 치료도우미 동물로 구성된 약 2천여 팀이 활동하고 있다. 영국은

1976에 설립된 PRO DOGS라는 단체가 1985년부터 본격적으로 활동하여 90년대에 들어서 등록견 9천여 두로 EU내에서 최고 수준을 기록하며 활발한 활동을 하고 있다. 일본은 1986년부터 사단법인 일본동물병원협회 소속의 수의사들을 주축으로 하여 활동 중이다.

동물매개활동은 동물을 통하여 정서적인 안정과 사회화 능력을 향상시키고, 심신회복에 동기를 부여하고, 장애를 가진 사람들로 하여금 재활과 치료적인 자극이 되게 하는 것에 목적을 두고 있다. 동물의 치료도우미로서의 활동은 ① 동물매개 활동(animal assisted activity), ② 동물매개 치료(animal assisted therapy), 그리고 ③ 반려동물 치료(companion animal therapy)로 나누어진다.

동물매개 활동은 삶의 질 향상을 위한 동기적, 교육적, 오락적, 그리고 치료적인 기회를 제공하는 것으로 매우 다양한 일상 환경 속에서 특별히 훈련된 사람이거나 다양한 조건을 만족시키는 자원봉사자들에 의해 이루어질 수 있다. 특별한 목적을 달성하기 위한 과정이 체계적으로 적용되지 않아도 되므로 활동기간이나 성격도 매우 자발적이고 자연스럽게 이루어질 수 있다.

동물매개 치료는 신체적, 사회적, 정서적 혹은 인시적 기능을 향상시킬 목적에서 수행된다. 그러므로 동물을 선택함에 있어서도 선택된 동물이 치료의 목적에 적합한지 고려해야 하며, 치료와 관련한 전문가의 참여가 반드시 필요하다.

반려동물 치료는 반려동물과 함께 생활하거나 기르면서 상호작용을 통하여 치료 및 개선효과를 얻는 것이다. 특히 지적장애를 가진 아이들에게 인지발달과 사회성이 결여된 사람들에게 동물을 통하여 대인관계 개선을 유도함으로서 감정 및 행동조절 효과를 기대할 수 있다. 동물을 이용한 치료를 통하여 기대하는 주요 효과는 다음과 같다.

① 정서적인 안정

② 신체기능의 회복

③ 스트레스 감소

④ 상심, 고독감 등의 해소

⑤ 삶의 의욕 상실자에 대한 삶의 의욕 회복

⑥ 반사회적인 사람의 갱생과 사회 적응 매개

⑦ 노인성 치매증의 지연

⑧ 건강아와 장애아의 건전한 심적 발달

또한 〈그림 1-36〉에서 보는 바와 같이 동물치료에 의한 효과로서 순환장애, 우울증 및 외로움 등에 높은 효과가 있는 것으로 나타났다.

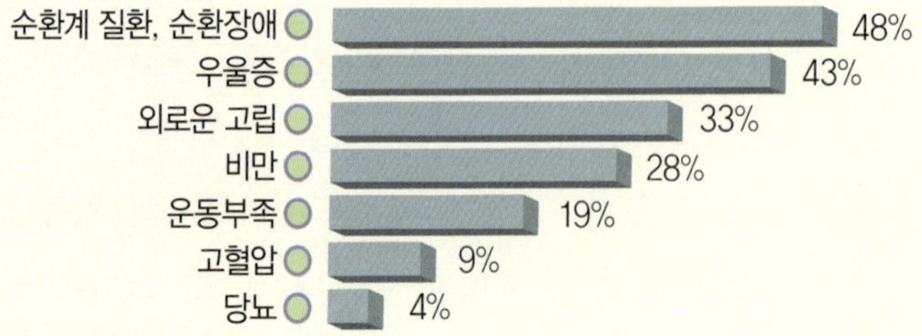

〈그림 1-36〉 동물매개치료에 의한 개선효과

3. 반려동물에 대한 올바른 이해

1) 어떤 동물을 선택해야 하나?

인간의 삶의 질이 향상됨에 따라 개와 고양이 같은 반려동물에 대한 관심이 높아지고 소유하는 가정도 폭발적으로 늘어났다. 우리나라에서도 1990년대 이후 반려동물을 사육하는 가정이 급속도로 늘어나고 있는 상황이며, 이에 따라 반려동물을 가족의 구성원으로 보는 시각이 점차 확대되어 가고 있다. 그러나 반려동물을 진정한 가족의 구성원으로 맞이하기 위해서는 선택하기 전에 반드시 고려해야 할 사항이 있다.

첫째, 가정에서 동물을 입양하기 전에는 왜 그 동물(종류)을 원하는가 생각해보고 가족 간에 충분한 상의를 하여야 한다. 입양할 반려동물은 10년, 15년, 길게는 20년까지도 함께할 수 있기 때문에 가족 중에 한 사람이라도 해당 동물의 입양을 꺼려하거나 싫어하는 사람이 있다면 다시 한 번 고려해야 한다.

둘째, 자신의 생활환경에 적합한 반려동물을 입양하여야 한다. 예를 들어, 아파트에서는 달마시안(dalmatian)이나 시베리안 허스키(siberian husky)와 같은 대형견종을 기르기는 어렵다. 또한 동물의 어린 시기의 크기는 오래가지 않기 때문에 반드시 성체의 크기를 고려하여 선택하여야 한다. 이러한 경우에는 비교적 많은 공간을 필요로 하지 않는 소형견종이나 어류나 조류 같은 다른 종류의 동물을 선택하는 것이 적합하다.

셋째, 반려동물을 배려할 수 있는 시간적 여유를 고려해야한다. 개와 고양이 같은 반려동물들은 단순히 피곤하거나 바쁘다고 해서 무시하고 보살피지 않을 수 없다. 이들은 하루도 빠지지 않고 사료와 물을 주고, 적절한 운동을 시키고, 함께 시간을 보내며 관심을 가지고 보살펴야 한다. 자주 집을 비우는 경우에는 그에 적당한 동물의 선택이 중요하다.

넷째, 자신의 활동수준이나 취미와 같은 생활양식을 고려하여야 한다. 자신이 야외로 활동하기를 좋아한다면 동물 역시 함께 할 수 있는 종을 고르고, 집안에서 조용히 지내는 것을 좋아한다면 그에 알맞은 조용하고 얌전한 동물을 선택해야 할 것이다. 예를 들어 테리어(terrier)종은 크기는 작아도 매우 활동적인 성향을 지녔다. 테리어는 아주 작은 소리에도 크게 반응하며, 활동적인 운동을 필요로 한다. 반면에, 대형견종은 덩치는 커도 하루 종일 편안하게 소파에 누워서 쉬는 것을 좋아한다. 그러므로 입양을 하기 전에 어떠한 동물이 자신의 생활방식에 적합한지를 살펴보는 것이 필요하다.

다섯째, 동물을 키울 수 있는 경제적 형편이 되는가를 고려하여야 한다. 〈표 1-5〉는 주요 반려동물의 사육비용을 나타낸 것으로 반려동물을 키우기 위해서는 반려동물의 등록비, 훈련비용, 중성화수술, 예방주사 등의 의료비, 미용비, 장난감, 사료, 배변통 구입비 등, 그 비용이 적지 않게 필요하며, 그 밖의 다른 비용들도 추가될 수 있다.

〈표 1-5〉 주요 반려동물의 사육비용

동 물	사 료	진료비	기 타	계
새(bird)	60~150	50~100	-	110~250
고양이(cat)	120~240	100	120~180	340~520
개(dog)	150~200 (소형견) 200~300 (대형견)	75~100	-	225~500
펠릿(ferret)	80~120	20~40	120	220~280
도마뱀(lizard)	150~350	50~100	20~30	220~480
토끼(rabbit)	240	100	60~120	400~460
뱀(snake)	175~350	50~100	20~30	245~480
열대어(tropical fish)	60	-	20	80

* 단위 : USD/년

(Pets parts of the family, 1998)

여섯째, 동물의 연령, 성별, 품종 등을 고려하여야 한다. 반려동물은 같은 종의 동물이라도 연령, 성별, 품종에 따라서 각각의 가격, 특성, 생활 주기 등이 달라지기 때문이다. 예를 들어 개의 경우에 수컷은 암컷에 비해 가격이 저렴하고 골격과 모질이 좋으나 성장해 감에 따라 성성숙이 오면 암컷을 찾는 행동을 할 수 있다. 어떤 동물의 암컷은 발정기에 행동이 크게 달라지므로 이에 대한 고려가 있어야 한다. 또한 〈표 1-6〉에 나타난 것과 같이 반려동물의 종류에 따라 수명이 다르므로 동물을 선택할 때 이를 고려해야 한다. 동물의 수명을 안다는 것은 매우 중요하다. 왜냐하면, 동물이 늙어감에 따른 질병치료, 죽음 등에 대한 대처가 필요하기 때문이다.

〈표 1-6〉 주요 반려동물의 수명

동 물 명		생존 기간(년)
● 물고기류	금붕어, 기타 담수어종 등	수십 년까지
● 소형 및 모피동물	왜소형 토끼	7~10
	담비	6~12
	햄스터	2~4
	기니피그 또는 고슴도치	7~10
	쥐	5
● 조류	카나리아	10~20
	잉꼬, 앵무새	15
	대형앵무새	50~100
● 파충류	수생거북	약 20
	상자거북	약 100
	개구리	5~13
	이구아나	10~20
	도마뱀	5~10
	도롱뇽	최대 30
	뱀	25~50
● 반려동물	고양이	15~20
	개	8~15
	말	25~30

2) 반려동물 사육자의 마음가짐

우리나라의 가정에서도 반려동물을 가족의 구성원으로 보는 시각이 확대되고 있다. 그러나 아직까지 단순히 동물을 소유하기에 급급한 사육자들도 적지 않다. 사육자와 반려동물의 유대는 상호 신뢰를 바탕으로 이루어지며, 신뢰는 사육자의 세심한 배려로부터 생긴다. 또 이를 뒷받침해주는 것이 동물에 대한 지식이다. 이는 반려동물이 인간사회에 잘 적응하도록 기본훈련을 시키는 것이 필수적이다.

일단 반려동물이 가정의 구성원으로 자리하게 되면 그 동물에 대한 모든 책임은 주인에게 있다는 것을 알아야 한다. 동물은 스스로 자신을 돌보지 못하기 때문에 동물에게 편히 지낼 공간을 마련해 주고, 영양이 적절한 사료를 공급해 주며, 아플 때는 병원에 데려 가야하는 모든 일을 주인이 해주어야 한다. 그러므로 반려동물을 구입할 때는 반드시 위의 모든 것을 해줄 시간적, 경제적 여유가 있는지 반드시 확인한 후에 결정하여야 한다. 만약 그렇지 못할 시에는 구입을 미뤄야지 일단 구입 후에 방치해서는 안 된다.

반려동물과 함께 하기 시작한 다음에는 올바른 지식을 바탕으로 동물을 관찰하고 훈련시켜야 한다. 관찰을 통해 어떠한 상태가 정상인지 알아야 반려동물에게 이상이 생겼을 때 알아차릴 수 있다. 또 주인은 반려동물의 번식에 대한 책임을 가지고 있다. 만약 번식을 목적으로 하지 않는다면 특별관리를 하든지, 아니면 불임수술을 시켜야 원치않는 임신을 예방할 수 있다. 만약 사육 중 피치 못할 사정으로 인하여 입양을 보내거나 죽게 되는 경우에는 적법한 절차에 따라 윤리적으로 처리해야 한다. 2009년 국립수의과학검역원에서 발표한 자료에 따르면 2008년에 발생한 유기동물은 77,877 마리이며, 이 중 개가 51,188마리, 고양이 26,284마리, 기타 405마리로 집계되었다. 이는 유기동물 보호시설에 수용된 동물에 한정된 통계자료이고, 집계에 나타나지 않은 유기동물을 합한다면 그 수는 훨씬 많을 것으로 추정된다. 유기동물은 단순히 주인으로부터 버림받는다는 동물복지 문제뿐만 아니라 생태계 혼란과 질병 전파 등 사회적으로 심각한 문제를 일으킨다. 이러한 것들이 잘 지켜졌을 때 주인의 책임의식은 성장하고, 반려동물은 진정한 가족으로써 주인과 이웃에게 사랑받고 도움이 되는 반려동물로 자리매김할 수 있을 것이다.

동물의 영양과 먹이조절

채 병 조 (강원대학교 교수)

동물은 생명을 유지하기 위해 영양소를 섭취하며 대사를 통해 에너지를 생산하게 된다. 3대 영양소로는 탄수화물, 지방 및 단백질이 있으며 각각의 대사과정을 통해 체내에 흡수된다. 동물은 스스로에게 필요한 영양소를 선택하여 채식할 수 있으며, 사료적, 환경적 및 동물자체요인에 의해 먹이섭취조절에 영향을 미친다. 인간은 최소의 생산비용으로 최대 생산성을 얻기 위해 사육하는 과정에서 동물의 먹이를 조절하게 된다.

1. 동물의 영양소와 에너지

영양소(nutrient)란 생명을 유지하고 새로운 조직을 형성하거나 젖, 고기, 알 등을 생산하는 등의 정상적인 활동을 이어가기 위하여 체외로부터 섭취하는 물질을 말하며, 생물체의 몸을 구성하거나, 에너지원 또는 생리작용을 조절하는 역할을 한다. 영양소는 크게 나누어 유기영양소(organic nutrients)와 무기영양소(inorganic nutrients)로 나눌 수 있다. 유기영양소는 탄수화물, 지방, 단백질 및 비타민으로 나눌 수 있고, 무기영양소에는 광물질이 있다.

동물은 생명을 유지하기 위해 영양소의 섭취와 대사를 통해 에너지를 생산하고 그 에너지로 활동을 하게 된다. 에너지의 표현단위로는 주로 칼로리(calorie, cal)가 사용된다. 여기서 1cal란 1기압에서 물 1g을 1℃(14.5 → 15.5℃) 올리는데 소요되는 열량(heat)을 뜻한다. 3대 영양소인 탄수화물, 지방 및 단백질의 에너지 발생량은 각각 4kcal/g, 9kcal/g, 4kcal/g 정도이며, 비타민과 광물질은 직접 에너지를 생산하지는 못하고 대사과정에만 관여한다. 〈그림 1-37〉는 동물의 체내 에너지 이용경로를 나타낸 것으로 동물이 섭취한 에너지 중 소화되지 않은 에너지를 공제하면 가소화에너지(digestible energy; DE)가 되고, 소화되어 흡수된 가소화 에너지 중 뇨, 땀 등으로 배출된 것을 제외하면 대사에너지(metabolizable energy; ME)가 된다. 그러나 대사에너지 중에서 열량 증가에 의해 손실되는 에너지를 공제해야 실제로 생산 활동에 사용되는 정미에너지(net energy; NE)가 얻어진다.

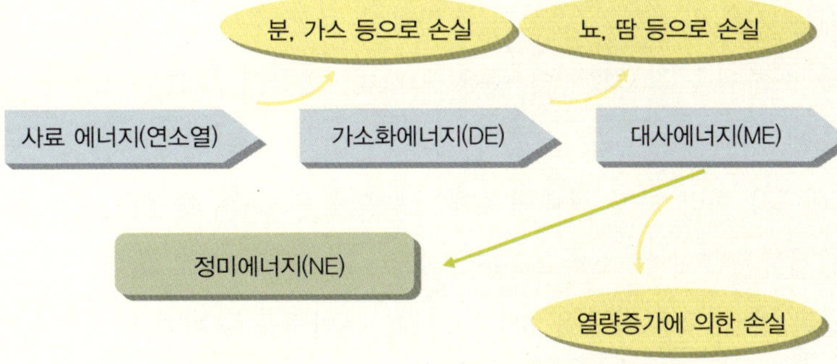

〈그림 1-37〉 동물의 체내 에너지 이용경로

2. 영양소의 대사

1) 영양소의 소화 및 흡수

소화(digestion)란 큰 분자의 영양소를 작은 분자의 영양소로 분해하는 작용을 일컫는다. 영양소의 소화 및 흡수는 주로 위와 소장에서 일어난다. 3대 영양소인 탄수화물, 지방 및 단백질은 주로 소장 내에서 분해되어 흡수 가능한 저분자의 물질로 된다. 〈그림 1-38〉는 동물의 주요 소화효소로서 탄수화물은 포도당이나 과당 등의 단당류로, 단백질은 아미노산으로, 지방은 지방산과 글리세롤로 분해된다.

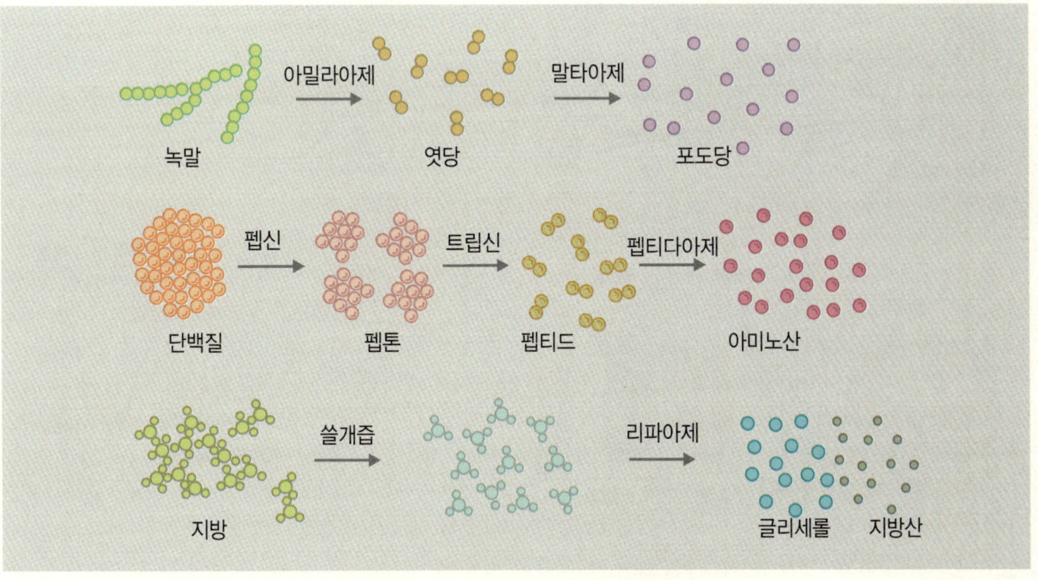

〈그림 1-38〉 동물의 주요 소화효소

소화의 형태는 기계적 소화와 화학적 소화로 분류할 수 있다. 기계적 소화는 음식물을 잘게 부수거나 소화액을 잘 섞는 일 등을 말하며, 화학적 소화는 소화액 속에 포함되어 있는 소화효소에 의해 음식물을 소장이 흡수할 수 있도록 분해하는 일 등을 일컫는다. 또한 동물체 내에서 여러 가지 화학반응에 촉매역할을 하는 물질을 효소라고 하며, 특히 소화작용에 관계하는 효소를 소화효소(digestive enzymes)라고 한다.

각 소화기관은 각각 다른 작용을 하거나 다른 분비물을 분비하여 영양소의 소화과정을 돕는다. 입에서는 저작작용으로 섭취된 음식물을 잘게 부수며, 타액 및 아밀라아제를 분비하는 것으로 탄수화물의 소화가 시작된다. 식도에서는 연동운동을 통해 섭취된 영양소를 위까지 이동시키며, 음식물이 역류하는 것을 방지해준다. 이동된 영양소는 위에서 염산, 펩신 등에 의해 살균작용 및 단백질의 소화가 시작된다. 위에서는 음식물을 저장 및 혼합하고 소량의 지방을 흡수하며, 소장으로의 음식물 이동속도를 조절해준다. 위를 지나온 영양소는 췌장에서 분비되는 중탄산염에 의해 위산이 중화되며 탄수화물, 지방 및 단백질 관련 소화효소가 분비되고, 간과 담낭에서는 지방의 유화를 돕는 담즙이 분비되며 이를 저장하는 역할을 한다. 십이지장, 공장 및 회장부분으로 구성된 소장에서는 대부분의 영양소가 소화 흡수되며, 대장에서는 내용물의 저장과 농축, 수분의 흡수

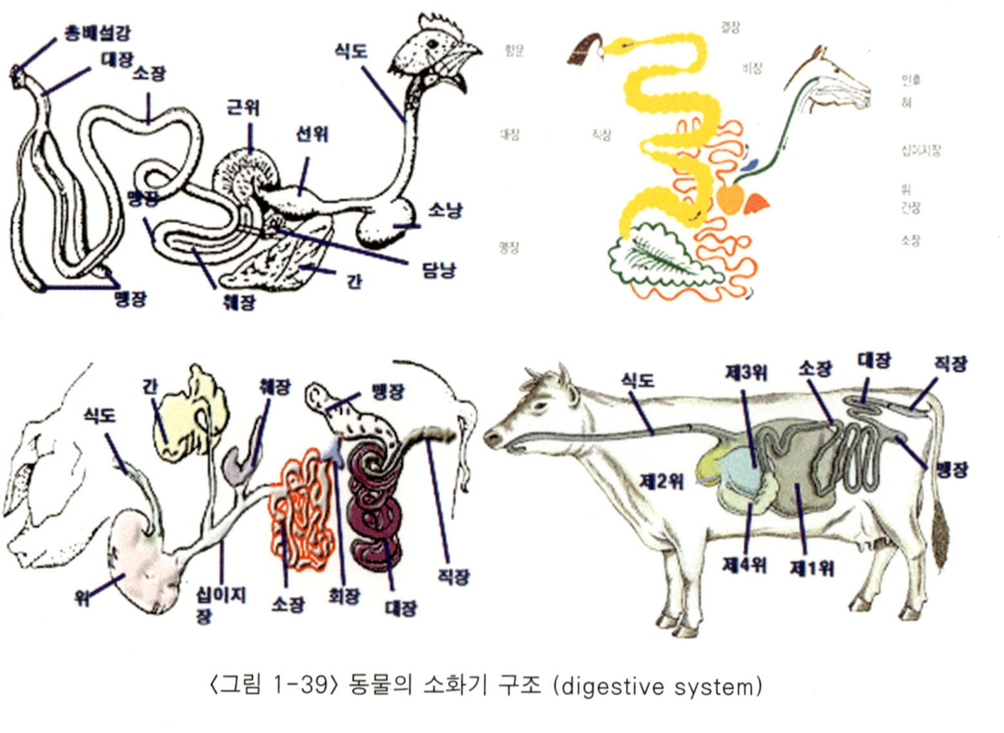

〈그림 1-39〉 동물의 소화기 구조 (digestive system)

등의 과정을 거쳐 소화는 마무리된다. 〈그림 1-39〉은 닭, 말, 돼지 및 소의 소화기관을 나타내고 있다. 닭은 다른 동물과는 다르게 모이주머니(소낭)를 지니고 있으며, 돼지는 사람과 유사한 소화기관의 형태를 갖추고 있다. 초식동물 중 말은 맹장이 발달하였으며, 반추동물인 소는 위가 4개로 구성되어 있는 것이 특징이다.

섭취된 영양소는 장벽에 돌출되어 있는 수많은 점막돌기인 융모를 통해 흡수된다. 〈그림 1-40〉에서 보는 바와 같이 융모는 표면적이 넓어 영양소의 흡수가 용이한 구조로 되어 있으며, 림프관(lymphatic vessel)과 모세혈관(capillary vessel)으로 구성되어 있다. 림프관은 지방산, 글리세롤 및 지용성 비타민 등을 유입시키며, 모세혈관은 포도당, 아미노산, 무기염류 및 수용성 비타민 등을 흡수하여 혈액으로 유입시키는 역할을 한다.

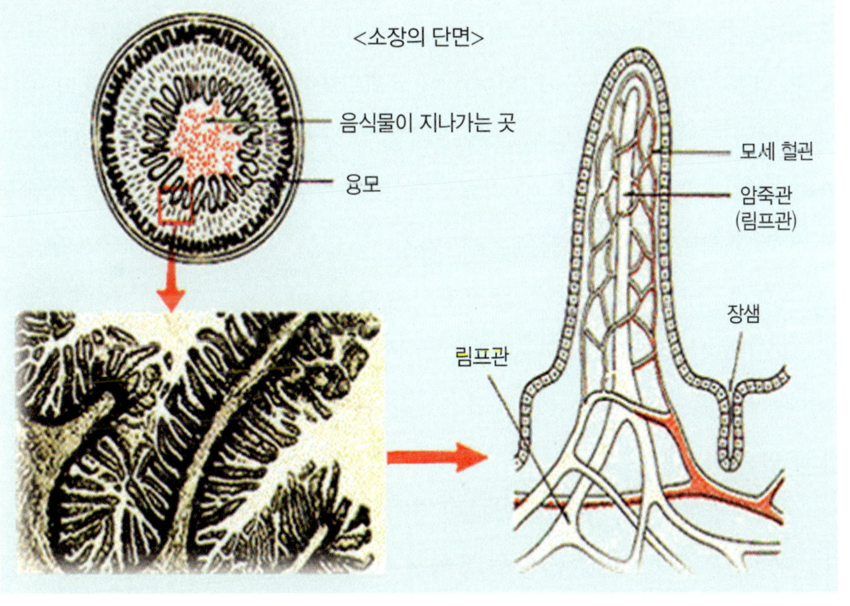

〈그림 1-40〉 융모의 단면도와 구조

영양소의 흡수는 크게 3가지 기작을 통해 일어난다. 수동수송(passive transport)은 물질의 농도가 높은 곳에서 낮은 곳으로 이동하는 것으로 대개 에너지를 사용하지 않으며, 능동수송(active transport)은 수동수송과는 반대로 에너지와 특정 운반체를 필요로 하는 흡수원리이다. 세포막이 에너지를 소모하면서, 농도의 차이를 역행하여 물질을 운반할 때에는 반드시 에너지의 공급이 있어야만 하는데, 특정 운반체는 유기물질과 Na^+/K^+ pump라는 작용원리에 의해 에너지를 소비하면서 영양소를 세포 내외로 이동시킨다. 세포흡수작용

(pinocytosis)은 아메바가 음식물을 삼키는 원리와 마찬가지로, 거대분자인 초유에서의 면역단백질을 흡수하는 기전은 바로 세포흡수작용을 통해 이루어진다.

2) 영양소의 대사

탄수화물, 단백질 및 지방은 체내에서 복잡한 대사과정을 통해 에너지를 생산한다. 소화와 흡수는 소화효소의 조절을 받아 진행되는데, 소화효소는 타액, 위액 및 췌장액 등에 포함되어 있으며, 위액의 염산과 간에서 분비되는 담즙은 효소의 역할을 돕는다. 대사는 이와 같이 흡수된 물질을 산화 분해하여 에너지를 얻는 것을 말한다.

탄수화물 소화의 주산물은 포도당이며, 이는 혈중의 중요한 당성분이다. 포도당이 일단 세포내로 흡수되면 산화되어 에너지를 생산하거나 저장 탄수화물인 글리코겐으로 합성되거나 다른 영양소 합성에 관여한다. 해당작용(glycolysis)은 당의 대사에 매우 중요한 과정이다. 해당은 포도당으로 에너지를 생산해 가는 과정으로 포도당은 산화되어 피루빈산이 되고, 이 피루빈산은 TCA회로로 들어가 ATP 형태로 에너지가 생성된다.

단백질은 동물의 생체를 구성하는데 가장 중요한 물질이라 할 수 있다. 단백질은 아미노산 서열에 의해 생합성된 물질로, 수많은 아미노산이 펩타이드 결합을 통해 형성된다. 아미노산은 주로 체단백질, 효소, 호르몬합성 등에 사용되고, 암모니아, 요소 및 크레아틴 등으로 최종 대사산물이 되어 배설되기도 하며, 또한 에너지원으로서 사용되기도 한다.

지방은 십이지장에서 분비되는 리파아제(lipase)에 의해 소화가 시작되어 지방산을 생산한다. 지방산은 β-oxidation 등을 통해서 에너지를 발생하며 여분은 다시 중성지방이 되어 체내에 저장된다.

탄수화물, 지방 및 단백질은 〈그림 1-41〉에서 나타난 바와 같이 복잡한 대사과정을 통해 에너지 발생에 관여한다. 생체 내에서 일어나는 대사과정은 실제로 매우 복잡하며 영양소간 상호교호작용이 크다. 영양소는 생체조건에 따라 에너지를 생산하기도 하고 체내에 저장되기도 하며, 영양소간 균형, 소화율, 동물의 활동 등에 따라 에너지 이용효율은 달라진다.

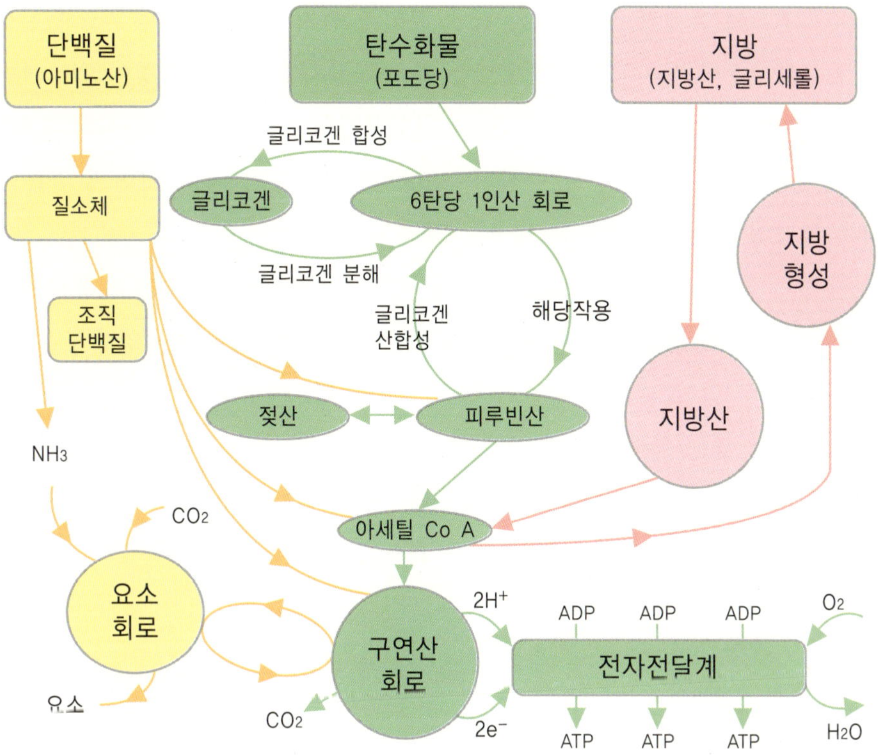

〈그림 1-41〉 3대 영양소의 대사경로

3. 섭식행동

동물은 출생 후 어미젖을 포함하여 먹이를 찾게 된다. 이러한 동물의 섭식행동은 본능인지, 또는 학습에 의한 것인지 정확하게 판단하기는 어렵다. 갓 태어난 어린 돼지가 어미젖을 빠는 행동을 생각해보면 섭식행동이 본능인지 학습에 의한 것인지 알 수 있다. 동물이 태어나서 젖을 찾는 일은 사실 본능으로 간주할 수 있으며, 특정 행동을 배울 수 있는 시간적 여유가 없을 경우에 이런 본능은 절대적으로 필요하다고 할 수 있다.

하지만 성장하면서 먹을 수 있는 것과 없는 것에 대한 구분이나 선호도는 어미나 나이든 동료들의 섭식행동에서 배우거나 색깔 또는 맛에 의해 구분할 수 있기 때문에 동물에 따라 다를 수 있으나 학습으로 볼 수 있다. 동물의 섭식행동은 생명유지 차원에서 가장 기본적인 것 중의 하나이지만, 태어난 후 본능적으로 섭식행동을 완벽하게 할 수는 없다. 경우에 따라서 홀로 있을 경우 먹이를 먹지 못해 죽는 경우도 있는데, 이는 어미나 동료들로부터 섭식행동을 배운다는 것으로 생각할 수 있다. 병아리도 개별적으로 섭식행동을 배우지만 어미닭이나 큰 병아리(섭식행동에 익숙해진 병아리)와 함께 있지 않으면 섭식행동을 빨리 배우지 못한다. 이유한 어린 양의 경우 어미나 다른 큰 양이 섭취하는 형태의 먹이를 선호하는 것으로 알려져 있다.

동물은 일단 먹어본 경험이 있는 먹이에 대해서는 선호도가 높은 것으로 나타난다. 〈그림 1-42〉는 Mottershead 등(1985)이 발표한 자료로서, 사전에 면양에게 밀을 먹여본 경험이 있는 군과 없는 군으로 나누어 밀, 보리, 귀리, 옥수수를 3주간 선택채식하도록 했을 때, 경험이 있는 군에서는 밀을 가장 많이 섭취한 반면, 경험이 없는 군에서는 4가지 곡물의 섭취량에 차이가 없는 것으로 나타났다. 따라서 경험(학습)에 의해 먹이를 선택하는 것이 확실하다고 할 수 있다.

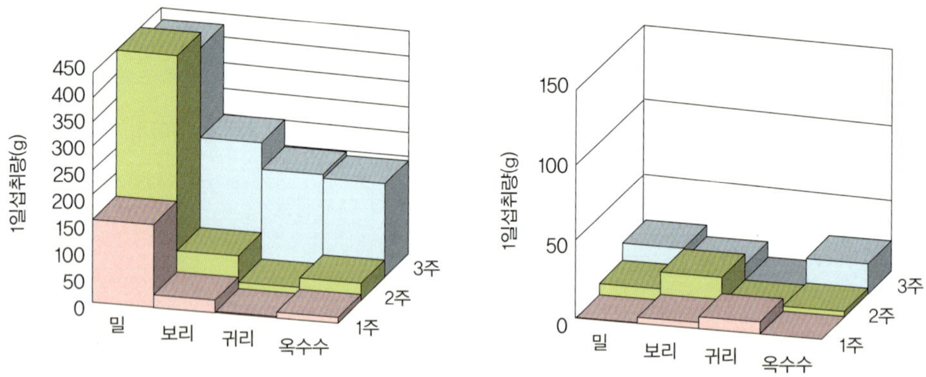

〈그림 1-42〉 밀을 먹어본 경험이 있는 면양(좌)과 없는 면양(우)의 섭취량 변화

4. 먹이의 선택

동물들은 학습에 의해 먹이를 선택하는 것이 밝혀졌다. 그리고 그들이 스스로 체내에 필요한 영양소함량을 충족시킬 수 있는지도 관심거리가 아닐 수 없다. 캐나다 겔프대학의 연구진에 의해 산란계로 실험을 실시하였는데, 그들은 〈표 1-7〉에서 보는 바와 같이 산란계에서 대조구 사료는 영양소 요구량이 충족되는 사료를 급여하고 선택채식할 사료는 2가지 형태, 즉 하나는 영양소 요구량보다 높은 수준, 다른 하나는 영양소 요구량보다

낮은 수준의 사료를 동시에 급여하여, 선택채식구에서 섭취한 사료의 영양수준과 대조구 사료의 영양수준 및 산란성적을 비교하였다. 그 결과 섭취한 영양수준은 물론이고 산란율, 난중, 사료섭취량 등이 매우 유사하게 나타나 산란계의 영양소에 대한 선택채식능력이 우수하다고 하였다〈표 1-8〉.

〈표 1-7〉 산란계 선택채식 시험에 사용된 사료배합율과 성분함량

구 분	대조구 [1]	선택채식구 [2]	
		사료 [1]	사료 [2]
옥수수	64.0	20.0	69.9
대두박	23.0	12.0	26.0
보리	-	25.0	-
유지	1.0	1.0	1.0
석회석	6.65	34.77	-
인산칼슘	2.0	-	2.0
기타	3.35	7.23	1.1
단백질 (%)	17.1	10.7	19.1
대사에너지 (kcal/kg)	2,794	1,740	3,065
칼슘 (%)	3.0	13.1	0.47

1. 성분함량이 요구량에 부합하는 사료
2. 2가지 사료를 선택하여 섭취하도록 제고한 사료 (Leeson 과 Summers, 1979)

〈표 1-8〉 산란계 선택채식 시험결과

처 리	산란율 (%)	난중 (g/개)	사료섭취량 (g/일)	1일 영양소 섭취량		
				에너지 (kcal)	단백질 (g)	칼슘 (g)
대조구 (A)	79.2	60.8	118.4	331	20.2	3.6
선택채식구 (B)	79.3	61.5	110.7	301	18.7	4.1
B/A (%)	100.1	101.2	93.5	90.9	92.6	113.9

(Lesson 과 Summers, 1979)

돼지의 경우도 이러한 경향을 찾아볼 수 있는데, Kyriazakis 와 Emmans(1990)는 육성돈에서 단백질함량이 높은 사료와 낮은 사료 2가지를 선택채식하도록 동시에 제공했을

때 〈표 1-9〉에서 보는 바와 같이 섭취한 사료의 단백질함량이 비교적 유사한 것으로 나타났으며, 이것은 육성돈의 단백질 요구량과도 유사하였다. 이러한 결과를 볼 때, 돼지도 닭과 같이 영양소 함량에 따른 사료의 선택채식 능력이 있음을 알 수 있다.

〈표 1-9〉 조단백질 함량이 다른 두 종류의 사료를 선택채식시킬 경우 돼지의 일당증체량

조단백질 (%)		일당증체량 (g, 15~30kg)
2가지 사료의 단백질 함량	섭취한 사료의 단백질 함량	
12.5 와 17.1	16.0	682
12.5 와 21.7	20.8	752
12.5 와 26.5	20.4	768
17.1 과 21.7	20.2	769
17.1 과 26.5	20.5	763
21.7 과 26.5	21.8	734

(Kyriazakis 와 Emmans, 1990)

이러한 결과로 미루어 볼 때, 야생동물도 체내에 필요한 영양소 요구량에 맞추어 먹이를 선택할 것으로 판단되며, 야생에서는 동물이 먹이를 선택할 수 있도록 먹이가 충분하다면 영양적으로 균형 잡힌 몸을 유지할 수 있지만, 먹이가 충분하지 않을 경우 선택채식 능력이 있음에도 불구하고 영양상태는 좋지 않을 수밖에 없을 것이다.

5. 먹이조절

1) 먹이섭취 조절기작

사람을 포함한 모든 동물은 배고픔(hunger)으로 인해 먹이를 찾게 되고 배부름 (satiety)으로 인해 먹는 행동을 중단하게 된다. 동물의 섭식행동을 조절하는 기전은 아직까지 완벽하게 밝혀지지는 않았으나, 지금까지의 연구결과에 의하면, 〈그림 1-43〉에서 보는 바와 같이 모든 섭식행위의 조절은 뇌의 시상하부(hypothalamus)가 담당하고 있으며, 여기에 섭식전후의 동물체내 여러 가지 인지요인, 환경적 요인 및 사료적 요인으로 인해

먹이섭취량에 영향을 미치게 된다. 시상하부에는 배고픔으로 인해 먹이를 먹게 하는 섭식중추와 배부름으로 인해 더 이상 먹이를 먹지 않도록 하는 만복중추가 있어 먹이 조절이 되는 것이다. Jacobs 와 Scott(1957)는 동물의 먹이섭취 조절기작을 체내 여러 가지 인자들에 의해 복합적으로 나타나는 영양소의 필요성(항상성 유지), 경험으로 얻어지는 습성(학습), 그리고 사료의 기호성 간의 상호관계로 설명하기도 했다.

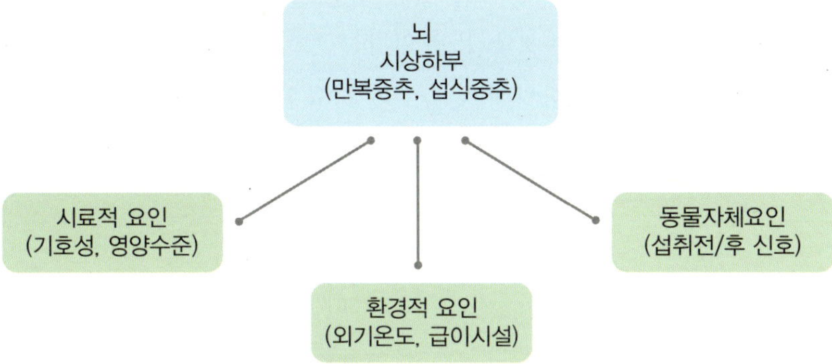

〈그림 1-43〉 먹이섭취 조절기작에 관여하는 주요 요인들

먹이섭취 후의 대사산물은 먹이섭취조절에 중요한 역할을 한다. 흡수된 탄수화물 중 포도당은 뇌의 유일한 에너지원으로 사용된다는 점에서 Mayer(1953)는 혈당치의 높고 낮음이 만복중추 또는 섭식중추를 자극하여 먹이섭취량이 조절된다는 당항상설(glucostatic theory)을 발표하였다. 이와 비슷한 연구로 Lytle(1977)은 체내 혈당을 높여주는 글루카곤을 투여하면 식욕이 감퇴하고, 혈당을 낮춰주는 인슐린 투여시 식욕이 증가한다고 하였다.

먹이섭취조절에서 체지방의 역할도 중요하다. 이것을 지방항상설(lipostatic theory)이라고 하는데, 이는 체지방 함량이 식욕을 조절한다는 가설이다. 동물을 수일간 절식시켜 체중을 감소시킨 후 먹이를 재급여하면 초기에는 현저하게 섭취량이 높아지지만 체중이 회복되면 섭취량도 정상으로 돌아간다.

섭식행동을 조절하는 또다른 요인으로는 소화기관을 들 수 있다. 위와 장이 팽창하게 되면 소화기의 물리적 제한으로 인해 섭취량을 감소시키고 식욕에 직접적인 영향을 미친다. 그 외에도 환경적인 요소를 들 수 있다. 대부분의 동물은 환경온도에 의해 채식량이 크게 달라진다. 즉, 온도가 올라가면 먹이섭취량이 줄어들고 온도가 내려가면 먹이 섭취량이 증가하는데 이러한 기작을 체온항상설(thermostatic theory)이라고 한다.

많은 동물 중에서도 특히 비발한성 동물인 돼지는 저온보다는 고온에서 먹이섭취량의 변화가 심하다. 돼지는 외부의 온도가 높아지면 움직이기 싫어하고, 식욕이 줄어 먹이섭취량 감소로 인한 일당증체량의 저하를 나타낸다. 〈그림 1-44〉은 돼지에서 온도가 올라갈수록 먹이섭취량이 감소하는 것을 보여주는데, 체중이 무거울수록 섭취량의 감소 정도가 심하게 나타난다. 〈그림 1-45〉는 육성돈 사양에서 점등(일조량)과 사육형태가 채식횟수에 미치는 영향을 나타낸 것으로, 일조시간이 길수록 채식횟수가 늘어나고 개별사양보다 그룹사양에서 채식횟수가 늘어나는 것을 알 수 있다. 또한 Scott 등(1982)은 육계 사료에서 에너지 함량이 낮을수록 사료섭취량이 증가한다고 하여 사료의 영양수준도 먹이섭취조절 요인의 하나라고 발표하였다.

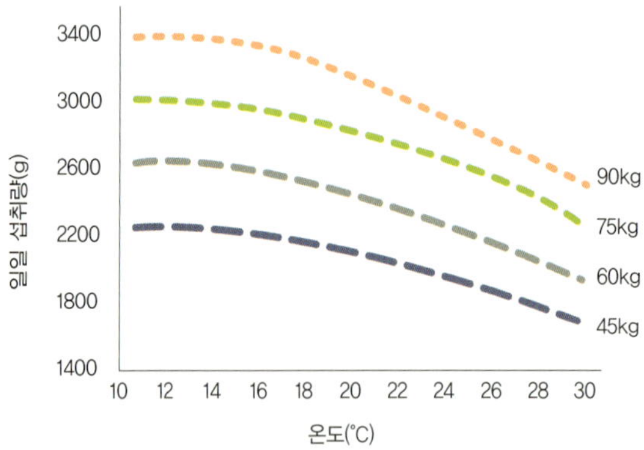

〈그림 1-44〉 환경온도에 따른 돼지의 체중별 먹이 섭취량의 변화

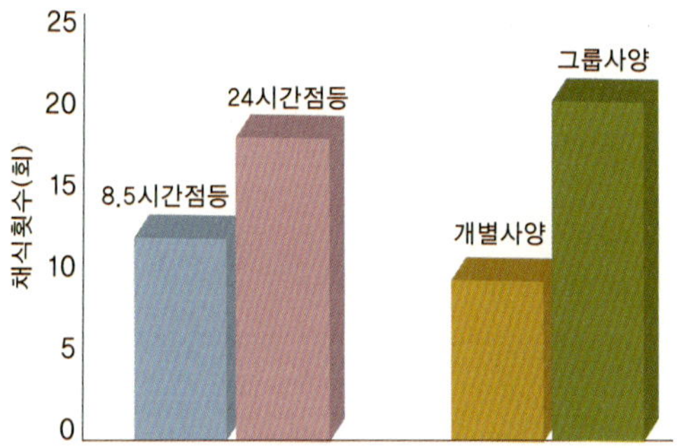

〈그림 1-45〉 육성돈의 점등(좌)과 사양방법(우)이 채식횟수에 미치는 영향

2) 동물은 스스로 체중조절이 가능한가?

현대의 인간은 과식이나 운동부족으로 점점 비만(obesity)이 되고 있으며, 이러한 비만은 인간이 스스로 음식섭취를 조절하지 못하기 때문에 발생되는 문제이다. 그러나 야생동물의 경우 먹는 양과 소비하는 양이 어느 정도 균형을 이루고 있어 과비되는 경우는 거의 없다. 야생동물은 특정시기에 따라 많은 먹이를 섭취하여 체지방을 증가시키는 경우는 있다. 예를 들면, 동면을 해야 하는 곰의 경우 동면 전 섭취량을 최대한 늘려 체지방 축적을 극대화하며, 철새의 경우는 먼 거리를 날아가기 위해 자신의 체중을 조절한다고 한다. 따라서 야생동물은 생태학적 측면으로 볼 때 체중조절 능력이 있는 것으로 판단된다.

인간에 의해 가축화되어 있는 동물은 지속적인 개량에 의해 유전능력이 변하여 야생동물에 비해 체중조절 능력이 떨어지며, 어쩌면 없다고 해도 과언이 아니다. 개량종 멧돼지가 먹는 사료를 야생멧돼지가 먹을 경우 사료섭취량과 증체량이 다르게 나타난다. 이것은 동물간의 체중조절 능력이라고 하기 보다는 유전적 차이라고 볼수 있다. 그러나 동물간에는 집에서 기르더라도 체중조절에서 차이를 볼 수 있는데, 많은 량의 사료를 줄 경우 고양이는 과식하는 경우가 거의 없지만, 개의 경우는 대개 비만이 된다.

3) 동물의 먹이조절을 통한 인간의 의도는?

인간은 동물을 사육하면서 그들로부터 얻는 생산물을 이용한다. 생산물이라 함은 고기, 우유, 알, 가죽 등을 의미한다. 소, 돼지, 닭 등의 가축을 사육하면서 먹이를 급여하게 되고, 고품질의 동물성 단백질을 습득하게 되는 것이다. 인간이 활용할 수 없는 부산물이나 곡류 등을 최대한 이용하여 가축에 급여함으로써 식물성 영양소를 동물성 영양소로 전환한다〈표 1-10〉. 축산물의 생산은 결국 우리 식품의 고급화 과정이라 할 수 있다.

이렇듯 인간은 동물의 먹이를 이용하여 고급식품인 축산물을 생산하게 되는데, 여기에는 최소의 생산비용으로 최대 생산성을 얻기 위해 사육하는 과정에서 동물의 먹이를 조절하게 된다. 더 나아가 맛, 영양소 함량 등 인간의 욕구에 따라 축산물의 고급화나 기능성 식품의 생산도 이러한 먹이조절을 통해 이루어지고 있다.

〈표 1-10〉 동물의 체조성과 주요 사료원료의 성분 비교

		수 분	단백질	지 방	광물질
사료원료	옥수수	11.0	8.3	3.9	1.5
	대두박	10.0	44.6	1.4	6.5
	어 분	8.0	60.5	9.4	19.2
	평 균	9.7	37.8	4.9	9.1
동 물	닭 (2kg)	55.8	19.2	20.2	3.1
	돼지 (100kg)	54.6	14.5	28.5	2.7
	육우 (600kg)	48.0	16.0	32.5	3.7
	평 균	52.8	16.6	27.0	3.2

Animal Life

Ⅱ. 동물의 삶

동물과 지구환경

라 창 식 (강원대학교 교수)

과거에는 동물에 의한 환경오염은 그다지 심각하지 않았으나 최근 동물사육이 집단화·전문화·대규모화되면서 동물에 의한 환경오염은 날로 심각해지고 있어 전 세계적으로 동물에 의한 환경오염 문제 예방에 많은 노력을 기울이고 있으며 다양한 방법이 개발되어 이용되고 있다. 그중 동물로부터 배출되는 분뇨를 귀중한 생물자원으로 이용하여 토양의 물질순환을 순조롭게 하고, 생태계 파괴작용을 억제하며, 토양생태계의 활성화와 안정화에 크게 기여하는 자원재활용을 기본 이념으로 한 처리 및 이용방법이 지구 환경적 이슈에 부합하는 최적의 방법이 될 것이다.

과거 수백만 년 전부터 지금까지 생명체가 살고 있는 지구환경은 무한히 변화하여오고 있으며 이러한 지구환경의 변화는 직·간접적으로 사람과 동물은 물론 지구상에 존재하는 모든 생명체에 영향을 미쳐왔다. 이같이 모든 생명체에게 매우 중요한 환경은 여러 가지 요인에 의해 변화하게 되며 그 요인은 크게 인위적인 변화와 자연적인 변화로 구분될 수 있다. 자연적인 환경 변화란 긴 세월이 흐르는 동안 새로운 호수나 계곡 등이 자연히 생성되고 소멸되는 것과 같은 환경변화를 말하며 인위적인 환경 변화란 사람이나 동물에 의한 공기·토양·수자원 오염 등에 의해 유발되는 생태계 변화는 물론 댐·제방 건설 등의 결과로 나타나는 환경 변화를 의미한다. 인위적인 환경 변화 중에서도 지속적인 오염에 의한 환경 변화는 인간이나 동물에게 단기간 내에 큰 영향을 주는 심각한 보건적 문제를 유발함은 물론 생태계 파괴의 원인이 된다. 이같은 결과를 가져오는 환경오염은 지구상에 살고있는 인간들이 삶을 영위하는 과정에서 버려지거나 배출되는 쓰레기, 오·폐수 및 산업시설로 부터의 매연, 자동차 가스 등에 의해 야기되는 것은 물론 동물에 의해서도 심각하게 야기되고 있다.

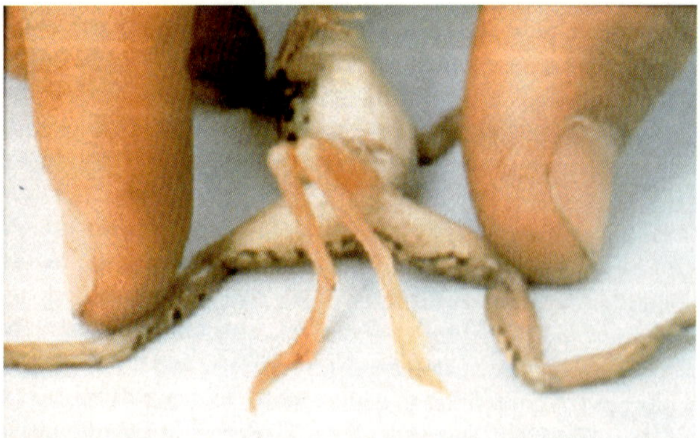

〈그림 2-1〉 생태계의 변화를 보여주는 개구리
(Source: Environmental Science, McGraw-Hill)

1. 누가 환경을 오염시키는가?

과거에는 동물에 의한 환경오염은 그다지 심각하지 않았으나 최근 동물사육이 집단화 · 전문화 · 대규모화되면서 동물에 의한 환경오염은 날로 심각해지고 있어 전세계적으로 동물에 의한 환경오염 문제 예방에 많은 노력을 기울이고 있는 실정에 있다. 동물에 의한 환경오염의 원인은 주로 대규모로 동물이 사육되는 장소에서 발생하는 똥 · 오줌(분뇨)이나 오 · 폐수에 의한 것으로서 오염물질 발생량을 기준(BOD 기준)으로 어미돼지 1,000마리를 사육하는 돼지우리에서 발생하는 오염물질의 양은 인구 11만 명이 생활하고 있는 도시에서 배출되는 오 · 폐수내의 오염물질의 양과 비슷한 수준이며 국내 부패성 폐기물 총 발생량 6,786만톤/년 중 동물 분뇨가 58.9%로 사람분뇨 24.7%, 음식쓰레기 8.1%, 기타 8.3%에 비해 그 양이 어마어마하다 할 수 있다.

2. 구린내? 그 냄새의 실체는?

지구환경 중에 있는 물질과 에너지가 체류하여 과잉으로 축적되어 인간이나 동물에게 불리한 상황이 일어나는 것을 환경오염이라 하는데 동물에 의해 야기되는 환경오염은 공기, 물, 토양 등 환경 전반에 걸쳐 다양하게 일어나게 된다.

먼저 대규모로 동물이 사육되고있는 장소 주변의 사람들은 동물로부터 배설된 분뇨에서 발생하는 심한 악취나 먼지, 파리, 모기 등으로 인해 상당한 불쾌감을 느끼게 된다. 이중 파리나 모기의 번식은 사람에게 불쾌감을 주는 것보다는 질병 전파의 매개체라는 측면에서 심각하게 다루어져야만 할 것이다. 동물을 사육하는 장소에서 발생하는 악취는 분뇨 등이 부패함에 따라 발생하는 가스에 의한 것으로 75종 이상의 가스가 분뇨부패 과정에서 발생하며 이들 가스가 복합적으로 작용하여 심한 불쾌감을 줄뿐만 아니라 사람과 동물의 호흡기계 질병 및 만성적 질병의 원인이 되기도 한다. 예를 들어 분뇨로부터 발생하는 황화수소 가스는 썩은 계란 냄새를 유발하여 심한 불쾌감을 줄뿐만 아니라 사람이나 동물에게 매우 위험한 가스로서 이 가스에 노출되었을 때 사람의 후각이 점점 무뎌져 높은 농도도 제대로 인식하지 못하는 경우가 있으며 밀폐된 공간에서 사육되는 동물의 경우에는 사망하게되는 원인이 되기도 한다. 또한 분뇨의 부패중 발생하는 아민가스는 물고기 냄새의 악취를 유발하며 암모니아가스는 화장실 냄새를 유발할 뿐만 아니라 침착성이 강해 주변의 물 등에서도 악취가 나는 원인이 되고 때때로 동물이나 사람에게 호흡기계 및 점막계통의 질병을 유발하기도 한다. 이들 외에도 분뇨에서 발생하는 다양한 휘발성 유기가스는 만성적 질병의 원인이 된다. 동물이 집단 사육되고있는 곳에서 발생하는 먼지는 환경조건에 따라 그 양과 종류가 다르며 먼지의 유해도는 물리·화학적 성질과 크기, 침입방법등에 따라 다르지만 마른 동물배설물, 사료, 부패한 동물우리의 재료, 세균, 동물 털 및 피부조직 등을 지니고있는 먼지가 인체 및 동물에 미치는 피해작용은 기계적 작용, 화학적 작용 및 병원성 작용 등에 의해 주로 호흡기계, 피부 및 소화기계와 눈 등의 점막기계에 피해를 입힌다. 먼지에 의한 장애로는 유기성 먼지에 의한 알러지 반응, 유독 화합물이나 세균 등에 의한 결막염·기관지염 등의 점막성 질환, 진폐증, 금속중독, 인플루엔자 및 결핵 등의 전염성 질환, 폐암발생 등을 들 수 있다. 이와 같이 먼지 그 자체가 사람과 동물건강에 심각한 영향을 미칠 뿐만 아니라 세균의 포자가 먼지와 함께 이동함에 따라 각종 전염성 질병의 원인이 되기도 한다. 이같이 지구의 공기는 동물의 대규모 사육 및 여러 가지 요인들(자동차, 산업시설 등)에 의해 오염되고있지만 자체 정화작용을 부단히 지속하고 있다. 공기자정작용의 예로는 공기자체의 희석적용, 강우·강설 등에 의한 분진이나 용해성 가스의 세정작용, 산소·오존 및 과산화 수소 등에 의한 산화작용, 태양광선 중 자외선에 의한 살균작용, 식물의 탄소동화에 의한 CO_2와 O_2의 교환작용 등이 있다. 그러나 현재에는 공기의 자정작용의 한계를 벗어나 공기오염 정도가 심각한 수준에 이르고 있는 실정이다.

3. 수질·토양오염의 원인?

양질의 물은 동물과 사람이 생활하는데 없어서는 안되는 물질이지만 생활을 위해서 사용되는 물은 여러 경로를 통해 오염되고 오염된 물은 전염성 질환을 유발하게된다. 또한 물의 오염은 그 이용가치를 저하시켜 생활에 지장을 주게된다. 특히 사람이 집단 생활을 영위하게되고 일정거주지역에 집중해 생활하는 경우 수질오염이 일어나기 쉬어 양질의 수자원을 얻는 일과 수질오염을 방지하는 것은 매우 어려운 일이 되어가고 있다. 더욱이 최근에는 인구증가와 산업의 고도화된 발달로 전 수역의 수질오염이 우려되고 있는데 그중 일정 지역에서 대규모로 사육되고있는 동물로부터 배설된 분뇨나 발생한 오·폐수에 의한 물의 오염 현상은 전 세계적인 것으로서 그 심각성이 날로 더해져가고 있다. 동물 분뇨나 오·폐수 및 그 분해산물은 물에 서식하는 다양한 생물이 이용할 수 있는 영양소원을 고농도로 함유하고있기 때문에 자연으로의 방출은 강·호수·계곡 등의 수자원의 급속한 오염의 원인이 되게되며 또한 동물 분뇨의 비료자원으로의 과다이용은 지하수 오염의 원인이 되기도 한다. 고농도의 유기물과 질소화합물 및 인산염을 함유하고있는 동물 분뇨 및 오·폐수의 유입에 의해 수질의 부영양화가 발생하게 되는데 부영양화라는 것은 호수나 강, 하천, 바다에 식물이나 해조류 및 다양한 미생물이 이용할 수 있는 영양염류가 많아지게 됨에 따라 생물의 생산활동이 활발해지고 수중의 유기물의 농도가 증가하는 것을 의미한다. 호수나 강으로 분뇨나 오·폐수가 유입된 경우 액체에 녹아있던 영양염류는 즉시 조류나 다양한 미생물에 의해 이용되게 되며 고형물은 바닥에 가라앉아 혐기적 분해과정을 거치면서 질소와 인을 지속적으로 수중으로 용출시켜 다양한 생물이 성장·증식·사멸의 과정을 거치게된다. 증식 후 죽은 생물의 사체는 혐기성 조건이 형성되어있는 호수니 강바닥으로 다시 침전하게 되고 천천히 분해되면서 영양염류를 재용출시키는 과정이 되풀이되게 되며 지속적인 분뇨나 오·폐수의 유입으로 영양염류가 더욱 풍부해져 생물의 증식이 크게 증가함에 따라 호수나 강바닥으로 침전되는 생물의 사체가 섬자 퇴적되고 수심은 얕아지게된다. 오염물질이 유입되지 않는 천연호에서는 이와 같은 부영양화 과정이 수십만년 혹은 수백만년에 걸쳐 진행되지만 자정능력에 비해 훨씬 많은 영양염류가 유입되는 조건에서는 생물의 증식이 매우 활발해져 부영양화가 단시간에 진행되기도 한다. 부영양화의 제한영양소로는 탄소와 질소, 인을 들 수 있는데 이중 탄소는 대기에서 탄산의 형태로 물에 녹아 들어가 보급되고 부영양화에 주로 관여하는 조류들이 수중 유기오염물을 탄소원으로 이용하는 것이 아니기 때문에 질소와 인이 가장 중요시되고 있다. 수역에 따라 차이는 있으나 질소와 인의 발생원으로는 고농도의 질소와 인을 함유하고있는 축산 분뇨나 폐수이외에도 생활하수나, 세제, 공업폐수, 비료 등이 있다. 환경중의 물은 지표수, 지하수, 수증기의 형태로 존재하는데 물의 오염과 관련하여 발생하는 건강장해는 2가지 요인으로 발생하게된다. 하나는 병원성 세균, 바이러스, 기생충 등에 의한 생물인자에 의한 것이고 다른 하나는 수중 화학물질에 의한 것이다. 생물적 인자에 의한 수인성 전염병은 소화기계 전염병이 대부분으로 장티프스, 파라티푸스, 세균성이질, 콜레라, 유행성 간염 등이 있으며 기생충 질병으로는 간디스토마, 페디스토마, 주혈흡충, 회충, 편충 등이 있다.

한편 화학물질에 의한 건강피해는 수중에 오염되어있는 중금속 물질에 의한 것으로서 각종 중독성 질환을 일으킨다. 자연에 존재하는 모든 물은 각종 유기물이나 무기물 혹은 각종 미생물에 의해 오염되고있으나 일정한도 내에서는 물은 스스로 정화되며 물의 자정작용은 크게 물리적, 화학적, 생물학적작용으로 나눌 수 있다. 물리적 작용은 희석, 침전, 흡착, 응집 등의 물리적인 작용과 태양광선의 자외선에 의한 살균작용을 의미하며 화학적 작용은 수중오염물질의 산화·환원작용을 의미하고 생물학적작용은 생물체의 호흡, 식균작용을 통해 수중오염물질이 안정된 물질이 되고 다시 생물체에 이용되는 것을 의미한다.

동물분뇨는 수질오염뿐만 아니라 토양환경에도 많은 영향을 미치게 되는데 적절히 처리되지 않는 분뇨의 비료로의 이용은 토양 내 질소순환 및 탄소순환의 불균형을 초래하여 다양한 오염인자로 작용하게되며 작물이용에 불안정적인 작용과 영향을 미치게 된다. 동물의 생분뇨나 오·폐수가 안전한 구비로 전환되지 않은 채로 작물에 뿌려지거나 농경지에 사용된다면 토양에 장기적으로 오염물질이 축적되고 작물이나 먹이연쇄를 통하여 인간이나 가축에게 유입되어 건강장애를 일으킬 수 있으며 특정한 유해물질인 경우에는 농작물의 생육을 저해시킬 뿐만 아니라 토양의 산성화를 가속시키고 이러한 토양의 오염물질 축적 현상은 지하수 오염의 결과로 이어지게 된다. 토양은 공기나 물에 비해 자정능력이 약하기 때문에 자연적 오염원 제거에 많은 시간이 소요된다.

4. 동물분뇨는 과연 환경오염물질로 취급받아야 하는가?

지금까지 많은 농경지는 항상 유기물의 부족현상을 초래하여왔고 작물생산을 화학비료에 의존하여온 결과 토양의 지력은 지속적으로 소모되어 왔다. 지력, 즉 토양의 생산력은

토양 속의 우량한 부숙물질(미생물의 활동으로 유기물을 분해하여 생긴 물질)이 좌우하는 것으로 동물분뇨가 바로 지력증진의 훌륭한 재료로 활용될 수 있다.

그 이유는 동물분뇨는 비료의 3대요소인 질소, 인산, 칼륨을 비롯하여 유기물과 칼슘, 마그네슘 등의 다양한 광물질을 고농도로 함유하고 있어 흙에 활력을 주는 최적의 물질이기 때문이며 또한 비옥한 토양 g당 1억 5천마리에 가까운 수로 살고 있는 다양한 생물군의 유지를 위해서는 유기물을 먹이로서 흙 속에 지속적으로 넣어주어야만 하기 때문이다. 그러나 이처럼 동물분뇨가 흙 건강에 아무리 뛰어난 원료라 할지라도 농경지로의 환원전 반드시 퇴비화(부숙화) 작업을 거쳐야하며 그렇지 않을 시에는 작물의 생육지연 및 시들어 죽게 되는 원인이 되게 된다. 퇴비란 유기물 잔사 혹은 유기물 잔사와 토양을 혼합하여 미생물이 분해하기 쉽도록 수분을 조절한 후 퇴적시켜 생산된 것을 말하는 것으로 다양한 유기성 물질을 미생물로 안정시켜 부식상의 토양 개량재로 전환된 것을 의미한다. 유기물의 퇴비화 처리는 5천년의 농경역사 속에서 자연발생적으로 나온 우수한 기술로서 분뇨와 같은 유기물을 퇴비화하여 이용하는 이유는 크게 6가지로 요약할 수 있다

첫째 분뇨내의 다량 존재하는 유기물을 가능한 한 무기물로 완전 분해하기 위한 것으로 비록 토양 내 미생물의 영양원으로 유기물이 필요하다할지라도 질소에 비해 너무 많은 양의 유기물을 함유하고 있는 퇴비의 시용은 농작물 생산에 필수적인 질소원이 미생물의 활동과 증식에 필요한 영양원으로 과다하게 이용됨에 따라 농작물은 질소기근을 일으켜 생육이 불량해지기 때문이다. 미생물에 의해 이용된 질소가 나중에 방출되어 농작물에 이용된다하더라도 생육지연은 피할 수 없으며 경우에 따라서는 질소 등이 늦게 효력을 내어서 불량한 열매나 시들어 죽게 되는 등의 원인이 될 수도 있다. 두 번째는 가스피해로부터

농작물을 보호하기 위한 것으로 유기물을 다량 함유하고 있는 분뇨를 그대로 토양에 시용하면 유기물이 토양 속에서 급속히 분해되어 다량의 탄산가스와 암모니아가스가 발생하게 되고 그 결과 산소부족현상이 발생하여 농작물이 호흡장해를 일으켜 영양분이나 수분의 흡수가 억제됨에 따라 생육이 불량해지기 때문이다. 따라서 토양에 시용하기 전에 먼저 미숙한 유기물을 분해시켜 안정화된 물질로 된 다음에 농지에 환원하는 것이 안전할 뿐 아니라 효과적인 방법이라 할 수 있다. 세 번째는 취급하기 쉽고 혐오감을 없애며 시용효과를 높이기 위한 것이다.

다섯 번째는 시용시 작물이 이용하는 양을 높이기 위한 것으로 분뇨중의 불안정한 질소성분인 암모니아태 질소를 안정한 형태이며 작물이 선호하는 질산성 질소로 전환시키기 위함이다. 여섯 번째는 토양의 물리성을 개선하고자하는 것이다. 농경지의 흙과 물과 공기는 대략 1:1:1의 비율로 구성되어있는데 이 균형이 무너졌을 때 농작물의 피해가 발생하게 된다. 이와 같은 적당한 환경조건은 퇴비화 과정중 미생물에 의해 마련되게된다.

앞에서 언급한 것과 같이 적절히 처리된 동물분뇨는 농업생산에 귀중한 생물자원으로 토양의 물질순환을 순조롭게 하고, 생태계 파괴작용을 억제하며, 토양생태계의 활성화와 안정화에 크게 기여한다. 따라서 자원재활용을 기본 이념으로한 동물분뇨의 토양으로의 환원은 앞에서 언급한 환경문제 발생 예방 및 토양지력증진 측면에서 그 의미가 크다할 수 있다.

유기축산과 웰빙

오 상 집 (강원대학교 교수)

유기 축산은 환경, 소비자, 동물복지, 생태계를 망라하는 다양한 지구적 과제에 대하여 포괄적이지만 전체적인 해결을 지향하는 과학 철학적 배경을 가지고 등장하였다. 그렇지만 실제 보편적으로 통용되는 '유기 축산'이란 '생명체와 천연물질을 활용하여 그들의 보전과 생태환경의 지속을 지향하는' 축산으로 정의된다. 이에 따라 자연과 부합하는 환경에서 동물의 자연적 생리 및 습성을 존중하는 방식으로 주어진 생태계와 환경을 교란시키거나 오염시키지 않고 지속적으로 영위하는 축산으로 구체화 되었다. 한편으로 유기 축산은 식품의 건강성을 증진시킬 수 있다는 관점에서 식품 웰빙을 추구하는데 적합하며, 환경오염을 줄이고 청정 환경의 지속을 목표로 하고 있기에 환경 웰빙의 추구에도 적합한 것으로 평가되고 있다. 이에 따라 유기축산도 소비자 웰빙과 생태 환경 지속에 기여하는 축산으로 자리매김 되고 있다.

"한 국가의 위대함과 도덕성도 그 국가가 동물을
어떻게 대하느냐로 가늠할 수 있다" -간디-

1. 유기축산이란 무엇일까?

요즈음 유기축산(organic animal farming)이나 유기 농업(organic farming)이라는 용어가 전 세계적으로 관심의 대상이 되고 있다. 갑작스레 농업이나 축산 앞에 '유기'라는 표현이 등장하니 어색하기도 하고 생뚱맞기까지 하다. 유기라는 수식어가 등장한 이유는 분명히 기존 축산이나 농업과 다른 점이 있을 것 이라고 미루어 짐작하는 정도가 대부분일 것이다. 즉 단순히 축산이나 농업의 현재 기술을 조금 개선하거나 변경하는 차원이 아니라 농업과 축산의 기본 원칙에 큰 차이가 있으리라는 것도 짐작해 볼 수 있을 것이다. 한편으로는 어떻게 유기라는 수식어가 축산이나 농업에 붙게 되었는지 궁금하기도 할 것이다.

우리가 익히 알고 있는 '유기화학'에서는 유기(有機, organic)란 화합물이 구성 성분으로 탄소를 함유한다는 의미이며, '유기물'이란 용어에서는 유기란 생물체로부터 유래한 물질을 의미한다. 하지만 가장 널리 통용되는 이 두 가지 유기의 의미를 축산과 연관 지어 볼 때 유기축산의 의미를 가늠하기가 쉽지 않다. 발상을 전환하여 유기의 상대적 개념을 무기(無機, inorganic)라고 하고, 무기축산이라는 상대 개념을 그려보기도 쉽지 않다. 그럼에도 유기농업과 유기축산이라는 용어나 그 생산물은 이미 우리 생활에 상당히 널리 통용되고 있다. 그러다 보니 아직 개념도 불분명한 유기라는 용어가 남발되고 있고, 무분별하게 사용되어 소비자는 물론 생산자까지도 혼동하고 있는 지경에 이르렀다.

그렇다면 과연 유기축산이란 무엇일까? 이를 보다 쉽게 이해하기 위해서는 우선 유기축산이 제기된 배경을 살펴보면서 유기 축산의 개념을 이해하는 것이 바람직할 것이다. 유기 축산은 현대 집약 축산업이 성행하면서 생태 환경이 악화되고, 동물의 복지가 무시되며, 축산업의 지속성에 의문이 제기되면서 이를 극복할 수 있는 축산이 필요하다는 관점에서 등장하였다. 특히 주어진 환경에 투입이 과다해지면서 환경오염과 피폐가 늘어남에 따라, 환경을 유지, 복원 할 수 있는 지속형 축산에 대한 관심이 높아지게 되었다. 따라서 초기 유기 축산은 친환경축산(親環境畜産, environmentally-friendly animal farming)의 의미가 강하였다.

그 후 축산물에 안전하지 못한 물질이 오염되는 사태가 발생하면서 소비자는 보다 안전한 축산물을 원하게 되었고, 이에 따라 유기 축산에서도 인공 합성 물질의 투입을 제한하는 개념이 강조되었다. 뿐만 아니라 최근에는 동물을 물리적으로 속박하지 않고, 쾌적하고 자연적인 생활환경을 부여함을 근간으로 하는 동물복지(動物福祉, animal welfare)도 유기 축산의 개념에 가미되었다. 여기에는 자유롭고 자연적인 방법으로 동물 사회 및 생태계가 구성되도록 하여, 환경 및 생태계에 생물의 다양성(多樣性, diversity)이 유지되도록 하는 개념도 포함된다.

따라서 유기축산은 앞에서 언급한 다양한 내용을 모두 반영하는 매우 포괄적인 개념으로 자리 하게 되었다. 유기축산이 이렇듯 다양한 과제와 현상을 모두 망라하여 이에 총체적으로 대처하는 개념으로 형성된 배경은 무엇일까? 산업화가 가속화 되면서 인류 사회는 생산성과 경제성 향상에 치중하게 되었고 이를 위한 실질 대책을 강구하기 위하여 각 구성 요소를 분해하여 각 요소별 효율을 극대화하는 환원주의(還元主義, reductionism; 복잡하고 추상적인 개념을 단일 레벨의 더 기본적인 요소로부터 설명하려는 입장. 특히 관찰이 불가능한 이론을 직접적으로 관찰이 가능한 경험 단위의 집합으로 해석하려는 실증주의적 경향)적 사상이 대세로 자리 잡게 되었다. 그러나 이 과정에서 발생한 환경오염, 생태계 파괴, 지속 가능성 소멸 등의 문제가 심각해지면서 인류는 구성요소를 분할하여 보지 말고 전체를 하나의 시스템으로 해석하는 것이 오히려 필요하다는 전체론(全體論, holism; 전체를 단순히 부분 요소별 총합으로 보지 않고, 이들 요소간의 관계가 모두 조화된 하나의 시스템으로 보는 이론)이 대두되었다. 특히 전체론은 생명현상이나 생태계를 설명하는데 더욱 필연적인 개념으로 등장하게 되었고 이에 따라 유기축산이 전체론적 접근 방식으로 등장하게 되었다.

이렇듯 유기 축산이 환경, 소비자, 동물복지, 생태계를 망라하는 다양한 과제에 대하여 포괄적이지만 전체적인 해결을 지향하는 과학 철학적 배경을 가지고 등장하다 보니 생산자나 소비자 모두 이를 쉽게 이해하기가 매우 어렵게 되었다. 그러다 보니 실제 유기 축산의 실행과정에서도 실행 주체가 누구냐에 따라 유기 축산이나 유기 축산물을 이해하는 정도가 달랐고 이에 따라 시행 방법에서도 많은 차이가 나타났다. 따라서 이제 전 세계는 유기 축산에 대한 실용적 개념을 통일시킬 필요가 대두되었고, 유기축산물에 대한 표시를 구체화할 필요가 대두되었다. 이제까지 보편화된 '유기 축산'에 대한 실용 개념은 '생명체와 천연물질을 활용하여 그들의 보전과 생태환경의 지속을 지향하는' 축산으로 요약된다.

2. 유기축산의 실제

세계적으로 유기 농업이나 유기 축산이 확대되면서 유기사료, 유기축산물, 유기 가축의 국제간 유통도 활발해졌다. 따라서 앞서 언급한 바와 같이 독자적으로 정립되어 활용되고 있던 다양한 유기 축산의 개념이나 규정에 대하여 국제적으로 통용될 수 있는 통일된 표준이 필요하게 되었다. 따라서 유엔을 비롯한 국제기구나 공동체, 국제규모의 생산자 단체를 중심으로 유기 축산에 대한 규정이 가다듬어지기 시작하였다. 현재로는 FAO(유엔 국제식량 농업기구) 및 WHO(유엔 세계보전기구)의 공동 산하 기구인 Codex Alimentarius 위원회를 통하여 제시된 통칭 'Codex 유기축산 규정'이 국제 참조 기준으로 가장 널리 활용되고 있다.

여기서 Codex(코덱스) 유기 축산 규정이 제시하고 있는 유기 축산의 개념을 정리하여 보면 "수정란이식이나 유전자 조작을 거치지 않은 가축에게 각종 화학비료, 농약을 사용하지 않으며 또한 유전자 조작을 거치지 않은 작물과 그 외 항생물질, 성장호르몬, 동물성 부산물사료, 동물약품 등 인위적 합성 첨가물을 사용하지 않은 사료를 급여하고,

집약 공장형 사육이 아니라 운동 및 휴식 공간, 방목초지, 자연적인 분뇨처리가 제공된 환경에서 사육, 가공, 유통, 평가, 표시된 가축의 사육체계와 그 축산물"을 의미한다. 이러한 개념은 자원의 투입과 활용이라는 측면에서 생산 체계 내에서의 투입 자원의 적절성과 물질의 자연적 순환, 재생가능한 자원의 활용을 통하여 지속성이 보장됨을 의미한다. 따라서 유기축산은 물질 순환의 축에서 유기농업과 다음 〈그림 2-2〉와 같은 상생의 관계를 이루고 있다.

〈그림 2-2〉 유기농업과 유기축산의 관계

유기축산과 유기농업의 이러한 상호관계는 생태다양성(ecosystem biodiversity)의 유지, 자원순환의 경로 증대 및 순환기간의 연장, 물질분해 능력의 증대 등의 측면에서 상호 보완적이며 동시에 지속적이다. 따라서 유기축산이 축산에 등장하는 모든 생물계에 대한 자연 본연의 체계 복원과 상당히 근접되어 있음을 알 수 있다. 실제 '유기'란 어휘의 초기 의미는 '자연적인, 본래의' 뜻을 가지고 있었다. 이러한 점에서는 '무기' 란 어휘도 '자연스런 생장과정을 거치지 않은, 인위적인' 뜻을 가지고 있어 서로 대비가 된다고 하겠다.

그러나 어느 누구도 유기 축산의 상대 개념을 무기 축산으로 호칭하지는 않고 집약 축산(集約 畜産, intensive animal farming)이라 부른다. 그리고 이러한 집약 축산을 일부에서는 공장형 축산(factory animal farming)이란 자극적인 이름으로 부르고 있다. 때로는 유기축산을 개혁적인 개념으로 보고, 상대 개념을 이제까지의 축산이라는 의미에서의 관행 축산(慣行 畜産, conventional animal farming)과 차별화하는 경우도 있다. 물론 집약축산은 이미 상당부분 보편화되어 관행축산이 되었다. 그러나 여기서 혼돈하지 말아야 할 것은 관행축산과 집약축산은 확실히 구분되어야 한다는 점이다. 이는 현재 이루어지고 있는 관행 축산에서도 동물의 자연적인 생명활동이 어느 정도

보전되기 때문이다. 따라서 실용적인 유기 축산도 기존의 관행 축산에 대한 상대적인 개념이라기보다는 축산의 방식이 근본적으로 바뀐 개념으로 보는 것이 타당할 것이다.

여기서 유기 축산을 집약축산과 비교하여 보면 〈표 2-1〉과 같은데, 실용 유기 축산의 개념을 구체화 하는데 도움이 될 것이다. 표를 살펴보면 유기축산의 특징적 성격은 「자연과 부합하는 환경에서 동물의 자연적 생리 및 습성을 존중하는 방식으로 주어진 생태계와 환경을 교란시키거나 오염시키지 않고 지속적으로 영위하는 축산」이라고 할 수 있다. 여기서 지속성의 유지란 자원 활용의 지속성뿐 아니라 환경, 경제행위, 사회의 지속적 영위를 아울러 포함하고 있다. 따라서 이를 정리하면 사료나 토지 분야 등 투입요소의 경우

- 축산을 통한 토양 및 토질의 생력유지
- 자연시비 및 관리를 통한 유기 사료의 생산과 이용
- 해충, 질병, 미생물의 자연 생태적 제어 등의 특징을 가지고 있다.

그리고 가축의 관리나 축사 환경 분야에서는

- 동물의 자연 생리 및 습성에 가까운 번식 및 관리
- 자연생태계에 가까운 평안한 축사와 환경 등의 성격을 가지고 있다.

〈표 2-1〉 유기축산과 관행축산 간의 특징 비교

	분 야	관행축산	유기축산
시설 환경	축산면적 바닥	• 밀집 사육 가능 • 제한/속박 시설 가능	• 쾌적 밀도 유지 • 시멘트, 철 구조 등의 바닥 불허
	가축 번식	• 유전공학기법 허용	• 종축을 사용한 자연교배 권장 • 수정란 이식, 호르몬 처리 불허
	사료/영양 사료/영양	• 항생제 허용 • 성장 촉진제 허용 • 호르몬제 허용	• 유기사료 급여 • GMO, 유전자조작 변형 물질 불허 • 성장촉진제, 항생제, 호르몬제 불허
	질병관리	• 예방백신 사용허용 • 정기적 약품 투여 허용	• 인방 요법을 이용한 환축 치료 권장
	사양관리	• 가축 신체 시술관리 허용 • 암수, 개체 분리사육 허용 • Cage 사육 허용	• 가축 신체 시술관리 불허 • 군사 원칙 • Cage 사육

3. 유기축산의 전망과 웰빙(well-being)

최근 유기 축산 동향을 살펴보면 국가별로 다소 차이가 있으나 전 세계적으로 유기축산이 빠르게 증가하고 있음을 알 수 있다. 특히 유럽, 미국, 일본의 경우, 유기농 식품시장의 연간 성장률이 15~30%에 이를 정도로 급성장하고 있다. 미국 농업부(USDA)의 예측에 따르면, 2010년도 유기농 식품 시장의 예상 규모가 EU 460억 달러, 미국 450억 달러, 일본 110억 달러에 이를 것으로 전망하고 있다. 뿐만 아니라 유기 축산의 이러한 증가 추세는 최근 세계적으로 확장되고 있는 웰빙 추세와 맞물려 더욱 급증할 것으로 예상된다.

웰빙(well-being)이란 '건강하고, 행복하며, 윤택한 삶'으로 정의될 수 있는데 그 중 자기 자신보다는 외부적 요인에 의하여 결정될 수 있는 영역이 바로 건강한 삶을 누리는 것이라고 할 수 있다. 그리고 건강한 삶을 누리기 위해서는 건강한 식품을 섭취하는 것이 무엇보다도 중요하다. 그렇다면 건강한 식품이란 무엇인가? 식품의 건강성은 영양소, 위생, 안전성, 기능성 등에 의하여 결정된다고 할 수 있다. 이 중 영양소를 충분히 함유하고 위생적인가의 문제는 현대 영양과학을 통하여 상당 수준 해결될 수 있는 것으로 보인다. 그러나 현재의 환경오염이나 집약 대량 생산 체계 하에서는 식품의 안정성을 위협하는 요인은 오히려 높아지고 있다고 해도 과언이 아니다. 뿐만 아니라 안전하지 못한 식품인 경우 그 식품이 가지는 기능성도 저해를 받게 된다.

유기 축산물은 이러한 문제요인을 줄여서 식품의 건강성을 확보할 수 있다는 측면에서 식품으로부터 건강과 웰빙을 추구하는 사람들에게 매우 적합한 식품이라고 할 수 있다. 우선 축산물이기에 상대적으로 우수한 영양소를 갖고 있을 뿐 아니라 위생적인 도축과 처리 가공으로 식품의 위생 안전을 보장하는 것도 어렵지 않기 때문이다. 또한 가축의 사육 과정에서 안전에 위협을 줄 수 있는 인공 합성 물질의 투여를 제한하였기 때문에 축산물의 안전도는 더욱 높아지게 된다. 유기 축산에 의하여 기능성 축산물을 생산할 가능성도 높아지느냐에 대해서는 아직 과학적으로 입증된 자료가 부족하다. 그러나 유기 사료 및 천연 첨가제, 또는 상대적으로 안전한 축산물 등으로부터 유래될 수 있는 기능성 향상 및 기능성 저하 방지 효과를 고려할 때 기능성 건강식품으로서 유기 축산물의 잠재력은 매우 높다고 할 수 있다.

웰빙은 건강한 식품뿐 아니라 청정한 환경에 의해서도 영향을 받게 된다. 유기 축산은 환경오염을 방지하고 청정 환경의 지속을 목표로 하고 있으므로 환경적으로도 웰빙에 적합하다. 물론 웰빙이 식품에 의해서만 결정되는 것은 아니지만 자기 노력이 별로 없어도 시도가 가능한 분야가 건강한 식품의 섭취이기 때문에, 앞으로 웰빙의 추구 정도에 따라 유기 축산이나 유기 농업에 대한 수요도 큰 영향을 받을 것으로 전망된다.

4. 우리나라의 유기 축산

유기축산의 여건은 지역마다, 국가마다 다를 수밖에 없고 따라서 서로 다른 환경과 여건에서 펼쳐지는 유기축산의 세부적 기술도 달라질 수밖에 없다. 이는 유기축산을 자연 전체의 순환과 지속의 일부분으로 보기 때문에, 그 총체적 균형이 유지되는 한 세부 실행 기술의 다양성을 용인하기 때문이다. 우리나라는 농경지면적이 상대적으로 부족하고 사료 자급률이 매우 낮기 때문에 유기 축산의 여건이 그렇지 않은 나라의 여건과는 상당히 다르다. 뿐만 아니라 우리나라 소비자들의 축산물 소비규모나 소비성향, 가축권리 및 복지에 대한 일반적 이해, 축산에 대한 일반적 인식도 타 국가나 권역의 성향과는 상당한 차이가 있다.

실제 우리나라에서 제정한 유기축산 규정을 살펴보면, 우선 Codex 규정을 원칙적으로 수용한 상태에서 Codex가 규정하지 않았거나 임의성을 허락한 항목에 대해서는 한국적 여건을 최대한 반영하고 있다. 실제 유기축산이 이미 상당히 정착된 국가나 유기 축산식품에 대한 소비시장이 일정 수준에 이른 국가의 경우, 그들 나름대로 자국의 여건을 최대한 반영하고 소비자의 요구를 적극 수용하는 방향으로 유기축산 규정이 변화되고 있다. 즉 각자 주어진 환경적, 사회적 여건에 따라 유기 축산의 세부 규정에서는 차이가 인정되고 있음을 보여 주고 있다.

유기축산이 태동되면서 우리나라 축산업계의 관심은 우리나라에서도 유기축산의 정착 가능성이 있는가? 일 것이다. 이 질문이 대두되는 배경은 유기축산을 주로 경제적 소득창출의 관점에서 그것도 근시안적인 소득 창출이라는 관점에서 바라보기 때문이다. 한 마디로 유기축산은 기존의 집약, 고투입 동물생산 방식에서 얻어질 수 있었던 고능력, 대량생산의 경제적 이점을 그대로 유지하면서도 추가로 새로운 부가가치를 창출할 수 있는 개념이 아니다. 따라서 유기축산을 자연생태계의 적정 순환을 위한 총체적 농업의 일부분이라는 거시적 관점에서 바라보아야 경제 행위로서의 유기축산의 가능성도 보일 것이다. 실제 우리나라의 축산업이 생산량의 균형적 조절과 친환경성 회복, 안전한 축산물의 생산문제에 미흡하게 대처하다 보니 결과적으로 축산업 전체가 위기에 봉착하게 되었음을 부인할 수 없는 실정이다. 따라서 유기축산의 정착 가능성, 특히 경제적 타당성은 유기축산 및 유기농업의 정착, 축산물의 안전성 및 신뢰도 구축, 농업의 지속성 및 친환경성 회복으로 이어지는 과정을 모두 고려하여 장기적으로 평가하여야 한다. 장기적인 관점에서 볼 때, 우리나라와 같은 저자원국가의 경우 유기축산의 정착으로 기존 집약·고투입 축산보다는 오히려 더 큰 경제적 소득을 창출할 수 있을 것으로 판단된다.

뿐만 아니라 이미 일부 국가를 중심으로 유기축산, 친환경축산이 기존 축산을 대체하는 움직임이 가시화되었고, 이는 거스를 수 없는 대세라고 할 수 있다. 이는 역설적으로 우리나라의 축산업이 세계적 추세에 따라 변화하지 않는다면, 기존 관행 축산 방식에 집착한다는 것만으로도 존폐의 위기에 직면하게 될 것임을 의미한다. 따라서 우리나라에서도 적정 수준의 유기축산, 친환경 축산이 정착되어야 하며, 이 때 그 성공 가능성은 우리나라의 환경 여건에 적합한 기술을 개발하고, 우리의 취약요인을 줄이고 이에 대비하는데 달려 있다고 할 수 있다. 특히 사료 자급 사정이 매우 열악한 우리나라의 경우 유기사료의 수급이나 그 가격에서 다른 나라나 지역에 비하여 상대적으로 불리하다. 그러나 우리나라의 수요를 충당할 수 있는 유기 사료는 우리 땅에서도 충분히 수급이 가능하다. 즉 우리나라에서의 유기 축산도 우선은 의지와 당위성의 문제이며, 주어진 여건은 합리적이고 체계적인 대책으로 개선될 수 있는 종속 명제임을 인식하는 것이 필요하다고 하겠다.

5. 마치며

이 글을 통하여 유기축산의 개념과 배경, 유기축산과 웰빙, 그리고 우리나라에서의 유기축산의 전망에 대하여 알아보았다. 유기축산은 하나의 특징적인 기술이라기보다는 전체 생태계의 생명 시스템이기 때문에 유기축산에 필요한 기술이나 그 효과를 계량적으로 제시하기는 매우 어렵다. 그러나 이제까지 인류가 추구해 왔던 농업이나 생산 방식으로 생태계 지속에 많은 문제가 발생하였다고 보기 때문에 이제까지와는 다른 농업과 생산 방식이 불가피하게 되었다. 이에 따라 유기축산도 이제 세계농업과 생태·환경적 측면에서 거스를 수 없는 대안으로 자리 잡고 있다. 따라서 우리 땅과 우리 생태계에도 적절한 수준의 유기축산이 이루어져야 할 것이다.

식품의 안전성과 건강성을 챙기려는 소비자들의 요구는 더욱 높아지고 있다.

이미 소비자와 생태·환경을 떠난 축산기술은 소비자에게 철저히 외면당하면서 결과적으로 축산업의 위기가 자초되었다. 이러한 위기를 타개하는 길은 축산업이 소비자의 웰빙과 지구 생태·환경에 보다 가까이 다가갈 때 비로소 신뢰 회복을 통하여 새로이 열리게 될 것이다. 유기축산은 이러한 관점에서 소비자와 생태 환경에 가까이 다가설 수 있는 하나의 출구가 될 수 있을 것으로 평가 된다. 그런 의미에서라면 유기축산은 친환경·친생태 축산의 기도(氣道)를 열어 줄 수 있는 웰빙 축산으로 자리매김 될 것이다.

식육과 인간 건강

이 성 기 (강원대학교 교수)

인류가 지구상에 출현한 후로 인간은 이동하면서 다른 야생동물과 싸워서 승리의 댓가로 고기를 먹었다. 약 만년전부터 이동에서 정착한 이후로 야생동물을 가축화하여 집에서 길렀고, 농경을 통해 잡곡과 야채를 함께 먹으면서 잡식화 되었다. 그렇지만 인류는 생리적, 생태적, 영양학적 소화기능면에서 육식동물에 가깝다. 고기는 필수아미노산이 다량 함유된 단백질과, 각종 미량원소가 들어 있어 인류의 건강을 유지하는 주요한 식품이다. 현대인의 잘못된 식습관과 생활로 말미암아 고기가 필요 이상의 오해를 받는 것이 사실이다. 그렇지만 예전 오끼나와인과 아끼다현의 식습관 예를 들어 장수에 필요한 것은 고기와 같은 양질의 단백질을 섭취하는 것이며, 여기에 녹황색 야채 섭취와 적당한 운동으로 정신 건강을 유지하는 것이 중요하다.

1. 인간은 원래 육식동물이었다

언제부터인지 모르겠지만, 현대인의 건강과 관련하여 종종 논쟁거리가 되는 식품 중에 하나가 고기이다. 종교적인 이유 외에도 고기를 기피하는 사람이 종종있다. 이들 중 대부분의 사람들은 홍수처럼 쏟아지는 잘못된 정보와 사회 분위기에 영향을 받고 있다. 오늘날 우리가 어떤 종류의 식품을 먹을 것인가에 대한 해답은 인류가 지구상에 출현한 후 원시인이 본능적으로 섭취한 식품이 무엇인지를 조사함으로써 얻을 수 있고, 이를 바탕으로 우리가 미래에도 계속적으로 무엇을 먹어야 하는지에 대한 방향을 제시해 줄 수 있을 것이다.

인류의 조상들이 지구상에 출현한 이후 오늘날 우리는 유전자 정보를 계승하고 있다. 유전자 정보는 오랜 세월이 지나도 매우 천천히 변하는 것으로 알려지고 있다. 침팬지에서 분화되어 원시인을 조상으로 하는 인간의 유전자도 700만년동안 오직 2% 밖에 변하지 않았다고 한다. 따라서 4만 년 전의 구석기인과 현대인의 유전정보는 매우 유사하다고 할 수 있다. 그러므로 오늘날 우리가 무엇을 먹을 것인가라는 문제의 해답을 슈퍼마켓에 진열된 수많은 식품에서 찾지 말고, 구석기인이 자연에서 본능에 따라 그들이 무엇을 어떻게 먹었는 지에서 찾으면 쉽게 해결할 수 있을 것이다.

원시인의 식습관에 관한 단서를 고고학적 연구를 통하여 얻을 수 있다. 인류는 250만년 전 부터 고기를 먹기 시작하였고 그들의 주식은 자연에서 얻어지는 식물이 아니라 야생동물을 잡아먹었다. 그 증거로 구석기시대에 고기 껍데기를 벗기거나 자르는데 쓰였던 각종 도구들이 세계도처에서 다량 발견되었다. 반면 식물성 식품을 먹기 위한 도구나 채식에 대한 기록은 화석을 통해서도 발견되지 않았다는 점이다. 적어도 인류의 조상은 식물성 식품보다 지방이 많은 동물성 식품(육식)을 더 많이 먹었다는 사실에는 틀림없다.

비교해부학과 생리학을 통하여 인간은 어떤 종류의 식품을 섭취할 수 있는 신체적 조건을 지녔는지 고찰할 필요가 있다. 채식주의자들은 인간의 이빨이나 내장의 구조를 보아 원래 초식 동물이었다고 주장하고 있다. 우선 인간의 어금니가 초식동물과 같이 평평하고 턱뼈구조가 식물을 잘 씹도록 되어있다는 것이다. 또 그들은 식물을 섭취하는 원숭이(영장류)의 소화기관과 인간의 것과 유사하다는 것이다. 그러나 고고학적 사실에 의하면 오늘날 인간과 달리 Homo의 일원인 초기 유인원의 이빨을 보면 육식동물의 이빨처럼 가늘고 병아리 부리처럼 작은 것으로 확인되었다. 그 동안 인간은 동물성 식품과 식물성 식품을 동시에 섭취하는 잡식성 동물로서 적응해 왔기 때문에 이빨의 구조가 진화된 것이다. 더구나 40만 년 전에 불이 발견된 후에 딱딱한 식품을 익혀서 쉽게 씹을 수 있게 된 것이다. 사실 육식동물의 내장은 단순하고 둥근 위(胃), 짧은 소장, 편편한 대장구조를 가지고 있어 소화 흡수 작용도 간단한 편이지만, 식물을 섭취하는 동물의 소화기관은 장내 박테리아에 의해 발효도 되고 소화운동에 필요한 복잡하고 긴 소화기관과 생화학적 작용을 한다. 그러나 엄밀히 말하면 초식동물의 장기(臟器)와 인간의 것과는 구조가 같지 않다. 인간의 장기소화관은 초식동물에 비해 상대적으로 작다. 이것은 인간이 오랫동안 고기를 섭취함으로서 해부학적 대사나 생화학적으로 진화를 해왔다는 증거이다. 이러한 진화에 의해 인간의 소화기관의 크기는 줄어들었지만, 동물성 식품의 섭취로 인해 부족한 영양소를 보충할 수 있었다.

인간은 초기 유인원에 비해 뇌가 현저히 발달하였다. 뇌의 크기는 증가하고 여기에는 활동에 필요한 다량의 에너지가 필요하다. 비영장류 포유동물은 뇌조직을 유지하는데 그들의 에너지 요구량의 평균 3~4%를 소비하나 영장류는 휴식 대사율(Resting Metabolic Rate, RMR)의 평균 8%를 소비한다. 그러나 인간은 체중의 3%에 해당하는 뇌를 유지하기 위해 RMR의 25%에 해당하는 에너지를 요구한다. 영장류의 뇌는 300g이고 인간의 뇌는 약 3배 이상 무겁다. 그렇다면 원시인은 큰 뇌를 유지하기 위해 나머지 에너지를 어디에서

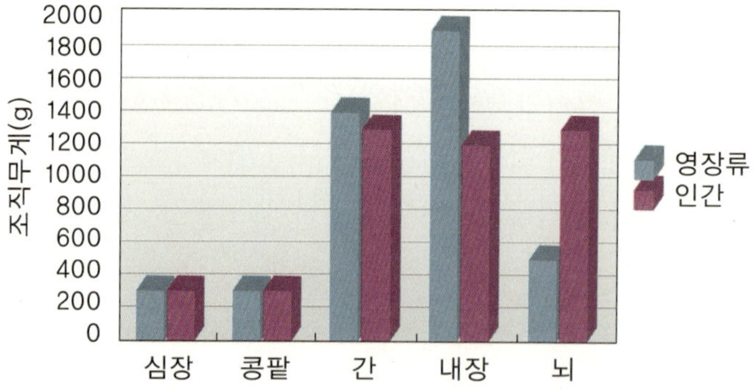

〈그림 2-3〉 인간과 영장류의 장기무게 비교

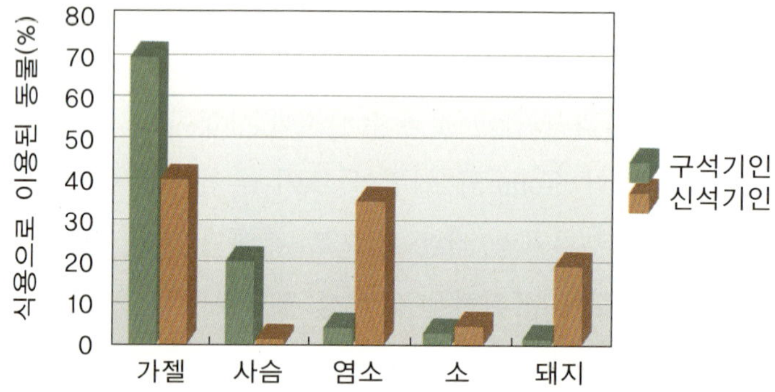

〈그림 2-4〉 구석기와 신석기인들이 섭취한 동물종류의 비교

가져왔는가? 두말할 것도 없이 고기를 포함한 동물성 식품에서 가져왔음이 자명하다〈그림 2-3〉, 〈그림 2-4〉. 그렇다면 인류가 고기를 섭취하기 위한 생화학적 적응을 알아보도록 하자. 고양이와 같이 절대 육식동물은 그들이 필요한 모든 영양소를 사냥한 고기에서 충당한다. 고영양식을 직접 섭취하기 때문에 그들 몸에는 필수 영양분을 자체 생성하기 위한 각종 생화학적, 대사적 경로가 초식동물에 비해 상당부분 뒤떨어져 있다. 예를 들어 비타민 B12는 초식과 육식동물 모두에게 꼭 필요한 영양소이지만, 초식 포유동물은 이것을 고기로부터 섭취하지 못하기 때문에 자신의 장기(臟器)내 박테리아에 의해 스스로 만들어 낸다. 그러나 고양이와 같이 육식동물은 장내 미생물이 없기 때문에 다른 동물의 근육을 섭취함으로써 필요한 비타민 B12를 생산하지 못한다. 따라서 동물성 식품을 필히 섭취하여 영양소를 얻어야한다. 동물성 식품에만 들어있으면서도 인체에 유익한 아미노산이 타우린(taurine)이다. 인간은 타우린을 전구물질에서 간을 통해 극소량을 생합성 할 수 있으나 절대량이 부족하다. 따라서 타우린을 전혀 자체 합성을 못하는 고양이와 같이 인간도 절대량을 외부

동물성 식품을 통해 섭취해야만 한다. 한 연구보고에 의하면 엄격한 채식만하는 사람의 혈장 타우린과 유린(urine) 함량이 정상적이 사람에 비해 월등히 낮았다는 보고가 있다. 이와 같은 결과는 인간이 오랫동안 타우린이 풍부한 동물성 식품을 섭취하여 왔기 때문에 몸에서 스스로 제조할 수 있는 능력이 떨어진 것으로 보인다.

우리가 먹는 기름은 지방산으로 구성되어있으며, 지방산의 탄소결합구조에 따라 인체의 건강에 영향을 끼친다. 긴 사슬을 가진 오메가 6의 필수지방산인 아라키도닉산(arachidonic acid)과 긴 사슬의 오메가 3인 DHA(docosahexaenoic acid)는 신경조직의 구성성분으로서 생명유지에 매우 중요한 작용을 한다. 인간의 복잡한 뇌조직을 유지하고 활성화시키기 위해서 위와 같은 고도의 불포화지방산을 계속적으로 공급받아야 한다. 아라키도닉산과 DHA는 식물성 기름에는 적고 동물성 지방에 다량 존재하는 지방산이다. 고양이는 직접 고기에서 충당하기 때문에 자기 몸에는 긴 사슬의 지방산을 제조하기 위한 효소들이 지극히 적게 들어 있으나 반면 초식동물은 자체적으로 합성해 내는 능력을 지니고 있다. 인간의 경우는 식물성 기름을 섭취하여 전구물질로부터 긴 사슬의 지방산을 생합성 시킬 수 있는 능력이 조금 있지만 초식동물에 비해 효율이 매우 떨어지기 때문에 외부 식품으로부터 절대량을 섭취해야만 한다. 더구나 대부분의 뇌조직이 성장하고 발달하는 5세까지의 유아에게는 동물성 지방의 급여는 필수적이다.

인간의 두뇌는 200만년의 진화를 통해 3배정도 무게가 증가하였다. 그러나 흥미로운 것은 수렵 유목에서 농경 정착기로 전환되었던 구석기 후기(4만 년 전)의 인간두뇌는 오히려 전보다 10% 줄어들었다고 고고학적 연구를 통해 밝혀졌다. 결론적으로 인간 두뇌의 발달은 육류의 섭취 없이 결코 진화 될 수 없다는 사실을 증명하고 있다.

인간에게 꼭 필요한 영양소를 자체적으로 생산하기보다는 다른 동물식품으로부터 얻도록 적응되어 왔다는 다른 증거도 있다. 인간은 초식동물과 달리 비타민C를 몸에서 생산할 수 없다. 이것은 인간이 진화과정에서 잡식동물로서 쉽게 풀에서 필요한 영양소를 구할 수 있었던 것이다. 인간은 원래 식육을 주로 먹었으나 농경사회로 전환되면서 잡식성으로 진화해왔다. 여러 과학적 사실을 토대로 인간에게는 동물성 식품이 우점식품임에 틀림없고 그에 따른 인체의 영양학적, 생리학적 반응도 자연스럽게 나타내고 있다.

오늘날까지 지구상에는 수렵이동하면서 예전 전통방식대로 살아가는 부족들이 있다. 이들은 초기 인류가 살던 양식과 매우 유사하기 때문에 이들의 식생활 연구는 매우 중요한 의미가 있다. 한 이동민족 연구소가 오늘날 남아있는 180개 유목(수렵이동민족,

Hunter-Gatherers)의 식생활 형태에 대하여 조사한 바 있다. 이동 민족의 60% 이상이 그들이 먹는 음식에서 식물이 차지하는 비율이 35% 미만이었다. 오직 2%의 부족만이 식물로부터 60%의 에너지를 섭취하고 있었다. 이들 유목민 전체의 평균 식물성과 동물성 식품의 섭취비율이 16~25% : 66~75%로서 동물성이 3~4배 높음을 알 수 있다. 또 다른 연구보고서에 의하면 5개 조사 대상의 유목민에서 동물성 식품으로부터 섭취하는 에너지는 평균 59%라고 유사한 보고를 한 적이 있다.

놀랍게도 구석기인도 지방이 풍부한 동물성 식품을 많이 섭취하였다는 사실이 고고학적 많은 연구를 통해 확인되었다. 그때부터 오늘까지 전통양식을 지켜온 에스키모인(Inuits)이나 시베리아 원주민의 식생활을 조사해보면 포화지방산이 다량 함유된 고기를 줄곧 먹고 있다. 이들은 한결 같이 서구인에 비해 혈장 콜레스테롤이나 혈압이나 낮다는 놀라운 사실을 보여주고 있고 심장병에 의한 사망은 거의 알려지지 않고 있다. 이와 같이 현대인을 괴롭히는 질병은 고기섭취 자체가 주원인이 아니라는 사실을 증명하고 있다.

인류는 야생 이동생활에서 농경 정착생활로 전환되면서 식습관의 형태가 많이 달라졌다. 1만 년 전부터 곡류를 재배하고 야생동물을 집에서 기르면서 우유, 고기, 곡류를 먹기 시작한 것이다. 가축에서 얻은 우유가공식품을 과다하게 섭취하여 유럽지역에서 심장병의 발생이 높아졌고, 곡류위주의 식품을 섭취함으로써 수렵생활 시절에 결코 알려지지 않은 골다공증, 철 결핍증과 같은 새로운 질병들이 유발하게 되었다. 특히 이들 질병은 고기섭취의 감소와 밀접한 관련이 있다.

여기서 우리가 주지해야 할 사실은 인류의 조상이 먹었던 야생식품과 오늘날 경작을 통한 식품과는 사뭇 다르다는 것이다. 그 동안 과학의 힘으로 끊임없이 야생식물(곡류)에 탄수화물 함량을 증가시키고 셀룰로오스(섬유소의 일종) 함량을 낮추도록 개량해 왔다. 오늘날 우리는 이들 곡류를 더 정제하여 탄수화물 덩어리인 쌀과 밀가루를 주식으로 하고 있다. 또 우리가 먹는 고기도 야생의 것과 다르다. 오늘날 가축의 지방함량은 야생동물보다 5배 이상의 기름을 함유하고 있다. 그것은 포화 및 불포화 지방산의 함량도 5배 차이가 나는 것이다. 그러므로 현대인은 자연에서 고유한 특성을 지닌 식품을 가능한 추구하여야 하며, 또한 인류의 조상들의 식습관을 따르는 것이 무엇보다 중요하다.

지금까지 연구한 결과로 볼 때 Homo sapiens는 고기를 주로 섭취하는 식생활 양식을 지녔다. 이것은 채식주의자가 말하는 자연식과는 반대 개념이다. 고기를 먹는 것이 더 자연스럽다는 의미이다. 다만 오늘날은 인간의 활동영역과 생활양식이 다르고, 식품도 자연식품이 아닌 인위적으로 개량시키고 경작한 식품을 섭취하고 있다는 사실을 고려해야 한다. 그러므로 육류는 과거와 마찬가지로 미래에서 주요 식량자원이 될 것이고 또 되어야만 인류는 계속해서 지구의 정복자가 될 것이다. 따라서 일방적인 판단에 의한 편협한 식사보다 동식물로부터 영양소가 골고루 함유된 균형 잡힌 식사가 요구되는 이유가 여기에 있는 것이다.

2. 고기를 먹어야 장수 한다

1) 식육의 영양적 우수성

고기는 우유나 계란과 함께 대표적인 축산식품으로 단백질과 지방이 다량 들어있고 탄수화물은 거의 들어있지 않는 것이 특징이다. 육류는 수분 75%, 단백질 20%, 지방 3%, 회분 1%를 함유하고 있다. 식빵의 경우 수분이 40%, 단백질과 지방이 각각 6% 함유하고 있다. 고기는 양질의 단백질이 들어있지만 콜레스테롤도 60~80 mg/100g이 함유하고 있다. 에너지는 지방함량 수준에 따라 좌우되지만 식육에 살코기만 섭취하면 곡류와 에너지 차이가 없다〈표 2-2〉

〈표 2-2〉 식품의 기본 영양조성

식품명	수분 (%)	단백질 (%)	지방 (%)	콜레스테롤 (mg/100g)	회분 (%)	에너지 (kcal)
쇠고기 (근육)	75	22	2	60	1	115
돼지고기 (근육)	75	22	2	65	1	114
양고기 (세절육)	75	20	3	70	1	122
닭고기 (평균)	73	21	6	81	1	144
일반고기	75	20	3	?	1	120
우 유	87	3	4	?	1	70
치 즈	40	30	30	?	3	400
식 빵	40	6	6	?	1	250
양 배 추	92	3	3	?	1	30

* 제한 아미노산

자료 : Russo 등(1999)

단백질은 아미노산으로 구성되어 있다. 아미노산은 인간의 면역력 증가, 생명유지, 세포 분열과 성장 등에 관여하는 중요한 영양소이다. 각종 아미노산 중에서 인체 내에 스스로 만들어내는 비필수 아미노산과 생체 생합성이 안 되어 반드시 외부 음식으로부터 공급 받아야 하는 필수 아미노산으로 구분한다. 동물성 식품의 우수성은 식물성 식품에 비해 필수 아미노산이 충분히 들어있다〈표 2-3〉. 그러므로 동물성 식품은 식물성 식품과 비교할 수 없을 만큼 양질의 단백질을 함유하고 있다.

〈표 2-3〉 주요 식품의 아미노산 함량(%)

식품명	라이신 (Lysine)	함황아미노산 (Sulfur amino acid)	트레오닌 (Threonine)	트립토팬 (Tryptophan)	루이신 (Leucine)
표 준	5.5	3.5	4.0	1.0	7.0
쇠고기	8.7	3.8	4.4	1.2	8.2
닭고기	8.8	4.0	4.3	1.2	7.2
계 란	6.4	5.5	6.0	1.6	8.8
우 유	7.8	3.3	4.6	1.4	9.8
대 두	6.9	3.4	4.3	1.5	8.4
강낭콩	6.4	2.6*	3.4	1.0	8.7
옥수수	2.9*	3.2	4.0	0.8*	3.0
오트밀	3.7*	3.6	3.3*	1.8	7.5

* 제한 아미노산

자료 : 강 등(2001)

아무리 단백질이 풍부한 식품을 먹어도 인체의 장기 내에서 모두 다 흡수되지 않는다. 단백질은 질소를 지닌 영양소인데 장기로 통해 흡수 정도를 측정하는 것이 생물가이다. 단백질 식품에서 생물가가 높을수록 양질의 식품이라 할 수 있다. 가장 생물가가 높은 식품은 계란으로 타 식품의 표준이 되고 있다. 〈표2-4〉에서 보는 바와 같이 생물가를 보면 계란 100, 우유 88, 고기 75~79, 어류 74~83, 두류 46~77, 곡류 53~74, 감자 67이다. 이와 같이 생물가는 동물성 식품이 곡류나 두류보다 높다. 동물성 식품은 단백질 절대량에서도 높고 필수지방산이 모두 충분히 들어 있으며 생물가가 높기 때문에 소화흡수성이 훌륭하다〈표 2-4〉.

지방은 지방산으로 구성되어 있고 탄소사슬이 1개 이상 이중 결합을 하고 있으면 불포화 지방산이라고 하고 이중 결합이 여러개 있으면 고도의 불포화 지방산이다 축산 식품은 식물성 식품에 비해 포화지방산이 많다〈표2-5〉. 포화지방산의 다량 계속적으로 섭취하면 혈관벽 내에 혈전이 쌓이고 동맥경화나 심장병 유발 위험성이 있기 때문에 건강에 좋지 않다.

그러나 어육과 같은 동물성 지방에는 야채나 곡류에 들어있지 않은 고도의 불포화 지방산이 들어 있다. 그렇기 때문에 건강 증진을 위해 동물성과 식물성 식품을 균형 있게 섭취해야 한다.

〈표 2-4〉 주요 식품의 단백질 함량과 생물가

식품명	단백질 함량(%)	생물가	식품명	단백질 함량(%)	생물가
계 란	12.7	100	대 두 녹 두 팥 땅 콩	41.3 21.2 21.4 23.4	77 53 45 57
우 유	2.9	88	쌀 보 리 밀가루	5.5 10.2 11.2	73 74 53
쇠고기 닭고기 돼지고기	20.1 20.7 20.7	79 79 75	김 치	2.4	57
새 우 대 구 고등어 건멸치 오징어 낙 지	17.8 17.5 18.0 61.6 18.9 12.1	75 83 84 74 83 82	열 무 표고버섯	3.8 18.7	53 81

2) 식육의 섭취와 장수

오늘날 일본은 세계적인 장수국이다. 그러나 20세기 초 일본인의 수명은 남자 36세, 여자 37세로 세계 문명국의 최하위 단명국이었다. 그 때 뉴질랜드 여성의 평균 수명은 50세가 넘었고 호주, 스웨덴 순서였다. 장수의 비결을 간단하게 설명할 수 없으나 평화와 풍부한 동물성 식량자원의 덕분이라 본다. 단명의 원인은 면역 약화로 감염증 증대, 뇌혈관이나 심장질환이었다. 일본의 경우 2차 세계대전 후 1947년에 들어서면서 감염증이 격감하였고, 1965년 이후에 뇌혈관 질환이 격감되었다. 질병의 감염단계 이후에 서구인처럼 심장질환이 증가해야 하나 일본에서는 심장질환이 증가하지 않았다.

〈표 2-5〉 동물성과 식물성 식품의 지방산 비교

식품명	총 지질 (g/100g)	포화지방산 (%)	올레인 (Oleic acid)	리놀렌산 (Linoleic acid)	α-linolenic, EPA, DHA, arachidonic
쇠고기	22	50	41	3	0.7
돼지고기	14	37	42	9-14	1
닭고기	3.5	27	47	22	2
우 유	3.5	59	25	3	1
계 란	11	29	37	11	0.2
연 어	14	18	16	2	20
밀	2.0	21	14	55	4
옥수수	3.8	15	44	43	2
대 두	18	13	22	54	5
땅 콩	48	14	48	28	0.5
코코넛	38	83	5	2	0

자료 : 강 등(2001)

일본인의 사망률 변동은 동물성 식품의 증가에서 쉽게 찾을 수 있다. 제 2차 세계대전 시절에 일본은 곡류와 야채를 주식으로 하였다. 당시 동물성 단백질 0.5에 대해 식물성 단백질 9.5 비율로 섭취하였다. 그러나 오늘날 일본에서는 동물성과 식물성 단백질의 섭취량을 1:1로 권장하고 있으며, 실제 균형을 이루고 있다. 이것이 감염증과 뇌혈관 질환의 사망률을 낮추는데 결정적인 역할을 하였고, 서구와 달리 심장병의 증가가 늘어나지 않았다는 점이다.

일본의 보고에 의하면 하와이 일본인(일본계 미국인)이 본토 일본인보다 평균 수명이 3세나 더 높았다고 한다. 〈표 2-6〉에서 보는 바와 같이 하와이 일본인은 전통 일본식과 미국식 식사의 혼합형태를 취하고 있었다. 동물성 단백질 섭취량도 본토 일본인 40g에 비해 하와이 일본인은 71g으로(식육기준, 130g) 약 2배 가까이 많이 섭취하고 있었는데, 뇌졸중은 반대로 1/2 정도 적다는 것이 확인되었다.

〈표 2-6〉 본토 일본인과 하와이주재 이민의 영양섭취 비교

영양소	본토 일본인	하와이 주재 일본인
에너지 (kcal)	2.132	2.274
총 단백질 (g)	76(14%)	94(17%)
동물성 단백질 (g)	40	71
총 지방산 (g)	35(15%)	86(33%)
탄수화물 (g)	335(53%)	260(46%)
알코올 (g)	28(9%)	13(4%)
콜레스테롤 (mg)	457	545

일본에는 전통적인 장수촌인 오키나와가 있고, 단명하는 곳은 아오모리가 있다. 근래에 들어 장수하는 새로운 지역은 동경, 요코하마와 같은 신흥 대도시 지역이다. 이들은 고학력, 고소득자이고, 양호한 영양상태에서 환경이 좋은 고급 주택을 지니고 있다는 공통점이 있다. 그렇다면 오래선부터 가장 소득이 낮은 오키나와 주민이 계속적으로 장수를 하는 이유는 무엇일까? 오키나와 주민이 섭취하는 식품과 환경 요인을 살펴볼 필요가 있다. 우선 오키나와는 불교문화가 없었기 때문에 특별히 금기하는 음식이 없었다. 2차 세계대전 당시 돼지 도살두수는 일본 본토의 10배에 이를 만큼 불교와 상관없이 고기를 즐겨 먹었으며, 산양뿐 아니라 물고기도 즐겨 먹었다. 2차 세계대전 후에도 본토와 달리 수입육의 세금 장벽이 없었기 때문에 돼지고기 외에도 쇠고기를 계속적으로 섭취하는 생활을 하고 있었다. 그들은 돼지고기를 장시간 물에 삶아 지방을 제거하고 양질의 살코기를 하루에 소량씩 섭취하되 꾸준히 먹는 식습관이 있었다. 오키나와는 섬이어서 각종 미네랄이 풍부한 해초류를 접할 기회가 많았고 남쪽지역이어서 사계절 내내 비타민이 풍부한 야채류를 함께 먹었다. 흥미로운 것은 그들은 식염에 절인 음식을 먹지 않았고 하루에 먹는 소금 섭취량이 본토 일본인에 비해 적었다는 사실이다. 즉 오키나와의 1인 1일당 식염 섭취량은 9g, 일본 전국 평균은 13g, 단명하는 동북지방은 15g 이상으로 보고 되었다.

일본에서 가장 단명하는 아키다현에는 뇌혈관 질환에 의한 사망률이 매우 높았다. 그래서 장수촌인 오키나와와 단명촌인 아키다현의 노인을 대상으로 식습관을 오랫동안 조사 연구하였다. 그 결과 1인 1일당 오키나와는 아키다에 비해 고기는 3배, 콩은 2.5

배, 녹황색 야채는 2.5배, 식염은 1/2정도를 섭취하였다. 양질의 단백질이 장수에 얼마나 영향을 미치는지 보여주는 역학조사이다.

그렇다고 고기를 너무 과량 먹으면 필연적으로 동물성 지방의 섭취량도 많아지고 따라서 혈액 내 콜레스테롤 양도 증가하게 된다. 반대로 식육을 너무 적게 먹으면 오히려 뇌혈관 질병의 유발, 면역력 감소가 나타난다. 일본의 한 연구보고에 의하면 혈청 콜레스테롤 수준별 20mg 간격으로 5개 그룹을 나누어 노인들에게 6년간 추적 조사를 하였더니 혈청 콜레스테롤이 낮은 그룹이 가장 빨리 사망하였다. 가장 콜레스테롤 함량이 높은 그룹의 생존율이 두 번째로 높고 가장 생존율이 높은 것은 200~210mg/dl 수치를 갖고 있는 노인들이었다. 혈청콜레스테롤이 낮은 노인들의 주 사망원인은 폐렴과 뇌졸중이었고 가장 높은 그룹의 노인은 심장질환이었다. 장수지역인 이즈마하라와 오키나와의 성인의 평균 혈청 콜레스테롤 함량은 200~210mg/dl이었다. 단명의 주원인은 저콜레스테롤, 빈혈, 저단백질, 면역력 약화인 것으로 나타났다.

이와 같이 식육에는 양질의 단백질이 들어있어 면역력 증가, 뇌졸중 방지 효과가 있어 일본인의 장수에 결정적인 역할을 했다. 우리나라 사람도 건강과 장수를 위해 식육에 대한 편견을 버리고 가능한 살코기를 섭취하여 양질의 단백질을 확보하면서 야채와 해초류와 함께하는 균형 있는 식사를 해야 할 것이다.

인류와 고기문화

이 성 기 (강원대학교 교수)

고기는 인류 탄생과 함께한 필수 식량이었다. 인구가 늘어남에 따라 고기의 공급이 부족하게 되었고, 귀한 음식으로 변했다. 가축을 길러 고기를 얻기 위해 목숨을 걸어야만 했고, 전쟁도 불사하였다. 고기는 인류식습관 형태의 변환과정에서 잘 사는 사람의 주식으로 오늘날에도 국민총생산량이 높은 나라에서 많이 소비하는 편이다. 그렇지만 고기는 지역의 종교에 따라 금기식품이 되기도 하였다. 근대 국가의 설립에 따라 서구 유럽을 중심으로 아메리카 대륙으로 진출한 문화가 유럽 문화이다. 오늘날 고기 음식과 관련된 문화는 기독교와 유럽문화가 중심이 되어 세계를 전파하였다. 근래 아시아 지역이나 기타 개발도상국의 국민소득이 증가함에 따라 고기의 소비증가와 함께 고기문화가 발달되고 있다. 특히 각국의 전통 음식이 고기와 함께 발달해왔다.

1. 인류초기의 음식문화

선사시대까지 인류는 광활한 대지에서 수렵, 채취를 하면서 식량문제를 해결하였다. 고고학적 사실에 의하면 당시 사람들은 주로 야생동물이나 조개를 먹었다. 인간의 원초적 식습 형태에 대해 아직 논란은 많지만 대부분 온대, 건조, 한대지역에서 이동생활을 하며 야생동물을 사냥하였기 때문에 육식인(Carnivore)이었다. 오늘날 아프리카의 무부데이 피그미족(pygmy)들과 칼라하리 사막의 부시맨(Bush man)들은 그 옛날부터 지금까지 전통적인 방법으로 수렵과 채취에 의해 식량을 마련하고 있다. 그러나 당시 열대지방에 거주하는 원시인은 과일, 열매 등 먹을 것을 주위에서 쉽게 구할 수 있었기 때문에 초식인(herbivore)으로 추정되었고 오늘날과 같은 잡식인(omnivore)은 적었다고 한다. 육식인이었던 인류가 기원전 4,000 ~ 10,000전부터 수렵 이동생활에서 농경 정착생활로 전환하면서 잡식인으로 변한 것으로 보인다.

선사시대에 불의 발명으로 음식의 조리가 시작되었다. 그 전까지 날것으로 먹던 고기를 가열하므로 조직감을 부드럽게 하고 맛과 향기를 증가시킬 수 있었다. 토기를 만들어 음식을 끓이거나 조려먹는 등 각종 조리방법이 발달하였다. 오늘날 아프리카 부시맨들도 원시형태의 생활습관을 유지하지만 고기를 불에 익혀서 먹고 있다. 그러나 지구촌에는 선사시대부터 근대까지도 가열하지 않고 그대로 먹는 부족도 있다. 북극주위의 에스키모인들은 순록(Tonakai)을 날것으로 먹었고 눈 썰매를 끄는 개도 잡아 날것으로 먹었다. 환경의 탓도 있지만 먼 과거에서 오늘날까지 생고기를 먹는 고대인의 습성을 지켜온 것이다.

가축화 과정을 살펴보면 포획한 야생 동물중에 어미를 잡아 식용으로 하고 새끼는 먹이를 주어 길러서 잡아먹는 일종의 연속과정에서 비롯되었다는 설이 있다. 또 다른 가축화설로 아프리카와 같이 야생동물이 많은 지역에서 가뭄이 자주 들어 인간이 파놓은 우물에 각종 동물들이 모여들었는데 초식동물들은 인간이 자기의 천적 동물로부터 보호해준다고 믿어 도망가지 않고 인간 가까이에서 인간에게 젖을 주는 대신 맹수로부터 보호를 받는 일종의 공생관계를 유지하면서 시작되었다고 한다. 이러한 가축화로 인해 인류는 이동하지 않아도 생존에 필요한 양질의 동물성 단백질을 섭취하게 되었다.

가축화에 대한 역사적 기록은 많이 남아 있다. 북유럽에서 기원전 6,000년경부터 개를 키웠고 이라크에서 기원전 12,000년, 미국 아이다호에서 11,000년경의 가축화된 개의 뼈가 발견되기도 하였다. 멧돼지는 선사시대 중국과 이집트의 부락사람들이 길렀던 것으로 알려지고 있다. 특히 그들은 인간의 인분을 좋아하였기 때문에 인간과 더 가까워질 수 있었다는 설도 있다. 이들은 인간이 먹다 남은 음식 찌꺼기를 먹고 사람 곁에서 자라기 시작하였다.

세계 육식생활에서 가장 많이 먹는 고기와 기피하는 육식으로 돼지고기를 들 수 있다. 오늘날 돼지고기를 싫어하는 중동에서도 10,000여년동안 돼지를 길러왔었다. 중동의 몇몇 청동기 이전시대(B.C. 4,000~2,000) 마을의 예배소에서 많은 량의 돼지뼈가 발견되었다. 돼지의 주요먹이는 오크나무(도토리)의 열매였다. 인구가 늘어나고 숲이 황폐화되면서 그들의 먹이가 줄어들어 중동과 유럽 지역에서 돼지가 서서히 줄어들었고, 이에 반해 동북아 지역에서는 인간이 도토리를 식용으로 이용할 줄 몰랐으므로 상대적으로 돼지 사육이 활발하였다. 돼지를 봄에 풀, 나무뿌리 등을 먹여 키웠고 가을부터 겨울에는 도토리를 먹였으며, 봄에 도축하여 염장 가공하여 먹었다. 그 후에 인도에서 후추가 발견되어 고기에 넣어 나쁜 냄새를 제거하는 향신료로 사용하기 시작하였다.

2. 고기와 관련된 전쟁

1) 유목민족의 초지싸움

초지는 가축을 기르는 풀로서 대부분 1년 동안 비가 적게 내리는 건조지대에서 자란다. 유목민은 생존을 위해 풀과 가축만 있으면 걱정이 없다. 가축이 풀을 뜯어 초지가 줄어들거나 가뭄이 들면 풀이 있는 다른 곳으로 이동하게 된다. 심한 가뭄으로 초지 절대면적이 줄어들면 같은 목적으로 이동하는 다른 부족집단과 생존을 위한 전쟁은 필연적으로 일어난다. 한정된 초지면적을 획득하느냐, 빼앗기느냐 싸움이기 때문에 한쪽이 패하여 도망갈 때까지 전쟁은 계속된다. 승자는 패자 자체를 없애버려야 점령된 초지를 획득할 수 있으므로 그 전쟁이 어느 전쟁보다 결과가 처절하였다.

곡식을 생산하는 농경인의 싸움은 유목민과 양상이 다르다. 농경지대에서 정착하기 때문에 이동이 필요 없다. 중국의 만리장성과 같은 성은 이동민족의 공격에 대해 농경정착민족의 전형적인 방어적 형태인 것이다.

2) 알렉산더 대왕의 동방원정

마케도니아의 왕 필립(Phillip)의 뒤를 이은 알렉산더(Alexander, B.C. 356~323) 대왕은 기원전 334년에 마케도니아와 그리스 병사를 이끌고 페르시아 원정 길에 올랐다. 그들은 소아시아, 시리아, 이집트를 정복하고 뒤이어 다리우스 3세(Darius, B.C. 336~330 재위)의 군대를 격파하여 페르시아 제국을 멸망시켰다(B.C. 330). 그 후에도 계속 동진하여 세계 역사상 최초로 유럽, 아시아 및 아프리카의 3대륙을 걸친 대제국을 세웠다. 이로 인해 유럽에서는 인도에서 가져간 후추(black pepper)로 도토리로 키운 돼지고기에 첨가하여 나쁜 냄새를 없애는 향신료로 이용하여 그 인기가 급상하였다. 당시 후추 한근은 같은 무게의 은과 바꿀만큼 그 가치가 높았다. 후추의 생산지가 주로 인도의 서부 해안지역이어서 생산지에서 소비지 까지 유통중에 100배까지 가격이 상승하여 항상 분쟁의 원인이 되었고 나중에 100년간의 종교전쟁이 유발되는 원인이 되기도 하였다.

3) 징기스칸의 서방진출

중국 동북지역 흑룡강 상류의 실카천(川) 남쪽에서 수렵과 어업으로 생활하던 몽골인들은 9세기 후반에 실카천으로부터 오르흔, 도라 및 세렌게의 세 개의 큰 강이 모이는 곳으로 옮기면서 유목생활을 시작하였다. 그 후 그들의 세력이 점차 커져서 1206년에 부족회의에서 지도자로 태무진을 뽑아 징기스칸이 되었다.

태무진이 칸의 지위에 오른 후 부족집단을 해체하고 호(戶) 단위로 편성하여 그들에게 통솔권을 주어 건국 후 약 70년만에 유라시아 대륙에 걸친 대국을 건설하였다. 또한 몽골제국은 중국전체를 지배한 최초의 정복왕조로서 원(元)나라가 되었다. 단기간에 전쟁을 승리로 이끌 수 있었던 것은 군인(유목민)이 빠오(또는 유르타)에 살다가 이동할 때 그것을 걷어 가축과 함께 이동하면서 먹을 것, 입을 것, 땔감을 동시에 해결할 수가 있었기 때문에 특별히 식량을 준비하거나 비축할 필요가 없었기 때문이었다. 그래서 그들은 전투를 하지 않을 때는 빠오를 치고 가축을 초원에서 기르다가 일단 공격을 할 때에는 집을 걷어 싣고 이동하면서 공격하거나 후퇴하곤 하여 민첩한 기동성을 발휘하였으므로 농경 정착민들이 이들을 당해 낼 수가 없었던 것이다.

그들은 특히 양을 많이 이동시키면서 젖, 털, 고기를 이용하였다. 양고기는 따뜻하면 맛이 좋고 향기롭지만 식으면 특이한 노린 냄새가 난다. 더구나 그들이 움직이는 지역은 대부분 추운 환경이어서 가열한 고기일지라도 쉽게 식었다. 그래서 두꺼운 돌에 불을 가해 달구어서 장시간 동안 식지 않게 한 상태에서 양고기 구이를 즐겼던 것이다. 이것이 징기스칸 요리의 원조이다. 오늘날 우리나라의 음식점까지 이어져 내려오고 있는 징기스칸 요리는 고기의 종류는 다르기도 하지만, 근본 방식은 징기스칸 시대에 주민들이 이동하면서 구워먹는 조리식품중의 하나이다.

4) 식습관 형태의 발달

지구상에 인간이 출현한 이래로 식품섭취의 역사적 변천과정을 3단계로 분류할 수 있다. 제 1단계는 인류 출현부터 중세후기까지 시대이다. 인구에 비해 광활한 토지를 자유롭게 이용할 수 있었으므로 가축사육이 쉬웠고 육식이 우세하였다. 제 2단계는 중세후기이후부터 16-18세기까지로 인구가 증가하자 토지를 집약적으로 이용하는 곡물재배, 경작농업이 우세하였다. 제 3단계는 19세기 초부터 오늘날까지로 경작하여 생긴 많은 비옥한 농토가 방목지보다 더 많은 식량을 인간에게 제공하였다. 토지의 경작은 목축에 비해 훨씬 많은 노동을 요구하지만 식량산출량도 많았다. 제 3단계는 2단계의 경종농업에 의한 곡류가 가축의 사료로 이용되어 고기의 소비량이 증가하게 되고 반면 식물성 식품의 소비량이 감소하게 되는 시기를 말한다. 이 시기는 인간의 엥겔지수가 낮아져 먹을거리를 걱정하지 않아도 되고, 삶의 질이 높아진 상태이다. 엥겔의 법칙이란 가계비 총액중에 있어서 식품비 지출의 비율은 소득이 높은 세대일수록 낮아진다. 선진국은 빈민국에 비해 당연히 엥겔지수가 낮다.

국가별 식문화는 다양하지만, 국민소득과 식량섭취와는 일정한 경향을 보이고 있다. 일반적으로 1인당 GNP가 높은 국가일수록 곡류의 소비량이 줄고 대신 육류의 소비량이 늘고 있다. 우리나라도 지난 20여년 동안 쌀의 소비량이 계속적으로 줄었고 고기 소비량은 꾸준히 증가하고 있다. 〈표 2-7〉에서 보는 바와 같이 식품에서 얻는 에너지가 선진국일수록 동물성 식품에 더 많이 의존하고 있다.

〈표 2-7〉 에너지 공급원이 되는 각 식품군이 차지하는 비율

식품군	세계평균	개발국가	산업국가
식물성 식품	84.3	89.7	70.9
곡 류	51.2	59.6	30.4
설 탕	8.8	7.2	12.8
식물성 기름과 지방	8.2	7.0	11.1
근채류와 구근류	5.0	5.4	3.8
과일과 야채	4.3	4.8	4.9
콩과 식물	4.0	4.7	2.3
알코올음료	2.4	1.3	4.9
향신료와 흥분제	0.4	0.4	0.6
동물성 식품	15.7	10.3	29.1
고기와 내장류	7.4	5.2	12.8
우 유	4.3	2.6	8.6
동물성 기름과 지방	2.0	1.1	4.4
계 란	0.9	0.7	1.8
생 선	1.0	0.7	1.3

자료 : 과학의 스펙트럼, 1997년 2호, 26쪽(FAO, 1996)

고기는 곡류(사료)를 가축에게 먹여 얻는 일종의 고부가가치 식품이기 때문에 가격도 비싸다. 1kg의 가금육을 생산하기 위해 2kg의 곡류사료가 필요하고, 돼지고기는 4kg, 쇠고기는 7kg의 곡류가 필요하다.

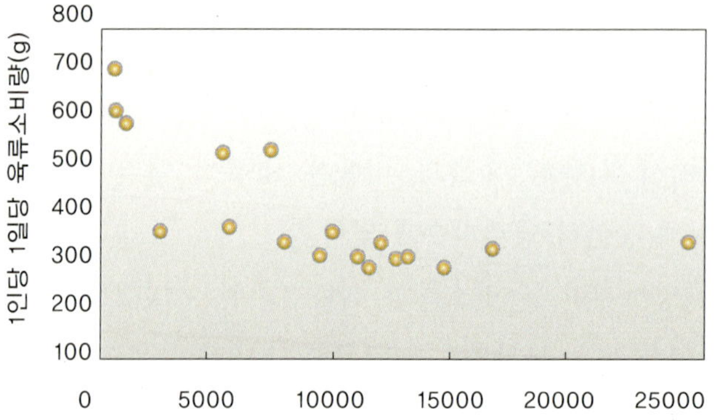

〈그림 2-5〉 각국의 1인당 국민소득과 곡류소비량
자료: 구천서(1994)

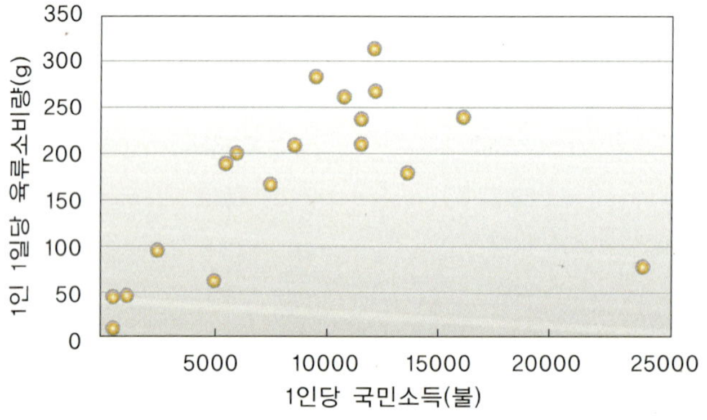

〈표 2-6〉 각국의 1인당 국민소득과 육류소비량
자료 : 구천서(1994)

5) 문화적 측면에서 민족 고유한 식생활의 이해

지구촌에는 지역별로 음식을 먹는 형태를 손이나, 숟가락, 젓가락, 나이프, 포크와 같은 도구를 이용한 문화가 나누어져 있다. 단지 식습 형태뿐 아니라 문화적 차이가 뚜렷하다. 〈표 2-8〉에서 보는 바와 같이 힌두교나 이슬람교를 주축으로 동남아 지역에서 오래전부터 사용한 수식문화로 반드시 음식은 오른손으로 사용 하고 있다. 인류의 가장 오래된 식습 형태이다. 유럽에서 음식을 손대신 칼과 포크를 사용한 것이 16세기에 이탈리아와 스페인, 17세기에 이르러 독일과 프랑스에서 최초로 시작하였다. 유럽인들도 그 이전에는 나이프, 포크, 스푼대신 손으로 음식을 집어먹는 수식문화였다. 우리나라, 중국, 일본과 같이 동양권에서 주로 사용하는 수저는 나라별 약간의 차이가 있다. 중국은 원나라 시절까지 밥을 숟가락으로 먹다가 그 이후에 젓가락으로 바꾸었다. 숟가락은 오직 국물을 떠먹는데 사용하고 있다. 그러나 한국은 숟가락으로 밥과 국물을 모두 떠먹는 기구로 사용하고 있으며 일본의 경우는 숟가락이 없이 젓가락으로 밥을 먹고 국물은 그릇에 입을 대고 직접 마신다.

〈표 2-8〉 세계 3대 식문화권 분류

분 류	기 능	특 징	지 역	인구(%)
수식(手食) 문화권	음식을 섞거나 집거나 나르다	-이슬람교, 힌두교권 -동남아시아에서는 엄격한 수식 예의범절이 있음 -인류문화의 근원	동남아, 중근동, 아프리카, 오세아니아 원주민	40
저식(箸食) 문화권	음식을 섞고, 집고, 나르고, 자르다	-중국문명중 화식(火食)에서 발생 -중국, 한국에서는 수저가 세트 -일본은 저(箸)만 사용	한국, 일본, 중국, 대만, 베트남	30
나이프, 포크, 스푼 문화권	음식을 자르고, 찌르고, 뜨고, 나르다	-17세기 프랑스 궁정요리중에서 확립 -빵만은 손으로 먹음	유럽, 아시아, 남북 아메리카	30

자료 : 김혜영 등(1998)

국가별 독특한 음식문화는 다양하다. 〈표 2-9〉에서 보는 바와 같이 우리나라의 경우 김치, 된장이 전통 음식이다. 중국은 우동과 교자(만두의 일종), 일본은 스시(생선회로 싼 밥), 다꾸앙(단무지), 우메보시(매실 절임)가 대표적 민족 음식이다. 미국은 칠면조 고기, 아르헨티나는 쇠고기 소비의 왕국답게 아사도가 대표적인 음식이다〈표 2-9〉.

지구상에는 금기하는 음식들이 많다〈표 2-10〉. 대부분 종교상의 이유이지만 때로는 식습관 또는 음식을 보는 관점에 따라 기피하는 경우도 있다. 지구상에 신자수가 많은 종교가 힌두교, 이슬람교, 불교, 그리스도교가이다. 종교에 따라 생활문화가 다르고 식문화도 예외가 아니다〈표 2-11〉. 힌두교와 불교는 고기를 금하고 있어 채식주의자가 많다. 불교의 영향을 받아 인도에서는 소를 신성화하고 있다. 이슬람교는 원칙적으로 모든 식품은 신이 준 은혜로 생각하기 때문에 금기하지는 않았다. 다만 라마단과 같이 단식일이나 또는 성스럽지 못하게 도축한 고기는 금기하고 있다.

음식에 관해 가장 관대한 종교가 그리스도교이다. 오늘날 서구사회의 문화적 기반이 되었고 육류식품의 주류를 이루었던 것이 그리스도교 문화라고 할 수 있다.

이와 같이 종교에서 금기하는 대부분의 식품은 술과 고기이다. 고기는 살아있는 생명에 피를 뽑아 죽인 후 얻어지는 동물체이기 때문에 신성하지 못하다고 믿어온 것 같다. 종교나 전통적 습관 때문에 좋아하고 싫어하는 음식문화는 세계도처에 존재한다. 구체적인 예로 우리나라에서 개고기나 족발은 서양입장에서 혐오식품이고 일본인이 잘 먹는 해조류, 생선회, 생 달걀 등은 프랑스 파리에서는 절대로 먹고 싶지 않은 식품이다. 하지만 예전보다 세계가 좁아지고 상호 교류가 활발해져 이질 문화를 쉽게 접하는 시대이다. 식품에 대해서도 독특한 문화를 서로 이해하는 노력이 필요하다.

〈표 2-9〉 국가별 상징적인 음식

국 가	상징적인 음식
한 국	김치, 된장
일 본	스시, 다꾸앙, 우메보시
중 국	우동, 교자
미 국	핫도그, 칠면조, 쇠고기
아르헨티나	아사도(assado), 맛데차
프랑스	포도주, 크로와상(croissant), 바게트(baggette)
이탈리아	스파게티(spaghetti), 피자(pizza)
인 도	카레(curry), 난, 짜파티(chapati), 기이(ghi)
몽 고	마유주(kumis)
북아메리카 인디언	옥수수(토치아, tortilla)
남아메리카 인디언	감자, 큐쇼(patasica)
독 일	맥주
사하라 사막지대	쿠스쿠스(couscous), 대추야자, 우가리(ugari)

자료 : 김혜영(1998)

〈표 2-10〉 금기식육의 분포

동 물	부정적	긍정적	부정이유
돼지	이슬람 사회	이슬람 사회 이외	종교상의 금기
소	힌두 사회	힌두 사회 이외	종교상의 금기
말	유럽전역, 미국	프랑스, 일본 등	종교가 관련된 식습관상의 기피
낙타	이슬람 사회이외	이슬람 사회	종교상의 금기와 관련
개	동남아시아, 오세아니아 이외	동남아시아, 오세아니아, 중앙 아프리카	식습관에 의한 기피
닭	인도대륙 중앙과 남아프리카	기타 사회	은유에 의한 기피 (다산다음 多産多淫)
동물전체	차이나 교도, 채식주의자	기타 사회	조욕상의 기피, 생활신조에 의한 기피
고래	일본이외	일본, 북극 원주민	식습관에 의한 기피

자료 : 김혜영(1998)

〈표 2-11〉 종교와 금기 식품

	흰두교	불 교	그리스도교	이슬람교
역사와 발원지	기원전 약 2천년 전, 인도	기원전 1천년 중엽, 인더스강 유역	약 2000년전, 예루살렘	약 800년전, 사우디아라비아
전파지역	인도대륙	전세계	전세계	전세계
신앙대상	브라만(Brahman)	불타(Budda)	예수(Jesus)	알라(Alah) 모하메드 (Mohammed)
신앙적 특징	카스트제도 (Caste system)	소의 신성화	종파에 따라 금기, 금육을 제정	단식월 행사(라마단)
금기식품	모든 고기와 술	-고기 -시장에서 만든 기성음식이나 더러운 음식	종파에 따라 술을 금지	죽은 짐승고기와 피, 돼지고기, 목졸려 죽은 고기
식생활의 특징	-카스트 순위가 높을수록 육식금지 -채식주의 -기이(ghighee)의 이용	채식주의	종파에 따라 채식주의	-금기 식품외의 모든 음식 이용 -단식월 행사시 낮동안 물, 흡연, 모든 음식 금식

자료 : 김혜영 등(1998)

3. 고기와 관련한 국가별 음식문화

1) 한국의 육식문화

선사시대에 수렵을 통해 야생동물을 사냥하여 고기를 섭취했던 것이 동굴 벽화에 그려져 있다. 그들은 야생동물을 잡아 불에 구워 먹었다. 옛날 맥국에서는 맥적(貊炙)이라는 육제품이 있었다. 적(炙)이란 고기를 썰어서 불에 굽는다는 뜻이다. 이 적구이가 오늘날까지 전승해 내려오고 있다.

우리나라에서 농업이 최초로 시작된 것은 신석기 중기이다. 한반도는 사계절의 기온 변화가 뚜렷하여 농사적기가 매우 중요하다. 따라서 자연스럽게 농업기술이 발달할 수 밖에 없었다. 삼국시대에는 중농정책과 고기를 멀리하는 불교문화가 지배하였다. 조선시대에는 유교문화가 지배하여 고기를 취급하는 사람이나 행위를 천히 여기는 문화(예, 백정)가 있었다. 다만 육류는 임금님을 비롯한 재상들이 즐겨 먹은 음식으로 문헌을 통해 전해진다. 통일신라시대에는 오늘날 정육점과 같은 식육판매점을 관리하는 관청(肉典)이 있었다고 한다. 고려시대에는 설야멱(산적류)이나 제사나 폐백에 이용하는 대추편포, 철보편포 등 각종 건조 육제품이 있었다고 한다. 조선시대에는 임금의 수라상에 꿩고기가 주요식품이었고, 1,700년 중엽이후부터 돼지고기를 즐겨먹었다고 한다. 특히 애저찜이나 애저탕도 즐겨먹었다고 전해지고 있다. 그러므로 우리나라에서 고기식품은 역사적으로 주 식량자원도 아닐 뿐 아니라 체계적인 기록도 많이 남아있지 않고 있다.

오늘날에는 다양한 방법으로 고기가 소비되고 있다. 가정에서 불고기나 구이, 국, 찌개 형태로 조리하여 소비되고 있다. 산업체에서 가공육을 대량생산하여 소매시장을 통해 유통되고 있다. 육가공 산업은 1915년에 일본인이 설립한 조선축산에서 최초로 소시지와 같은 서구식 육가공 제품을 만들었다. 근강축산(勤强畜産)은 1926년에 설립된 후 이후 쿠키표 인천햄 소시지로 개칭하여 1957년까지 실제로 우리나라의 초기 육가공 제품을 생산하였다. 한국전쟁 이후 1960년에 조일축산은 최초로 돈육 통조림을 수출하였고, 1963년 진주햄, 1970년에 대한종합식품이 출범하였다. 그러나 이때까지는 기술, 기계, 인력 등에서 체계화되지 못하고 전통 기술에 의존하는 형태였다. 그 이후 1980년에 당시 대기업에 속했던 제일제당과 롯데햄에서 현대식 육공장을 설립하였다. 이 두 공장은 기계시설, 전문기술자,

경영방식을 도입한 최초의 현대화된 공장이다. 따라서 현대적 의미에서 우리나라의 육가공 산업의 출발은 1980년부터라고 할 수 있다.

우리나라의 주요 육류식품은 다음과 같다.

(1) 닭고기

동남아시아에서 중국을 통해 한반도로 유입된 닭은 예전부터 집에서 길러서 알과 식용으로 이용하여 왔다. 닭고기는 여름철 인삼과 함께 보양식으로 즐겨 먹었고 닭고기찜이나 탕, 구이로 다양하게 조리하여 먹었다. 닭고기는 종교나 지역에 따른 구분이 없어 누구나 즐겨먹었던 고기로 백색이며 근섬유가 가늘고 연한고기이다. 요리법의 "규합총서"에서 "본초"에 의하면 겨자, 개간(肝), 파, 오얏, 찹쌀은 닭고기와 같이 먹지 말라고 하였고, 또 닭이나 꿩의 푸른 간은 먹지 말고 발이 흰 검은 닭과 머리 검은 흰 닭은 먹지 말라고 기록되어 있다.

오늘날에는 닭튀김과 같은 편이식품, 삼계탕과 같은 보양식품 등으로 소비되고 있다. 소비형태는 종래의 통닭위주에서 부위별 형태로 전환되고 있으며 단백질이 많고 지방과 콜레스테롤이 적어 건강에 유익하다는 인식아래 소비량이 꾸준히 늘고 있다.

(2) 꿩고기

임금님이 즐겨 먹었던 꿩은 수컷이 장끼, 암컷은 까투리라고 하였다. 꿩은 우리 나라를 비롯하여 중국, 만주지역에 널리 서식한다. 우리나라의 치악산 상원사에는 자기를 구해준바 있는 은인(사람)이 구렁이에 감겨 죽임을 당하려고 하자 온몸으로 날라서 부딪쳐 종이 울리게 하여 구렁이로부터 옛 은인을 구해주었다는 전설이 남아있다. 이와 같이 강원도 원주에 있는 치악산의 치가 꿩치(雉)인 것이다.

예전부터 꿩은 가축화하지 않고 야생조류 상태에서 사냥을 하였다. 규합총서에 의하면 생치는 한 후궁의 이름이 雉이기 때문에 그때부터 야계(野鷄)라 하였다고 한다. 꿩고기는 8월부터 2월까지 먹을 수 있고 나머지 계절은 유독하고 맛이 없다고 하였다. 어린 꿩고기는 7월에 먹되 목에 걸리면 고칠 약이 없다고 기록되었다. 이와 같이 꿩고기는 날카로운 뼈가 많고 육량이 적은 편이지만 맛이 담백하고 고소하다. 꿩만두를 비롯하여 냉면, 전골, 구이 등 다양하게 조리해 먹었다.

(3) 돼지고기

돼지는 동서양 모두 오래전부터 가축화하여 식용으로 이용된 육류자원이다. 중국에서는 기원전 2,200년경에 도입되었고 우리나라에는 만주지역에 대형, 중형, 소형 돼지 중에서 비교적 이동하기 쉬운 소형돼지가 약 2,000년전 고구려 시대부터 한반도로 유입되어 정착된 것으로 알려지고 있다. 우리나라 재래돼지는 피모가 흑색으로 체격이 왜소하고 머리는 길고 뾰족하며 천천히 자라나 비만성은 없다. 체질은 강건하고 번식력이 강한 특징을 보이고 있다. 돼지고기 요리에 대해 1,600년대 "음식디미방", "주방문"에 일부 나오고 1,700년대에 "증보산림경제"에서 상당부분 소개되었다. 따라서 이 시대에 돼지고기를 즐겨 먹은 것으로 알 수 있다.

돼지고기는 오늘날 우리나라 사람이 가장 많이 먹는 고기로 육가공 제품의 주원료로도 많이 사용된다. 서구에서 도입된 살코기 위주의 돼지로부터 얻은 고기이기 때문에 지방함량이 적은 편이다. 그러나 아직 일부 전통적인 재래돼지와 잡종 돼지가 사육되고 있다.

(4) 쇠고기

옛날부터 사육한 우리의 전통소인 한우는 색깔이 갈색이고 체형이 서구의 육우보다 적었으나 최근에 유전, 육종 및 사양기술의 발달에 힘입어 대형화되는 추세이다. 전통적인 한우는 외모가 갈색이다. 원래 소의 용도가 농경사회의 역우로서 활용하여 왔으나 양반, 귀족들이 먹었던 귀한 육류식품이었다. 구이, 포, 탕, 조림, 찜, 적 등 다양하게 요리하여 먹은 기록이 있다.

쇠고기는 한국인이 가장 좋아하는 고기이고 가격도 비싼 편이다. 마블링과 숙성방법에 따라 조직감과 육향기가 다르다. 공급에 비해 수요가 많기 때문에 상당량 외국에서 수입하고 있다.

(5) 개고기

식문화의 차이 때문에 서구인으로부터 입방아에 오르는 개고기는 우리민족이 전통적으로 먹었던 육류자원이다. 신석기 시대 유골에서 개뼈가 가장 많이 발견되었다. 청동기 시대에도 개뼈가 출토되었고 4세기의 안악(安岳) 고구려 벽화에서도 곳간에 도살된 개가 걸려 있다. 본초 강목 등에 6축으로 소, 말, 양, 돼지, 개, 닭으로 개가 가축으로 중요한 동물임에 틀림없었다. 개는 선사시대부터 가축으로 길러 고기를 이용하였다. 청동기시대에는 제사의 희생물로 개의 생고기와 생혈을 받쳤다. 고려시대에는 몽골인의 침입으로 그들의 관습에 따라 먹지 않았으나 고려사열전에 개고기를 굽는 이야기가 나오는 것으로 보아 서민층은 먹었던 것으로 생각된다. 조선조에는 중국에서 공식적으로 개를 먹지 않아 어느 정도 영향을 받았으리라 생각되지만, 반면 주자학을 중히 여긴 유학자는 개고기를 먹었다고 한다. 조선시대에는 누구나 개고기를 즐겨 먹었고 푸주간에서도 개고기를 팔았다고 한다. 개고기를 천한 신분만 먹었다는 기록도 있으나 선비도 먹었고 궁중 수라상에도 구증(狗蒸, 개찜)이라는 요리가 있어 임금님도 먹었다. 혜경궁 홍씨의 회갑 잔칫상에도 누렁이개 찜이 올랐다는 기록이 있다. 조선시대부터 여름 복날에 즐겨 먹어 보양식품으로 자리를 잡았다. 1,500~1,800년대의 각종 기록에 의하면 개고기를 원료로 개장, 개장고지느르미, 개장국느르미, 개장찜, 누릉개 삶는법 등을 소개하는 문헌이 매우 많다.

우리나라의 대표적 개고기 요리를 보신탕이라고 부르며 북한에서는 단고기라고 부른다. 개고기는 우리나라에서만 즐겨 먹은 것이 아니라 인도네시아의 바타크(Batak)족, 폴리네시아의 타히티(Tahiti)인, 하와이(Hawaii)인, 뉴질랜드의 마오리족(Maori)도 식용으로 이용하고 있다. 역사적으로 지역적으로 중국을 비롯하여 인도, 베트남, 유럽지역에서도 과거에 식용으로 사용한 육류자원이다.

본초강목이나 동의보감에 따르면 개고기의 성질은 따듯하고 오장을 편안하게 하며 장과 위를 튼튼하게 한다. 골수를 충족시켜 허리 무릎을 따듯하게 하고 양도(陽道)를 일으켜 기력을 증진시킨다. 오로칠상(五勞七傷)등 몸이 다 망가졌을 때 몸을 보호하며 혈맥이 잘 통하게 하고 골수가 가득 차며 허리와 무릎을 데워주며 음경이 일어서게 하고 기력을 돕는다고 한다. 특히 누렁이 수캐가 가장 좋고 흰둥이나 검둥이는 이보다 못하다고 하였다. 개고기가 전통음식이지만, 오늘날까지 우리나라에서는 여러 가지 제약여건 때문에 식용자원으로서 연구가 대단히 미흡한 실정이다. 앞으로 계속하여 연구해야 할 육류식품이다.

2) 유럽 식문화권

유럽은 옛날부터 동양보다 더 많은 고기를 섭취하고 있으며 각종 육가공 제품이 발달된 곳이다. 고대 그리스나 로마에서 육류음식은 지배계층만이 먹는 귀한 음식 이었다. 물론 종교적 의식이나 제례에는 육류를 사용하였다.

봉건제도가 형성된 시기에는 숲에서 각종 풀이나 열매, 먹이를 이용하여 가축을 사육하였다. 중세인의 주요 식량은 돼지, 소, 사슴, 노루, 토끼, 비둘기, 공작, 오리, 자고새 등의 고기였다. 6세기의 의사인 안티무스(Animus)는 고기를 요리하는 방법을 저술할 정도로 식육소비가 일반화되었다. 체력은 권력의 척도로 여겼기 때문에 약육강식의 지배에 따라 고기를 많이 먹는 자가 지배자가 될 수 있다는 믿음이 있었다. 당시 프랑크인들은 무기를 버리는 것과 고기를 먹지 않는 것은 동일한 것으로 간주할 정도로 중요한 음식이었다.

14세기 중반에 경기침체와 흑사병으로 말미암아 농토의 방치가 장기화되어 식량이 부족하였다. 그리고 중세 종교적인 금욕주의가 팽배하여 탈육식 문화가 형성 되기도 하였다. 당시 1년에 140~160일정도 육식을 금기하는 날을 제정하였다. 그들은 육식을 절제함으로 일상의 쾌락을 거부하는 것과 연관을 지었다. 당시 기독교인은 육식이 인간의 성욕을 강화시켜 쾌락을 유발시킨다고 믿었다. 중세시대(16~18세기)에 만찬은 음식 제공순서가 일정한 규정에 의해 실시되었다. 오늘날 서구 식사의 순서와 같이 중요 음식으로 닭, 꿩, 유럽자고새, 산토끼, 멧돼지, 노루 등이 등장하였다.

중세요리에는 4가지 분류로 나눌 수 있다. 즉, ① 단순히 고기를 불이나 물로 익힌 구이요리. ② 짙은 농도의 소스가 첨가된 고기국물 종류로 고기조각과 향료를 첨가한 곡물케이크. ③ 향료를 첨가한 묽은 크림으로 육류, 닭, 생선요리. ④ 마른 빵이나 고깃덩어리를 첨가한 수프요리이다. 이와 같이 고기가 매우 중요한 식량자원중에 하나였다.

르네상스와 근대에 이르러 민중들은 옥수수와 감자를 즐겨 먹었다. 숲의 파괴로 종래의 돼지 사육이 줄어들어 일반 식육의 생산이 감소함에 따라 조류와 같은 꿩과의 새요리의 수요가 증가하게 되었다.

이탈리아는 1,700년대부터 피자를 제조하였으며, 19~20세기에 이르러 대중화 되었다. 초기에도 토마토소스를 주로 넣었으나 이후 오리간, 향신료, 돼지기름 등을 함께 넣었다. 이탈리아의 대표적 음식은 뜨거운 음식을 중심으로 하는 육류와 빵이다. 북쪽지역에서는 버터, 계란, 고기를 많이 넣는 경향이 있었다. 스파게티로 잘 알려진 파스타(pasta)는 북쪽지역에서 버터, 계란, 치즈, 갈은 고기, 크림 치즈, 미트 소스, 베이컨, 계란노란자 등을 첨가하여 제조되었다. 육가공 제품으로 파마햄(parma ham)이 있다. 마르코폴로에 의해 중국에서 전래되었다는 설이 있는 파마햄은 돼지 뒷다리를 양념하여 가열하지 않고 오랜 시간 동안 숙성하여 만든 생햄이다〈그림 2-7, 2-8〉. 모르타델리는 강하게 양념한 돼지고기를 젖먹이 새끼 돼지의 껍질로 싼 볼로냐소시지이다. 가정에서는 불에 굽는 신선한 고기요리, 어린 양고기를 마늘과 로즈메리(rosemary)에 양념하여 굽기 것 등 이 있다.

〈그림 2-7〉 이탈리아의 전통 파마햄의 숙성장면

〈그림 2-8〉 이탈리아의 전통 파마햄

프랑스는 국토의 2/3가 평야이고 강수량도 600~2,000mm로 풍부하기 때문에 밀을 포함한 농산물의 생산도 많다. 또한 무엇보다 국토의 25%가 목초지이기 때문에 소, 말, 양이 사육되고 우유와 버터의 생산이 많다. 프랑스인은 옛날부터 미각이 발달된 민족으로서 국토가 넓고 비옥하며 기온차에 따라 각종 식량자원이 생산되었으며 바닷가가 접해 있어 해산자원까지도 즐겼다. 따라서 각종 요리가 발달하였는데 육류는 물론이고 포도주, 빵 등이 유명하다.

스페인은 지형적으로 외부의 침략이 심했고 평화시에는 각 항구에 외부와 무역 거래가 활발하였으므로 식문화도 다양하게 발달되었다. 대표적인 지중해 기후를 지니고 있고 밀과 육류가 주식이다. 지중해 기후는 겨울에 극한 추위가 없고 여름에도 극한 더위가 없으며 적절하게 건조한 기후이기 때문에 시골에서 돼지 뒷다리를 소금에 절여 오랫동안 숙성시켜 만든 생햄(raw ham)이 주류를 이룬다.

“하몬 세라노, 하몬 이베리코” 등과 같은 햄은 가열하지 않은 상태로 가공하기 때문에 조직이 부드럽고 숙성에 의한 독특한 향기를 지니고 있다. 또 돼지고기를 썰어서 창자에 넣어 발효와 건조시켜 만든 발효소시지로서 잘 알려진 “초리소(chorizo)와 살치자(salchicha)”등이 있다.

영국은 북대서양 해류와 서안 해양성 기후로 겨울과 여름의 극한 온도차가 심하지 않고 또 국토의 대부분이 평야와 구릉지로 되어있어 목축하기에 적합하다. 영국음식은 화려하거나 세련되지 못한다는 평이 있으나 전통적인 육류식품을 즐겨 먹는 육식 위주의 국가이다. 전통 음식으로 로스트비프(roast beef)가 있다. 로스트비프는 가장 연한 안심을 통째로 소금과 후추를 뿌린 다음 버터에 발라 구운 음식으로 요크셔푸딩(Yorkshire pudding)을 곁들여 먹는다. 요크셔푸딩은 로스트비프의 국물에 밀가루와 물, 소금, 계란,

우유를 묽게 반죽하여 오븐에 익혀서 고기에 곁들어 먹는 요리이다. 스카치 에그(scotch egg)는 완숙시킨 계란에 껍데기를 제거하고 여기에 반죽한 소시지 유화물을 입히고 외부에 빵가루를 입혀서 기름에 튀겨낸 요리로 보통 선술집에서 즐겨 먹는 전통요리이다.

독일은 광활한 옥토에 목축과 농업이 발달된 국가이다. 독일을 대표하는 음식은 단연코 소시지이다. 최근까지도 각 가정에서 1년간 먹을 소시지를 만들어 하나의 저장식품으로 이용하였다고 한다. 오늘날은 공장에서 생산하지만 지역에 따라 200~300여종의 다양하고 특색 있는 소시지를 생산하고 있다〈그림 2-9〉. 그 외 그들은 감자가 주식이고 맥주를 즐겨먹고 있다. 가정에서 독일인은 삶은 감자를 버터로 구운 요리에 돼지고기, 쇠고기, 토끼고기를 함께한다. 보통 고기표면에 버터를 바르고 구운 후에 향료를 넣고 잘 조린다. 국물을 걸쭉하게 만들어 감자와 함께 먹기도 한다.

독일의 소시지와 햄은 질과 맛에서 세계의 최고라는 정평이 나 있다. 소시지(Wurst)는 긴 겨울동안 저장식품으로 개발되었다. 지역이름을 딴 Nurnberger Bratwurst, Regensburger Bratwurst, Munchener Weisswurst가 유명하다. 우리나라에서 가장 많이 시판되고 있는 후랑크후르트 소시지나 비엔나소시지도 역시 유럽의 지명에서 딴 소시지 이름이다. 간으로 만든 Leberwurst, 피와 돼지비계로 만든 Blutwurst 등도 유명하다.

〈그림 2-9〉 유럽의 전통 발효소시지

3) 중남미 및 아랍권의 식문화

중남미는 인종면에서 원주민인 몽고리안계 인디오와 그들을 무력으로 지배한 스페인, 포르투갈 및 유럽에서 이민 온 사람들로 분류할 수 있고 그 후 혼혈후손들이 공존해 살고 있다. 따라서 식사 형태도 크게 인디오의 주식인 옥수수, 감자, 호박, 토마토, 고추 등과 서구 이민자의 고기와 빵 위주의 식생활이 혼재되어 있다. 그들의 지형여건에 따라 목축업이 발달되고 서구 이민자가 오늘날 대다수를 이루고 있어 육식문화가 발달된 곳이다.

아르헨티나는 우리나라 정반대에 위치한 나라로 기후가 온난하고 사계절이 뚜렷하다. 남북 길이 3,700km에 총면적 279만km2의 면적을 차지한다. 수도 브에로스 아이레스 주위에 팜파(Pampa)라는 거대한 초원이 있다. 16세기에 스페인 정복자는 소, 양, 돼지와 같은 가축을 가지고 와서 목축을 하기 시작하였고 총 국토 면적의 1/4에 해당하는 목초에서 자연스럽게 목축업이 발달하게 되었으며 끊임없이 가축을 개량하여 오늘날은 소가 주종을 이루고 있다.

아르헨티나는 쇠고기 1인당 소비량이 세계 최고이다, 그들은 아침에는 일반 서구인과 같이 빵과 햄, 우유, 커피를 마시지만 점심부터는 처음에 엔트라다(entrada, 전채요리)로 햄과 소 내장 요리를 먹은 후 본격적인 식사로 비페 데 로모(bife de lomo) 또는 비페 데 초리스(bife de choriso)란 쇠고기 스테이크가 나온다. 고기 자체만으로도 배가 불러서 못 먹을 만큼 스테이크가 크며 여기에 버터와 치즈를 녹인 국물이나 크림을 듬뿍 뿌려 주기도 한다. 대개 엔살라다(ensalada, 야채샐러드)를 함께하기도 하는데 쇠고기량에 비해 매우 적은 량으로 보인다. 후식으로 플란(flan)이라고 하여 계란 노른자와 우유에 설탕을 많이 넣어 만든 음식을 제공하거나 각종 아이스크림을 듬뿍 준다. 때로는 당절임한 야채나 신선한 과일을 주게 된다. 아르헨티나의 식사는 쇠고기와 동물성 식품을 다량 먹는 고에너지식이라 할 수 있다.

대표적인 음식은 아사도 콘 쿠에르(asado con cuero)로 보통 아사도라고도 한다. 이는 껍질째 구운 쇠고기로서 보통 2년생 육성우를 1~3시간동안 구워서 익힌 후 먹는다〈그림 2-10〉. 각종 야채와 고기를 삶은 국인 푸체로(puchero)도 아르헨티나의 전통음식이다. 그리고 아르헨티나 만두인 엠파나다(empanadas)도 있다.

브라질은 광활한 토지에 인디오 원주민, 아프리카에서 온 흑인, 포르투갈 등지에서 온 이주민이 혼재하고 있어 음식문화도 그 만큼 다양하다. 남미중에서 포르투갈로부터 독립하였기 때문에 스페인어를 쓰지 않는 나라이기도 하다. 인디오는 풍부한 자연에서 쉽게 과일, 물고기를 얻을 수 있었으므로 가공식문화가 발달되지 않았다. 그러나 백인은 유럽식의 전통식문화에다 그들 식으로 발전시켰는데 대표적인 것으로 브라질식 칠면조 요리와 대구볼 요리를 들 수 있다.

잉카제국의 옛 땅 페루는 지금도 600만명의 인디오 원주민이 라마, 양, 알파카를 사육하면서 살고 있다. 13세기에 쿠수크를 수도로 잉카제국이 번창하였으나 1532년 스페인의 침공으로 멸망하고 스페인 통치에 따라 유럽 식문화가 혼합하게 되었다. 페루의 원주민은 주로 채식과 물고기를 많이 먹었지만 고지대 산간에 살고 있는 인디오 케추아족은 1,000 mm 이상 고지대에서 300여종 이상의 감자를 경작하여 먹고 있다. 냉동과 해동이 반복되어 건조시킨 감자(추누, chunu)를 국으로 끓이며 여기에 라마, 면양, 돼지고기를 넣기도 한다. 귀한 손님이 오면 설치류인 모르모트를 잡아 기름에 튀겨내는 꾸이(cuy)를 제공하기도 한다.

이슬람이 출현한 7세기 이후에 중동, 북아프리카, 서아시아 등 22여개 국가들이 아랍군이다. 이들은 종교, 생활습관, 역사적 동질성이 있다. 대부분의 땅이 척박하고 1년에 100mm 이하의 강수량을 보이는 건조지대가 많다. 오늘날은 배두인과 같은 유목민, 농민, 도시인으로 분류하나 예전에는 대부분 아랍민족은 유목민이었다. 그들이 전통적으로 먹는 고기는 양고기와 젖, 치즈 요구르트이다. 낙타는 운송수단으로 사용하였지만, 낙타고기도 즐겨 먹었다. 매년 고기의 수요량은 증가하나 생산량이 부족하여 수입에 의존하고 있다. 양고기를 즐겨 먹기 때문에 쇠고기 가격보다 비싸고 인기가 높다.

〈그림 2-10〉 아르헨티나의 전통 육류가공제품인 아사도

종교적 행위가 엄격하여 식문화에 영향을 끼치고 있다. 라마단이라고 하여 1년에 1달을 금식하고 있다. 모하메드는 곡식이나 가축 모두 알라에 의해 창조된 것이라 믿어 특별한 것 외에는 먹어도 좋다고 하였다. 코란은 죽은 음식의 고기, 피, 돼지고기, 알라이외의 것에 받친 것, 목 졸려 죽은 것, 야수에게 물려 죽은 것, 우상신 앞에서 도살한 것 등을 금기하고 있다. 그래서 아랍권에서는 돼지고기를 먹지 않는 것이 특징이고 일반 가축도 목 졸려 죽이지 않고 살아있는 가축을 순간적으로 목을 자르는 도축방법을 쓰는 경우가 많다.

이들은 음식을 먹기 전에 신에 대한 감사로 종교적 행사를 하고 남자가 먼저 음식을 먹으며 전통적인 오른쪽 두 손가락으로 먹기 때문에 식사 전에 손을 깨끗이 씻는다.

4) 중국 및 동양권의 육식문화

동남아시아는 온대나 아열대 기후로 강수량이 충분하고 땅이 기름진 곳이 많아 전통적으로 농경문화가 발달하였다. 대부분이 쌀이나 곡류위주의 식문화가 주류를 이루고 있고 단백질의 섭취는 생선을 절이거나 발효시켜 섭취하였다. 한국과 일본에서는 콩을 발효시켜 장을 만들어 먹는 특징을 지니고 있다.

몽고족은 유목민으로 오래전부터 가축과 함께 이동한 육식 문화였고 중국의 변방민족이 본토로 침입하거나 이민족이 중국을 지배할 때 육식문화가 더 번성하였던 것으로 보인다. 특히 중국의 음식문화는 지역과 역사에 따라 너무나 다양하기 때문에 획일적으로 설명하기는 곤란하다. 예를 들면 북경요리는 양, 어린 염소, 말, 원숭이 고기를 사용하나 돼지고기를 사용하지 않았다고 한다. 고기든 야채든 중국음식은 생것보다는 반드시 익혀서 조리를 하고 있으며 다양한 재료와 양념과 함께 기름을 많이 사용하는 것이 특징이다. 몽골 서장지역에서는 유제품, 면양, 소, 산양고기를 즐겨 먹고 있다. 젖이나 버터에 약간의 소금을 넣은 차를 먹거나 말 젖으로 만든 술인 마유주(馬乳酒)를 즐겨 마시고 있다.

일본도 육식보다는 물고기를 많이 먹었다. 일본의 음식은 중국의 영향을 많이 받았으며 외형을 중요시 여기는 것이 특징이다. 일본은 곡물을 동물에게 급여할 만큼 곡류자원이 부족하여 가축을 많이 기를 수 없었고 그 외에도 종교적(불교), 정치적 이유 때문에 식육문화가 발달하지 못했다. 1862년에 요꼬하마 이세(伊勢)라는 사람이 우육점을 시작한 것이 일본 쇠고기 판매점의 시작이라고 한다.

인도는 기원전 2천년경 아리안(Aryan)족이 침입하여 인도 지배계층을 이루면서 음식문화에 큰 영향을 끼쳤다. 거대한 땅과 오랜 역사와 다양한 종교문화 때문에 음식 습관도 다양하다. 남부인도에서는 쇠고기를 먹지 않은 힌두교인은 칠리(chili)와 같은 강한 향신료가 첨가된 요리를 즐기고 있다. 북부 인도인은 돼지고기를 먹지 않은 이슬람교도가 많고 약하게 조미한 음식과 요구르트를 즐기는 편이다. 쌀은 인도의 주식으로 채식을 하는 사람이 많지만 우유를 통하여 단백질원을 섭취하고 있다.

식품의 안전성 확보

박 재 인 (강원대학교 교수)

인류의 성장, 발육은 물론 기아해결의 수단으로 사용되던 식품은 이제는 냉장·냉동시스템의 발전과 대형 유통업체의 발전으로 전 세계를 아우르는 시장을 형성하면서 식품의 해외의존도가 높아지고, 생활형식의 변화로 단체급식 및 외식이 증가하여 식품의 안전에 대한 관심이 날로 커지고 있는 실정이다.
더욱이 최근에는 화학비료나 항생제를 사용하지 않는 유기농, 건강기능성식품에 대한 구매 욕구가 점점 커지고 있는 실정으로 본 장에서는 이러한 식품의 안전성을 확보하기 위한 식품안전관리 주요 추진 방향 및 위해요소 차단을 위한 각종 규제들에 대해 설명하며 식품 원재료의 이력 추적시스템을 통한 위해 요소의 조기 차단 방법에 대해 설명하기로 한다.

1. 식품안전관리 환경여건

인류가 식품을 이용하는 유형은 시대의 흐름에 따라 변화하여 왔다. 예전에는 지리적 여건은 물론 기후적인 요인들로 인해 생활환경 주변에서 얻을 수 있는 소재만을 식품으로 사용하였으며, 인류의 성장이나 발육은 물론, 기아해결이라는 목표로 식품을 개발 · 사용하여 왔다. 그러나 이러한 식품들은 교통수단의 발달과 냉동유통시스템의 개발로 지리적 한계를 넘어서게 되며, 어떠한 지역에서나 전국은 물론, 먼 이웃나라의 신선한 식품을 수입하여 식탁에 올릴 수 있게 되었으며, 이러한 다양한 식품의 섭취는 영양상태의 불균형을 초래할 정도가 되어 최근에는 비만 등에 대한 주의를 필요로 하는 실정에 이르게 되었다.

우리나라만 하더라도, 예전에는 금방 상할 것을 예상하여 남쪽지방에서는 먹을 엄두도 내지 않았던 만두와 같은 식품도 이젠 냉동유통 시스템 하에서 전국 매장에서 유통되게 되었고, 수출까지도 하고 있는 실정이다. 또한 1970년대만 하더라도 바닷가 횟집에나 가야지만 바다회를 먹을 수 있었으나, 요즘은 교통 및 유통시스템의 발달로 전국 어느 골목을 가더라도 바다회를 먹을 수 있는 횟집들이 즐비한 것을 볼 수 있다.

따라서 요즘은 식품에 대한 선택의 폭이 무한한 것을 볼 수 있으며, 대형 유통업체의 발전으로 전 세계를 아우르는 시장을 형성할 수 있게 되면서, 식품의 해외의존도가 높아지고, 생활형식(핵가족화 및 맞벌이 부부 증가)의 변화로 단체급식 및 외식 증가 등으로 식품안전을 둘러 싼 주변 환경 변화는 점점 복잡해지고 있는 실정이다.

더욱이 비만 인구의 급증으로 요즘은 영양가를 앞세운 식품보다는 칼로리가 낮으면서, 건강에 도움을 줄 수 있는 건강기능성식품에 대한 구매 욕구가 점점 커져가고 있을 뿐 아니라, 식품 안전성에 대한 관심의 고조로 화학비료 등을 사용하지 않은 유기농산물에 대한 수요가 급증하고 있는 것과 항생제 등을 사용하지 않은 축산물에 대한 관심이 날로 높아져 예전의 수확량 증대를 위해 사용되던 화학비료나 항생제들은 사용할 수 없도록 법으로 규제하기에 이르렀다.

또한 최근에 들어서는 교통수단의 발달 및 해외 유동 인구의 증가로 국경을 넘어서는 전염성 질병의 확산 등으로 외국 식품소재들에 대한 규제와 검역 시스템들이 강화되는 일로에 있으며, 이러한 규제와 위해요소 차단을 위한 식품관련법들이 제정되어 운영되고 있는 실정으로 안전한 식품 섭취를 위한 노력에 전 세계가 총력을 기울이고 있는 실정이다

2. 식품안전관리

식품안전관리 주요 추진 방향은 크게 6가지로 ① 어린이 먹거리 안전관리를 위한 제도적 기반 마련, ② 생산에서 소비까지 상시적 식중독 예방관리체계 구축, ③ 유해물질 집중관리로 위해요인 사전 차단, ④ 유해식품의 유통을 차단하고 수입식품의 안전관리 강화, ⑤ 소비자의 올바른 식품선택을 위해 표시정보 확대, ⑥ 정책 형성단계부터 국민의 참여 확대 등이다.

2007년말 현재 국내 식품관련업체 수는 식품 · 식품첨가물 제조업소 23,093개소, 즉석판매 · 제조가공업소 73,201개소, 식품소분업 및 운반업 등 식품유통업체 수 13,502개소 및 식품접객업소 700,771개소 등 총 식품관련업체 수는 810,567개소에 이른다. 이러한 모든 업종별 업체들은 국민 식생활 안전을 위해 다수의 관련 법률에 의해 감시 및 안전관리를 받도록 되어 있으면 이들을 관리하는 정부부처로는 농림수산식품부 및 식품의약품안전청 (식약청) 등이 있다.

1) 위해식품 사전차단

식품 및 식품제조 중의 유해물질 증가와 다양한 신소재 식품의 출현에 따른 다양한 국내외 식품위해정보를 수집 · 분석 · 전파하고 신속한 조치 및 관리대안을 마련함으로서 사전관리를 통한 식품사고 예방에 총력을 기울인다.

2) 식품안전열린포럼

소비자, 생산자, 학계, 정부 등 식품안전과 관련된 각 이해관계자의 열린 소통의 장인 [식품안전열린포럼]을 개최하여 식품안전정책에 대한 국민 참여 기회를 정착한다.

3) 식품 중 위해물질총서

식품 중 유해물질에 대한 국민들의 이해를 증진시키고 유해물질 관리를 위한 의사결정에 과학적 기초자료를 제공하기 위하여 최근 국내외 이슈가 되고 있는 식품 중 유해물질에 대한 총서를 발간하여 국민에 대한 과학적 기초를 제공한다.

4) 위해평가제도

국민이 식품을 통하여 유해물질이나 식중독미생물에 노출되어 발생할 수 있는 유해한 영향을 과학적인 방법으로 평가할 수 있도록 선진국 수준의 식품위해분석 체계를 마련한다.

5) 식품경보체계의 조기정착

식품안전사고 발생 또는 우려 시 객관적이고 신뢰성 있는 식품 위해정보를 제공하기 위하여 위해정도의 심각성을 고려한 [안전->주의->경계->심각] 4단계로 구분하는 대국민 식품경보체계를 구축 · 운영한다. 실제 경보발령 예를 보면, 2007년도 식품경보체계 4단계는 총 69건이 발생하였다. 1단계(심각:Red)는 질식 위험 컵모양 젤리 제품 등 5건, 2단계(경계:Yellow)는 이유식의 사카자키균 등 15건, 3단계(주의:Blue)는 녹차에서 농약검출 보도 등 31건, 4단계(안전:White)는 야채 살균용 식품첨가물 등 18건을 홍보하였다.

6) 식품위생검사기관의 신뢰도 및 전문성 확보

식품위생검사기관의 검사능력 향상과 신뢰성 확보를 위해 검사능력평가 '우수'기관의 선정기준을 강화하고 검사능력관리를 실시함에 있어 균질성과 안정성이 확립된 국제적 수준의 검사능력관리를 실시하여 전문성과 공정성을 확보하도록 한다.

3. 식품위해요소중점관리기준(HACCP)제도

HACCP(Hazard Analysis and Critical Control Point)제도란 우주 비행사들이 안전한 식품을 섭취할 수 있도록 하기 위하여 개발된 과학적이고 사전예방적인 식품안전관리기법이다. 식품의 원료로부터 제조, 가공, 보관, 운반과정을 거쳐 최종 소비자에게 이르기까지 각 단계에서 인체에 위해를 끼칠 수 있는 요소를 분석하여, 위해를 제거할 수 있는 공정을 집중 관리하는 식품안전관리시스템이다.

최근 계속되고 있는 식중독 발생 및 식품이물질혼입사고 등으로 인한 국민의 불안감과 관심이 높아지고 있는 현실에서 소비자에게 안전한 식품을 공급함은 물론, 식품산업의 국제 경쟁력 확보를 위해서는 과학적이고 사전 예방적인 HACCP제도를 확대 하는 것이 무엇보다도 시급한 실정이다.

식품제조 가공업소가 HACCP제도를 적용하게 되면 매출액 및 고객 만족도는 증가하고 공정불량률, 반품율 및 클레임은 감소되며 소비자에게는 보다 안전한 식품을 선택, 구매, 섭취하게 하여 질병위험 감소 등의 효과를 기대할 수 있다.

〈표 2-12〉 우리나라 HACCP제도 운영 현황

기 관	근거법령	운영현황
식약청	식품위생법 (32조의 2)	* 배추김치 중 7개 품목 의무적용 * 그 외 품목 자율적용
농림수산 식품부	축산물가공 처리법(9조)	* 도축장(시·도) 의무적용 * 축산물가공장(축산물기준원) 자율적용 * 돼지농장(기준원) 임의적용
	사료관리법(15조)	* 사료공장(검역원) 임의적용
	수산물품질 관리법(23조)	* 수출수산물 및 가공품에 대한 임의(등록) 적용

* 식품의약품 안전백서 (2008).

국제식품규격위원회(CODEX)는 1993년 세계 각국에 HACCP제도를 도입 · 적용하도록 권고 하였으며, 우리나라는 1995년 [식품위생법]에 식품위해요소중점관리기준(HACCP) 제도를 도입하였고, 매년 품목별 HACCP 관리기준을 마련하여 HACCP을 준수하여야 하는 영업자와 HACCP 준수를 희망하는 영업자를 HACCP 적용업소로 지정, 운영하고 있다. 현재 식육제품, 우유 및 유제품, 알가공품 등은 농림수산식품부가, 이 외 모든 가공식품은 식품의약품안전청이 HACCP제도를 운영하고 있다.

4. 수입식품 안전관리 체계

우리나라 수입식품의 식탁점유율은 매년 지속적으로 증가하는 추세에 있어 2007년 현재 126여 개국에서 수입되며, 수입품목도 3,000여 품목으로 다변화되어 가고 있어 수입식품은 우리나라 식품 안전에 대한 중요한 비중을 차지하고, 소비자들도 수입식품의 안전에 대해 많은 관심을 가지고 있다.

1) 수입식품에 대한 위해정보 수집

WHO, CODEX, FDA 및 EU 등의 국제식품전문기관은 물론, CNN 및 BBC 등의 주요 언론을 통한 식품관련 위해정보를 실시간으로 수집, 분석하여 수입단계 검사에 반영하여 위해식품의 수입을 사전에 차단함은 물론, 부적합 이력 등을 바탕으로 무작위 검사 비율을 최저 1%에서 최대 100%(전수검사)까지 차등 적용하고 있다.

2) 주요업무

수입식품의 생산-통관-유통 단계의 유기적이고 체계적인 안전관리를 위하여 생산국에서부터 유통단계까지를 단계별로 철저히 관리할 계획이다.

(1) 생산국에서부터 안전한 식품 수입기반 마련

(2) 위해식품 차단을 위한 통관단계 검사 강화

(3) 위해우려 유통수입식품 신속대응체계 구축

5. 소비자에게 올바른 정보 제공

판매하고자하는 식품에 대한 제품명, 성분명, 중량, 제조일자 및 유통기한, 사용방법,

영양성분 등에 관한 정보와 위생적 취급을 위해 보존 및 보관방법, 취급 시 주의사항 등을 그 식품의 용기, 포장에 표시하도록 하여 소비자에게 정확하고 올바른 정보를 알기 쉽도록 제공하는 제도로 [식품 등의 표시기준]을 정하여 시행하고 있다.

• 주요 개선내용 : 2007년 10월19일 식약청 고시

1) 영양성분표시 관련 1회 제공기준량에 따른 영양성분 표시

2) 트랜스지방의 함량 표시 의무화

3) 방사선 조사식품 표시 범위 확대(방사선 조사 원료 사용 제품 포함)

4) 유통기한 등 활자 크기 등 조정 및 점자표시 병행

5) 소비자가 오인, 혼동하는 사항 개선

6) 품질유지기한 품목에 맥주도 포함

7) 의무표시사항이 아닌 식품에 대하여 표시한 경우 준수

8) 알레르기 유발식품 관련 규정 개선 등이 있다.

6. 식중독 예방 체계 구축

최근 외식 및 급식 증가 등 식생활 패턴의 변화가 이루어지면서 도시가계 식료품비 중 외식비 지출 비중이 '90년도 20%에서 '06년도에는 46%로 크게 증가하였으며, 급식도 학교 급식이외에 기업체, 보육시설 등 사회복지시설을 합치면 56,000여 곳에서 1,180만명이 상시 급식을 이용하고 있는 실정이다. 따라서 대량 조리 및 공급에 따른 집단 식중독 발생 우려가 점차 증대되고 있어, 매년 식중독 발생건수는 꾸준히 증가하고 있다 ('96년 81건 2,797명 : '07년 510건 9,686명).

〈표 2-13〉 식중독 발생 현황

연도별	1996	1997	1998	1999	2000	2001	2002	2003	2004	2005	2006	2007
건수	81	94	119	174	104	93	78	135	165	109	259	510
환자수	2,797	2,942	4,577	7,764	9,269	6,406	2,980	7,909	10,368	5,711	10,833	9,686

* 식품의약품 안전백서 (2008)

〈표 2-14〉 2007년 원인체별 식중독 발생 현황

구분	총계	세균									
		소계	살모넬라	황색 포도상구균	장염 비브리오균	바실러스 시리우스	클로스트리디움퍼프린젠스	클로스트리디움보툴리눔	켐필로박터 제주니	병원성 대장균	기타
건수	510	187	42	38	33	1	4	0	7	62	0
환자수	9,686	5,499	1,497	843	634	50	81	0	449	1,945	0

구분	바이러스			화학물질	자연독	불명
	소계	노로바이러스	기타			
건수	99	97		0	3	221
환자수	2,377	2,345	32	0	22	1,788

* 식품의약품 안전백서 (2008)

또한 2007년 식중독 발생 원인체를 조사한 결과를 보면, 노로바이러스가 97건(2,345명)으로 제일 많았고, 다음이 병원성 대장균 62건(1,945명), 살모넬라 42건(1,497명), 황색포도상구균 38건(843명) 및 장염비브리오균 33건(634명) 순이다.

1) 노로바이러스 식중독 집중관리

식약청, 환경부, 해양수산부, 교육인적자원부, 질병관리본부 등 관련부처와 합동으로 [겨울철 식중독 전담 대응팀]을 구성, 운영하여 굴, 지하수 등의 오염원 및 오염경로에 대한 예방 관리 방안 등을 마련, 추진하였으며, 식품용수, 수산물 중 노로바이러스 검사기준(불검출)을 설정하였다.

7. 위해식품 유통의 사전 차단

전국 시 · 군 · 구가 18,000여개 식품제조 · 가공업소의 위생 및 품질관리능력을 객관적인 평가표에 따라 평가하여 각 업소를 자율관리업소, 일반관리업소 및 중점관리업소로 분류하고, 위생관리상태가 취약한 중점점관리업소를 집중 점검하고 관리하는 식품제조 · 가공업소 위생관리등급제를 실시하고 있다.

국민에게 안전한 식품을 공급하기 위해서 식품을 제조 · 가공하여 전국적으로 유통시키는 식품제조 · 가공업소에 대한 사전 예방적 감시활동과 더불어 식품판매업소에 대한 지도 · 점검을 지속적으로 실시하고 있다.

국민들이 많이 소비하는 다소비 식품 등의 수거 · 검사는 대상 선정의 합리성을 제고하고 위해항목 중심의 검사를 실시하기 위하여 다년간 수거 · 검사 결과를 분석, 부적합 비율이 높거나, 시중 유통 점유율이 높은 고춧가루, 도시락, 콩나물 등 30개 품목을 특별관리대상 식품으로 선정하여 수거와 검사를 실시하며, 재래시장 및 학교주변 등 위생 치약 지역을 중심으로 매월 반복 집중적인 수거와 검사를 실시하고 있다.

식품 등에 대한 허위 · 과대광고 행위는 소비자 건강보호 및 경제적 손실방지 차원에서 관리하여야 할 과제로서 단속기관 별로 광고매체를 지정하여 지속적으로 허위 · 과대광고를 단속하고 있다. 상습 · 고의적으로 허위 · 과대광고를 하는 업소에 대하여는 '07년에 53건이 검찰에 송치되기도 하였다.

부정·불량식품 및 위해식품의 제조·판매행위 등을 조기에 차단하기 위해 식약청 주관으로 지자체 및 교육청 등이 합동으로 전국 일제 교차단속을 추진하고 있으며, 부정·불량식품 기동단속반도 설치·운영하고 있으며, 신고포상금제를 운영하고 있어 위반행위에 따라 1만원에서부터 최고 1,000만원까지 포상금 지급 기준을 마련해 놓고 있다.

재래시장은 규모의 영세성과 영업자의 노령화로 위생수준이 낮고 위생의식 결여로 일상적 감시활동으로는 위생수준을 개선하는데 한계가 있어 2006년부터 위생관리 시범사업을 수행하였으며, 단속위주의 식품위생 감시행정에서 지도·계몽·교육 위주의 실질적인 지원활동으로 전환함으로서 재래시장의 위생수준 향상을 위해 적극 노력하고 있다.

8. 어린이 먹을거리 안전관리

핵가족화 및 여성의 사회진출로 인한 여성경제활동 인구의 증가, 경제수준의 향상 및 식생활의 서구화 등으로 외식이 급속히 증가하고 있으나, 학교급식 식중독 사고, 학교 주변 식품의 안전성 문제 및 어린이 영양 불균형 문제 등으로 어린이 먹을거리 전반에 대한 불신감이 확대되는 현상이 나타나고 있다. 따라서 어린이들의 먹을거리에 대한 안전종합대책이 필요한 실정에 이르렀다.

어린이 먹을거리 안전종합대책은 '안전한 식품', '바른 영양', '건강한 어린이'라는 비전을 토대로 과자, 패스트푸드 등 어린이 기호식품과 단체급식의 유통 · 소비 환경을 개선하여 유해성분, 식중독, 비만 등으로부터 어린이 건강을 보호한다는 핵심목표를 가지고 마련 되었다.

이들 핵심목표에 따른 전략적 접근으로서 건강저해식품의 유통 · 판매 근절을 위해 식품안전보호구역의 지정 · 관리 및 어린이 기호식품 광고 등의 규제를 강화하며, 어린이 기호식품의 안전성 확보를 위해서는 당, 나트륨 및 트랜스지방 등 영양위해성분의 저감화, 어린이 기호식품에 대한 첨가물 사용의 규제를 강화하며, 영양강화 및 영유아식품의 안전기준을 마련하였다.

또한 단체급식의 위생 및 품질개선을 위해서는 어린이 단체급식 지원체계를 구축하며, 올바른 식품선택 보장을 위해 식품안전 · 영양교육 및 홍보를 강화하고, 우수한 제품에 대한 소비자의 접근성을 용이하게 하도록 하며, 안전관리를 위한 제도적 기반 구축을 위해 [어린이 식생활안전관리특별법]을 마련하고, 어린이 먹을거리 안전 · 영양수준을 정하여 평가 · 관리하도록 하고 있다.

9. 우수건강기능식품제조기준(GMP)

건강기능식품 GMP란 우수건강기능식품제조 및 품질관리기준을 말하며, GMP는 Good Manufacturing Practice의 약자로서 우수건강기능식품제조기준을 나타낸다. 소비자에게 신뢰받는 안전하고 우수한 품질의 건강기능식품을 제조하도록 하기 위한 기준으로서 작업장의 구조, 설비를 비롯하여 원료의 구입으로부터 생산 · 포장 · 출하에 이르기까지의 전 공정에 걸쳐 생산과 품질의 관리에 관한 체계적인 기준을 말한다. 한편 이러한 기준을 준수하는 건강기능식품제조업소를 GMP적용업소로 지정하고 있다. 현재 국내에는 2010년 1월 14일 현재 126개의 업소가 GMP지정을 받은 상태이다. 이러한 건강기능식품 GMP의 목표는 1) 인위적 과오의 최소화, 2) 오염 및 품질변화 방지, 3) 품질보증체계의 확립이다.

10. 이력추적시스템(Traceability)

안전한 식품 소비를 향한 국민의 알권리를 확보하기 위해, 각종 농산물은 물론, 축산물들에 대해서도 이력추적시스템(Traceability)을 실시하고 있어, 해당 식품소재들이 어떠한 환경에서 어떠한 이력을 거쳐 소비자에게까지 전달되는지의 전 과정을 소비자들이 실시간으로 확인할 수 있는 시스템이 가동되고 있는 실정이다.

특히 국내 농산물이력추적관리에서는 농산물을 생산단계에서부터 판매단계까지 각 단계별로 정보를 기록 · 관리하여 해당 농산물의 안전성 등에 문제가 발생할 경우 해당 농산물을 추적하여 원인규명 및 필요한 조치를 할 수 있도록 관리하고 있다.

한우의 경우에는 사육과 유통 과정의 각종 정보를 기록 · 관리해 위생과 안전문제가 발생하면 이동경로에 대한 신속한 추적과 원인규명 · 조치를 통해 소비자를 안심시킬 수 있도록 되어 있는 시스템으로 소에 12자리의 개체 식별 번호를 부여한 뒤, 사육, 도축, 가공, 판매에 이르는 모든 단계의 정보를 기록해 관리하여 소비자는 판매장에 설치된 터치스크린을 통해 모든 정보를 알 수 있는 시스템으로 매장 내 모니터를 이용해 확인 가능하다.

〈그림 2-11〉 쇠고기 이력시스템(http://mtrace.go.kr)

최근에는 스마트폰 및 인터넷을 통해 쇠고기 이력시스템(http://mtrace.go.kr)에 접속 후, 개체식별번호만 입력하면 해당 쇠고기의 이력을 확인할 수 있으며, 핸드폰의 경우에는 6626번호 입력 후, 무선인터넷버튼을 누른 후, 12자리 개체식별번호만 입력하면 모든 정보를 한눈에 확인 할 수 있는 시스템이 구축되어 활용되고 있다.

또한 외국으로부터의 수입쇠고기에 대한 이력추적시스템도 개발하고 있어, 외국 전염병 발생 및 이물질(위해물질)혼입 등의 제반문제 발생 시, 해당 컨테이너를 통해 특정 시기에 수입된 쇠고기들을 즉시 매장으로부터 회수·폐기처분할 수 있는 시스템이 개발완료단계에 이르러 있다.

우유, 유제품과 인간건강

김 거 유 (강원대학교 교수)

인류는 우유를 대략 기원전 4,000-6,000년경부터 식품으로 이용하여 왔으며, 우리나라는 삼국유사에 의하면 백제시대에 벌써 우유를 이용하였다는 역사적 사실이 기록되어 있다.
우유는 수분 이외에 단백질, 지방, 탄수화물의 3대 영양소뿐만 아니라 미네랄과 비타민 등을 비롯한 다양한 미량성분도 풍부하게 함유되어 있어 균형된 영양소를 공급해주며 소화이용율이 높은 식품이다. 우유 단백질은 각종 아미노산 외에도 인체 내에서 합성되지 않는 필수아미노산을 많이 함유하고 있어 영양적 기능이 높다고 하겠다. 유지방은 에너지를 공급해 줄뿐만 아니라 생리적 기능성이 높은 지방산을 다량 함유하고 있어 영양분뿐만 아니라 기능성이 높은 영양성분이다. 발효유와 치즈와 같은 발효식품은 각 유성분이 소화되기 쉬운 상태로 분해되어 있을 뿐만 아니라 발효과정에서 유효성분의 생성 및 기능성이 강화된 매우 우수한 식품이다.

1. 우유와 유제품의 역사

인류는 아주 오래 전부터 동물의 유즙을 이용하였으며, 유즙은 인류에게 영양을 공급해주는 중요하고 귀한 식품으로 이용되어왔다. 그런데 인류는 언제부터 동물의 유즙을 이용해 왔을까하는 궁금증에 대한 해답은 수 없이 많은 역사적 기록을 통하여 얻을 수 있다. 지금까지 발견된 역사적 흔적들을 종합해보면 기원전 6,000년경으로 추정되는 스위스 누샤텔 지역에서 발견된 치즈 제조에 사용된 것으로 보이는 질그릇 조각이 우유와 관련된 가장 오래된 기록으로 알려져 있다. 1922년에 바빌론(Babylon)근처의 사원을 발굴하던 중 기원전 3천5백 년경의 것으로 인정되는 조각된 벽화 그림을 발견하였는데 그 그림에는 외양간에 매어놓은 소 그림, 사람이 소의 젖을 짜는 모습, 승려가 젖을 거르고 거른 젖을 그릇에 받는 모습의 그림 등이 그려져 있어 인류가 젖을 이용하였다는 것을 알려주고 있다.

또한 기원전 약 3,000년경으로 추정되는 구약성경을 보면 유대인의 이상향인 가나안(오늘날의 팔레스타인지역)을 젖과 꿀이 흐르는 땅'으로 기록되어 있으며, 기원전 2000년경 이집트에서는 '우유를 풍요의 여신'으로 받들었다는 역사적 사실이 있다.

기원전 600년경 석가모니(부처님)가 우유와 꿀로 만든 유미죽을 먹고 기력을 회복하였다는 기록이 있다. 고대 이집트, 그리스, 로마에서도 우유와 치즈, 버터를 고급 식품으로 취급하였으며, 기원전 400년경 의학의 아버지라 불리는 히포크라테스는 우유를 가장 완전한 식품이라 하였다. 또한 13세기경에는 몽고의 징기스칸이 전쟁에 나갈 때 건조한 우유를 사용하였다고 한다.

서양의 신화에는 갓 낳은 아이의 영혼은 하늘에서 내려온다고 믿었으며, 이 영혼이 오는 길을 "젖이 흐르는 길(The milky way: 은하수)"이라고 하였고, 갓난 아이는 하늘의 음식 즉 젖을 받아먹고 자란다고 믿었다.

이와 같은 여러 가지 사실을 통하여 인류가 유즙을 처음으로 이용한 지역은 아마도 지금의 중동지방 일 것으로 보이며 이 지역에서 유럽을 비롯한 여러 지역으로 전파되었을 것이다.

그러면 우리나라에서의 우유 이용역사는 얼마나 되었을까? 우리나라에서의 우유 이용과 관련된 역사적 기록은 삼국사기, 고려사, 이조실록 등에서 찾아볼 수 있다. 역사적 기록에 의하면 백제 사람이 일본에 건너가 당시 왕에게 유락(乳酪)을 만들어 바쳤다는 내용이 삼국유사에 기록되어 있으며, '고려사'에는 우왕 때 국가기관인 '유우소(乳牛所)'라는 목장을 설치하여 왕실과 귀족 등이 우유를 마셨다고 기록되어 있다. 이러한 유우소는 조선시대까지 그대로 이어져 이곳에서 생산되는 우유는 특별히 관리되고 귀히 여겼다는 사실이 이조실록에 기록되어 있다.

또한 조선 순조 때의 세시풍속서 『동국세시기』에 의하면 궁중에서 우유를 이용하여 타락죽(駝酪粥 : 찹쌀에 우유를 넣고 끓인 죽)을 만들어 임금에게 제공하였다고 기록되어 있다.

숙종 때는 아무리 지위가 높아도 왕이 특별히 하사한 낙죽(우유죽)이외에는 먹지 못하도록 하였다.

이처럼 그 시절에는 왕이라 해도 우유를 아무 때 나 먹을 수 없을 만큼 귀했으며 극히 신분이 높은 왕족이나 일부 사람들만이 이용하였을 것으로 보인다.

우리나라는 젖소와 젖을 모르고 긴 역사를 살아왔으며, 우리나라에서 처음 젖소가 사육되기 시작한 것은 1902년 구한말 농상공부 기사로 근무하던 프랑스인 쇼트(short)가 젖소 20두를 사육한 것이 그 시초라고 할 수 있다.

우유가 한국사회에서 일반인들에게까지 알려지고 낙농업의 근대화가 이루어진 것은

1961년 제1차 경제개발 5개년 계획에 의한 축산진흥정책이 수립되고 나서부터 라고 할 수 있으며 농가에 축산을 장려하면서 젖소의 사육두수는 급속히 증가하였으며 국민소득 증가에 따라 우유소비도 크게 늘어나게 되어 유가공산업도 함께 발전하게 되었다. 2009년 말 현재 우리나라의 젖소 사육두수는 44만두 정도며 연간 약 220만 톤의 우유를 생산할 정도로 낙농산업이 비약적으로 발전 하기에 이르렀다.

2. 우유 및 유제품의 영양학적 가치

식품의 영양적 가치는 그 식품이 가지고 있는 영양소의 종류와 양, 그리고 영양소가 장내에서 얼마나 효율적으로 소화, 흡수, 이용되는가에 따라 평가된다고 할 수 있다. 우유는 수분 이외에 단백질, 지방, 탄수화물의 3대 영양소뿐만 아니라 미네랄과 비타민 등을 비롯한 다양한 미량성분도 풍부하게 함유되어 있으며, 균형된 영양소를 공급해주며 소화 이용율이 높은 식품이다.

우유는 단백질의 일부와 유당, 미네랄의 대부분은 물에 용해되어 있다. 단백질의 대부분과 미네랄 일부는 현탁액으로서 콜로이드 상태로, 지방은 유탁액(emulsion) 상대로 물에 용해되어 있다. 즉 우유는 유당과 무기질, 그리고 일부의 단백질이 용해되어 있는 물에 지질이 유탁액 상태로, 단백질이 현탁액 상태로 분산되어 있는 콜로이드 용액이다. 따라서 우유는 대단히 소화가 쉽고 어린이부터 고령자까지 가볍게 섭취할 수 있는 식품이다. 더욱이 최근 우유의 여러 영양소에는 식품의 3차 기능인 생리활성 기능이 있다는 사실도 알려져 있다.

우유의 영양가가 얼마나 우수한가는 예를 들어 우유한잔 (200ml)을 마셨을 경우 영양소 요구량을 얼마나 충족시키는지를 보면 분명히 알 수 있다. 성인 여성의 경우 일일 에너지 요구량에 대한 충족률은 10% 미만이나 칼슘과 비타민 B2는 30%이상, 비타민B12 및 D는 25% 정도의 일일 에너지 요구량을 충족하게 된다. 즉 이러한 영양소는 한 끼 분의 식사를 통하여 공급될 량이 우유 한 컵으로 공급된다는 사실이다.

최근 식품의 영양가를 평가하는데 있어 "영양소 밀도"라는 개념이 이용되고 있다. 영양소 밀도란 어떤 식품이 가지고 있는 칼로리 당 영양소의 양이라고 할 수 있다. 현대인에게 있어 칼로리를 과다하게 섭취하지 않으면서 필요한 영양소를 충분히 섭취하는 일 즉 식품의 양보다 질이 좋은 식품을 섭취하는 것이 건강을 유지하는 비결이라고 할 수 있다.

우유 및 유제품은 비타민 C와 철분은 부족하지만 그 외 영양소는 비교적 균형 있게 섭취가 가능하며, 특히 칼슘과 비타민 B2는 영양소 밀도가 높다고 하겠다.

3. 우유의 영양성분

우유는 영양학적으로 매우 우수한 식품인데, 우유를 구성하고 있는 영양소를 보면 3대 영양소인 단백질, 지방, 탄수화물이 있으며, 그 외 무기질 비타민 등으로 크게 나눌 수 있다. 이들 성분의 우유 내 함량은 표 2-15과 같다

〈표 2-15〉 우유의 일반조성

주요성분	범 위	평 균(%)
수 분	85.5 ~ 89.5	87.4
총고형분	10.5 ~ 14.5	12.6
유 지 방	2.5 ~ 6.0	3.7
유단백질	2.9 ~ 5.0	3.4
유 당	3.6 ~ 5.5	4.8
무 기 질	0.5 ~ 0.9	0.7

1) 유단백질

우유 단백질은 신선한 우유를 산(acid)을 이용하여 신선한 우유 pH인 6.6에서 pH 4.6로 낮추면 우유 단백질은 침전하여 덩어리를 형성하는데 그 가운데 약 80%는 카세인(casein) 단백질이며, 나머지 침전하지 않고 용액 속에 남아 있는 약 20%의 단백질은 유청단백질(whey protein) 이다.

또한 카세인과 유청단백질은 각각 몇 개의 단백질로 구성되어 있다. 카세인은 우유의 독특한 단백질로 αs_1-카세인, αs_2-카세인, κ-카세인, β-카세인, 4종류의 단백질로 구성되어 있으며, 이들의 비율은 4:1:1:3으로 되어 있다.

우유 단백질은 우유 내에서 각 카세인의 복합체로 존재하는데 이러한 카세인 복합체를 카세인 마이셀이라고 한다. 우유 1L에는 이러한 카세인 마이셀이 5조 개부터 15조 개가 분산되어 우유 특유의 흰색 액체를 만들고 있다. 또한 유청단백질에는 락트알부민(lactalbumin), 락토글로부린(lactoglobulin), 혈청알부민(serum albumin), 면역 단백질(immunoglobulin) 등 여러 가지 수용성 단백질이 있다.

유청단백질은 산이나 응유효소에 의해 응고되지 않으며 열에 의해 응고되는 단백질로 우유를 가열하면 우유 표면에 얇은 막을 형성 한다.

우유에는 주요 단백질 이외에 여러가지 효소, 항체 등의 단백질과 비단백태 질소화합물 등의 여러 종류가 있고 특히 락토페린(lactoferrin)이라는 철을 가진 단백질은 미생물을 억제하는 기능이 있는 단백질이 함유되어 있다.

우유의 주단백질인 카세인은 메티오닌(methionine) 함량에 비해 시스테인(cysteine) 함량은 낮으나, 유청단백질에 속하는 락토글로부린과 락트알부민에는 시스테인 함량이 높아 전체적으로 영양적인 기능이 매우 높은 필수 아미노산을 많이 공급하며, 특히 카세인과 유청단백질을 혼합하면 서로의 필수아미노산들이 보완되기 때문에 단백질의 가치가 상승 된다.

우유 단백질은 우리나라와 같이 곡류 위주의 식단에서 부족하기 쉬운 리신(lysine), 트레오닌(threonine), 메티오닌 등의 아미노산을 보충하기 위한 훌륭한 식품이라고 할 수 있다.

2) 유지방

우유에 함유된 지방은 대부분 직경이 평균 1㎛의 미세한 지방구 형태로 분산되어 있다. 유지방이 이렇듯 미세한 지방구의 형태로 잘 분산되어 있을 수 있는 비밀은 지방구의 표면을 둘러싸고 있는 막에 있다. 유지방을 둘러싸고 있는 유지방구막의 표면은 물과 잘 혼합되고 막의 안쪽은 지방과 잘 혼합될 수 있는 특수한 성질을 가지고 있다.

또한 지방구의 표면에는 인지질, 콜레스테롤, 지용성 비타민 등이 존재하고 단백질을 주성분으로 하는 막으로 둘러싸여 있는데 이 막이 지방구끼리 뭉치지 않도록 작용한다. 수분 중에 이러한 작은 지방구가 유 현탁액 형태로 분산되어 있기 때문에 우유는 독특한 맛을 내고 입에서 부드러운 느낌을 갖게 되며 다른 지방보다도 소화가 잘 되는 특징을 지니고 있다. 이러한 이유로 우유가 어린이부터 고령자, 병 치료중인 사람에게도 안심하고 음용할 수 있는 영양원으로서의 가치를 가지고 있다고 하겠다.

유지방은 글리세린과 지방산이 에스테르 상으로 결합되어 글리세라이드(glyceride)로 구성되어있다. 천연의 지방 대부분은 세 개의 지방산으로 되어 있는 트리글리세라이드(triglyceride)가 일반적인 구조이며 유지방은 98%가 트리글리세라이드로 구성되어 있다.

유지방은 약 62%의 포화지방산과 30% 정도의 단일불포화지방산, 4% 정도의 다불포화지방산을 함유하고 있으며 나머지 4%는 그 이외 다른 형태의 지질로 되어 있는 매우 독특한 지방산 조성을 나타내고 있다.

유지방 중 다량으로 함유된 포화지방산은 미리스트산(myristic acid), 팔미트산(palmitic acid) 및 스테아르산(stearic acid) 이며, 주요 불포화지방산은 올레산(oleic acid), 리놀레산(linoleic acid) 및 리놀렌산(linolenic acid)이다.

우유의 지방을 구성하고 있는 지방산을 모유와 비교해보면 다불포화지방산인 리놀레산(n-6계열)과 리놀렌산(n-3계열)이 상대적으로 적다.

〈표 2-16〉 유지방의 지방산 조성

지 방 산	총 지방산 중 함량 (%)	융점 (℃)	탄소수 (C)	
포화지방산				
뷰틸산	3.0 - 4.5	- 7.9	4	실온에서 액체
카프로산	1.3 - 2.2	- 1.5	6	
카프릴산	0.8 - 2.5	+ 16.5	8	
카프르산	1.8 - 3.8	+ 31.4	10	실온에서 고체
라우르산	2.0 - 5.0	+ 43.6	12	
미리스틸산	7.0 - 11.0	+ 53.8	14	
팔미트산	25.0 - 29.0	+ 62.6	16	
스테아르산	7.0 - 3.0	+ 69.3	18	
불포화지방산				
올레산	30.0 - 40.0	+ 14.0	18	실온에서 액체
리놀레산	2.0 - 3.0	- 5.0	18	
리놀렌산	up to 1.0	- 5.0	18	
아라키돈산	up to 1.0	- 49.5	20	

(Dairy processing Handbook, Tetra Pak processing systems,1995)

우유지방에 많은 단일불포화지방산인 올레산(n-9계열)은 산화되기가 어렵고 혈중의 콜레스테롤을 감소시키는 작용을 하고 있으며 위액의 분비를 촉진하는 효과가 있는 것으로 알려져 있다.

우유에 함유되어있는 포화지방산에는 뷰틸산 등의 단쇄지방산이 많이 함유되어있다. 그러나 단쇄지방산은 에너지원으로 대사되기 때문에 체지방으로 축적되기는 어렵다. 따라서 우유의 지방산은 포화지방산이 많다고는 하나 다불포화지방산의 함량이 낮기 때문에 지방의 산화에 대한 염려가 크지 않다고 하겠다.

또한 포화지방산의 구성도 소화흡수가 어려운 장쇄포화지방산보다 위나 소장점막에서 직접 소화흡수 되는 뷰틸산과 같은 단쇄지방산이 주로 많기 때문에 영양학적으로도 매우 우수하게 이루어져 있다.

일반적으로 보통음식을 통해서 공급해 주어야 하는 콜레스테롤의 양은 하루에 300~500mg 이라고 알려져 있다. 흔히 우유를 마시면 혈중 콜레스테롤이 높아진다고 생각하는 사람들이 있다. 그러나 우유 1컵(200mL)에 들어있는 콜레스테롤의 양은 25mg 정도로 콜레스데롤의 섭취냥을 하루 300mg이라고 할 경우 약 8%에 지나지 않는다. 따라서 일반적으로 섭취하는 우유의 양을 기준할 때 우유속의 콜레스테롤 함량이 혈중 콜레스테롤의 함량을 현저하게 증가시켜 건강에 나쁜 영향을 미친다고 보기에는 어렵다.

유지방에는 체지방 감소기능을 하는 공액리놀레산(CLA:conjugated linoleic acid), 뇌의 발달과 정상적인 두뇌기능을 유지하는데 필요한 콜린(choline), 두뇌활성물질이면서도 암세포억제기능을 가지고 있는 것으로 알려져 있는 강글리오시드(ganglioside) 등의 생리활성 성분이 또한 함유되어 있다.

3) 우유의 탄수화물

우유의 유고형분 가운데 가장 많은 성분이 탄수화물로서 약 4.7% 함유되어 있다. 탄수화물 중 99.9%가 유당(lactose)이다. 유당은 포유동물 이외에는 거의 존재하지 않는 특유의 탄수화물로 젖을 먹는 유아의 중요한 에너지원이 된다. 유당은 포도당과 갈락토스가 결합된 이당류로서 그 단맛은 설탕의 약 1/5,과당의 1/10에 지나지 않는다. 사람의 뇌, 신경, 근육, 적혈구 등은 포도당만이 에너지원으로 사용된다.

유아기에는 유당이 유일한 에너지원이 될 뿐만 아니라 장내의 유익한 균인 비피도박테리아

(Bifidobacteria)의 성장을 촉진하여 장을 건강하게 유지시켜주기도 한다. 모유를 수유하는 아기들 장내세균의 대부분은 비피도박테리아인데 장내 감염을 방지하는 작용을 한다. 유당은 성인에 있어서도 장내 유익한 균의 성장을 촉진하며 유해한 균의 성장을 방지하는 역할을 한다. 또한 칼슘 및 철분의 흡수를 촉진하는 작용도 있어 영양면에서 대단히 유익한 특성을 가지고 있다.

유당을 분해하는 효소를 락타제(lactase)라고 하는데 사람에 따라서는 이 효소의 활성이 매우 약하거나 이 효소의 결핍에 의하여 우유를 먹고 나면 설사나 가스가 발생하고 복부의 경련 등이 일어나는 경우가 있다. 이러한 현상을 유당소화장애, 또는 유당불내증이라고 한다. 이러한 증상은 섭취한 유당이 분해되지 않고 대장으로 들어가 대장에 살고 있는 미생물에 의해 분해되어 가스가 발생되고 이로 인해 복부의 경련, 팽배 등의 증상이 나타나게 된다.

유당분해효소의 결핍은 위장염이 걸렸을 경우, 유전적인 결함에 기인하는 경우, 인종에 따라 결핍증세가 다르게 나타난다. 백인은 유당불내증이 나타나는 비율이 가장 낮고, 유색인종에서는 증가하며, 한국인은 아프리카 원주민에 비해서 유당불내증을 나타내는 비율이 낮지만 백인에 비해서는 월등히 높은 것으로 알려져 있다.

4) 우유의 무기질

우유는 약 0.7% 전후의 무기질이 함유되어 있다. 우유에는 K, Ca, P, Na, Mg, Zn, Cu, 등 생체내에서 발견되는 대부분의 종류가 함유되어 있다. 함유량이 많은 것은 칼륨(K), 나트륨(Na), 칼슘(Ca),마그네슘(Mg), 인(P), 황(S), 염소(Cl) 등이다.

우유 1컵(약 200ml) 에는 칼슘 220mg, 칼륨 270mg, 나트륨 100mg, 마그네슘 25mg 이 함유되어 있으며, 그 외 인, 염소, 황, 철분, 셀레늄 등 미량의 무기질이 함유되어 있다. 무기질 가운데 주목받고 있는 것은 칼슘이라고 하겠다.

포식의 시대라고 하지만 아직까지 한국 사람에게 칼슘은 부족한 영양소이다. 우유는 칼슘 공급식품으로 최적의 식품이라고 할 수 있다. 칼슘은 소화 흡수되기 어려운 영양소인데 칼슘의 흡수율은 우유 40%, 작은 생선 33%, 야채 19% 라는 실험 결과가 있다. 한국인은 하루 평균 200mg의 칼슘이 부족하다고 한다. 성인이 하루 400ml의 우유를 마실 경우 400mg 이상의 칼슘을 섭취할 수 있으며, 소화흡수율을 50%로 가정하더라도 하루에 200mg의 칼슘을 섭취할 수 있다. 우유의 칼슘이 다른 식품에 함유되어 있는 칼슘보다 흡수율이 높은데 그 이유는 우유 속에서 칼슘이 가용성 상태로 상당 부분이 존재하고 있기 때문이다. 또한 우유 단백질의 80%를 차지하고 있는 카세인이 장에서 소화되는 과정에서 카세인 포스포펩타이드(casein phosphopeptide :CPP)가 만들어져 이것이 칼슘을 가용화하여 흡수를 촉진하게 된다. 또한 칼슘의 흡수는 유당의 분해에 의해서 생성되는 젖산이 장내의 산도를 증가시킴으로써 촉진된다.

칼슘의 소화 흡수 기구는 매우 복잡하여, 다른 영양소와의 관계에서 칼슘의 흡수는 영향을 받는다. 예를 들면 아미노산인 리신, 알기닌 등은 칼슘의 흡수를 촉진 시킨다고 알려져 있다. 또 유당과 리신이 함께 있으면 칼슘의 흡수 촉진 효과가 나타난다. 우유 단백질에는 리신이 많이 함유되어 있어 칼슘의 흡수가 잘 된다.

우유에는 칼륨도 풍부하게 함유되어 있는데 칼륨은 신경전달, 세포내의 pH유지 등 중요한 역할을 생체 내 에서 한다. 칼륨은 식물성 식품에도 풍부하게 함유되어 있으나 수용성이기 때문에 요리에 의하여 손실이 많게 된다. 그러나 우유속의 칼륨은 거의 100% 그대로 흡수되기 때문에 칼륨 공급원으로서 우유는 매우 우수한 식품이라 할 수 있다.

5) 우유의 비타민

우유에는 다양한 종류의 대부분의 비타민이 함유되어 있다. 비타민 가운데 특히 많이 함유되어 있는 것은 B_2이다. B_2는 지방의 에너지 대사에서 없어서는 안 되는 조효소로서 기능을 하며 피부 및 점막의 발육 및 정상적인 기능을 유지시켜주며, 발육촉진작용이 있다.

우유에는 비타민 B_2이외에도 B군 비타민들이 비교적 많이 함유되어 있어 우유는 B군 비타민의 훌륭한 공급원이라고 하겠다. 우유에는 또한 지용성 비타민 가운데 비타민 A와 K가 비교적 그 함량이 많다. 비타민 A는 항산화 작용이 있으며, 비티민 K는 칼슘이 뼈에 침착되는 것을 도와주는 효과가 있는데 우유 속에 풍부한 칼슘과 더불어 비타민 k가 풍부하게 함유되어 있다는 것은 자연의 섭리라고 할 수 있다.

4. 유산균과 발효유

1) 유산균(乳酸菌)이란?

유산균은 우유 속에 들어 있는 유당이나 포도당과 같은 탄수화물을 이용하여 젖산을 생성하는 박테리아 이다.

유산균에는 유산만을 생성하는 균과 유산 이외에 초산 에칠알콜, 탄산가스등을 생산하는 유산균으로 나눌 수 있으며, 그 모양은 공 모양을 하고 있는 구균과 막대모양을 하고 있는 간균이 있다. 이러한 유산균은 1857년 프랑스의 미생물학자 파스퇴르(Louis Pasteur, 1807-1893)에 의하여 최초로 발견되었다.

유산균에는 300-400여 종류가 알려져 있으며,유산균은 사람이나 동물의 장내, 가열하지 않은 원유 등 자연계에 널리 분포되어 있다. 유산균은 0-4℃에서는 생육이 정지되며, 8℃이상에서는 생육이 서서히 시작되며, 37℃전후에서 가장 활발하게 생장하기 시작한다.60℃이상이 되면 생존하지 못하고 대부분 사멸된다.

유산균은 발효과정을 통해 여러 가지 다양한 종류의 2차 대사산물을 만들며, 또한 항균활성 펩타이드인 박테리오신을 생성하기도 한다. 유산균들은 다양한 형태의 단백질 분해효소들을 가지고 있어서 우유단백질의 소화를 돕는데도 중요한 역할을 한다.

전통적인 발효유 제조에 사용되는 유산균은 *Lactobacillus bulgaricus*와 *Streptococcus thermophilus*가 있으며, 그 외 *Lactobacillus acidophilus, Lactobacillus casei, Bifidobacterium bifidum* 등이 있다.

5. 유제품과 건강

1) 발효유

발효유는 우유를 적당한 유산균으로 발효시키면 유산균에 의하여 생성된 젖산에 의하여 우유가 응고된 발효 유제품이다. 발효유는 소련의 생물학자 메치니코프(Elie Metchnikoff,

1845-1916)가 불가리아지방 사람들이 장수하는 원인이 불가리아유(요구르트 일종)를 먹기 때문이라고 하는 발효유의 불로장수설을 발표한 다음 유산균 발효유과학은 새로운 전기를 맞이하여 발전하기 시작하였다.

발효유는 전 세계적으로 많은 국가에서 생산, 판매되고 있으며, 발효유제품의 소비는 전 세계적으로 계속 증가하는 추세에 있으며, 최근 영양생리적인 효과에 대한 과학적 연구와 더불어 유산균의 종류에 따라 새로운 건강증진효과가 하나씩 검증되어 가고 있다.

발효유의 영양적 가치는 기본적으로 발효유의 원료인 우유의 영양적 특성을 그대로 간직한 채 유산균에 의한 발효과정 중 생성되는 각종 대사산물이 추가되어 그 영양적 가치는 우유보다 우수하다고 할 수 있다. 발효유 제조과정에서 단백질은 유산균에 의하여 일부 분해되어 소화 흡수되기 쉬운 펩타이드나 유리아미노산으로 분해되어 단백질의 소화 흡수력이 향상된다.

지방은 부분적 분해과정을 통하여 발효유제품의 독특한 향미를 형성하며, 유당은 발효과정 중 글루코스와 갈락토스로 분해된 다음 젖산을 생성하고, 이러한 젖산은 부드러운 신맛과 상큼한 맛을 주어 기호성을 좋게 해주고 칼슘과 다른 무기물의 흡수를 촉진시켜준다. 또한 젖산은 위와 장의 pH에 영향을 미치며, 여러 소화액의 분비를 증진시켜준다.

유산균 균체는 위산이나 담즙에 의하여 균 자체는 사멸하여도 균체성분은 여러 가지 생체에 유익한 효과를 기대할 수 있다. 사람의 장내에는 100조개에 가까운 균들이 서식하고 있으며, 그 종류는 약 400여종을 초과한다.

살아있는 유산균은 장내에 까지 도달하여 유해한 균에 대한 항균성물질을 생성하거나, 장의 pH를 산성으로 만들어 유해한 균의 증식을 억제하고, 장내의 유해물질을 분해하고, 독소의 중화 등의 효과로 인하여 항균작용, 항암작용, 면역증진작용 여러 가지 건강증진효과를 나타낸다. 또한 발효유는 설사 및 변비의 개선효과가 있으며, 혈중 콜레스테롤 저하효과가 보고되고 있다.

유산균은 발효과정에서 일부 비타민과 효소를 합성하는 것으로 알려져 있으며, 여러 가지 생리활성물질들을 만들어 낸다. 유산균의 생리활성에 대한 최신의 연구들로 인해 우유와 유제품의 영양학적인 가치는 더욱 중요시 되고 있으며 품질향상에도 중요한 역할을 담당하고 있다.

2) 치즈

치즈의 기원은 인류가 포유동물을 가축화하여 그 유즙을 이용하기 시작한 때부터 시작되었을 것으로 보인다. 고대문명에서 구체적으로 치즈를 어떻게 제조하였고, 어떤 기구들을 이용하였는가 하는 것 등에 관한 어떠한 구체적 고고학적 증거는 없다. 다만 우유를 응고시키는 응유효소의 발견은 인류역사상 술이나 노래보다도 먼저 우연에 의하여 발견된 것으로 보인다.

아랍의 역사에서도 사막을 횡단하는 대상들이 건조된 양의 위에 우유를 담아가지고 다녔다는 확실한 기록이 있고, 이들이 다른 우유보다 신속하게 잘 우유가 응고되는 것을 확인하였을 것이며, 수많은 시행착오를 거쳐 현재의 치즈와 비슷한 응고물을 만들어 먹기 시작하였으며, 이러한 기술이 인류의 이동과 함께 전 세계적으로 유포되어 현재에 이르기까지 전해졌을 것으로 생각할 수 있다.

치즈란 우유, 탈지유, 크림, 버터밀크 등의 원료 우유 및 유제품을 유산균에 의해 발효시키고, 우유를 응고시키는 응유 효소를 가하여 응고시킨 후 유청(whey)을 제거한 다음 가열 또는 가압 등 여러 처리에 의해 만들어진 신선한 응고물을 적당한 온도 와 습도, 적당한 기간 동안 숙성시킨 제품을 말하며, 이러한 치즈를 자연치즈(natural cheese)라고 한다. 자연치즈에는 약 800여 종류가 있다

보통 슬라이스 형태로 판매되는 가공 치즈(process cheese)는 한 종류 내지 두 종류 이상의 자연치즈에 탈지분유를 첨가하여 단백질을 보충하고, 버터를 첨가하여 지방을 보충한 후 이것을 한번 끓여서 녹였다가 다시 냉각시켜 오랜 유통기간에도 변질되지 않도록 가공한 치즈이다. 가공치즈는 자연치즈와 영양적인 면에서는 차이가 없으나 다만 치즈의 고유한 향과 맛, 조직감에 있어서는 자연치즈에 비하여 부족한 편이다.

치즈에는 쇠고기에 비하여 단백질이 약 1.5배, 칼슘은 약 200배가 더 들어 있어 흰고기라 불리기도 한다. 치즈는 숙성이라는 과정을 거치면서 단백질, 지방, 유당 등이 저분자 물질로 분해되어 장에서의 소화가 쉬우며, 양질의 지방과 비타민, 칼슘,구리, 철분, 아연 등의 무기질이 풍부하게 함유되어 있어 특히 어린이의 성장 발달과 노약자를 위하여 좋은 식품이라고 할 수 있다.

동물의 변천사

김 종 복 (강원대학교 교수)

태초이래로 지구상에는 다양한 동물 종 들이 탄생했다 사멸하는 과정이 반복되어 왔다. 현존하는 동물 종들은 인간과 더불어 현재의 지구 환경을 구성하며 상호간에 중요한 영향을 미치고 있는데 특히 동물 종 중 일부는 인간에 의해 길들여지며 야생에서의 습성을 잃고 인간의 의도에 따른 변화를 겪어 왔다. 우리는 이러한 동물 종을 가축이라고 한다. 가축들은 인간과 밀접하게 접촉하며 인간의 사회, 경제, 문화적으로 중요한 역할을 담당하고 있는데 특히 포유류에 속하는 동물 종 들이 인간의 생활에 큰 영향을 미쳐왔다. 이 장에서는 인간의 생활에 중요한 역할을 미치고 있는 여러 동물 종 들 중에서 포유류를 중심으로 하여 이 동물 종 들이 어떻게 변화되어 왔는지, 그리고 인간이 이 가축들을 변화시키는 위해서 어떠한 방법을 사용하고 있는지를 간략히 기술한다.

1. 진화와 종의 분화

진화란 생물집단이 생식을 통해 대를 이어 가는 과정에서 환경에 적응하기위해 변화하고 그 변화가 축적되어 가는 것을 말한다. 이러한 변화가 축적되어 나가다 보면 새로운 종이 탄생하게 된다. 오늘날 인정되고 있는 진화의 기본 이론을 처음 주장한 사람은 다윈으로 다윈의 진화론은 다음과 같은 내용을 담고 있다. "생물종은 꾸준히 변화한다. 오늘날의 많은 생물종들 사이에는 공통조상이 있다. 한 집단을 구성하는 개체들 사이에는 항상 차이가 존재한다. 개체들은 끊임없이 변화하는 환경조건하에서 살아남기 위해 경쟁한다.

환경에 대한 적응을 통해 생존 경쟁에 성공한 개체는 살아남아 자신의 유전자를 후손에게 전달해주지만, 환경적응에 실패한 개체는 자신의 유전자를 물려주지 못하기 때문에 환경에 잘 맞는 특성은 그 집단에 유지되며 그렇지 못한 특성은 그 집단에서 사라진다. 집단에서 나타나는 이러한 변화는 오랜 시간 동안 축적되어 결국에는 새로운 종으로 변하게 된다." 다윈이 진화의 이론을 처음 발표한 이후에도 유전학, 통계학, 해부학, 발생학, 생화학, 지질학 등의 발전과 아울러 새롭게 발견되는 생물종과 화석 등을 통해 진화의 증거는 더욱 명확해지고 있다.

종 분화(Speciation)는 이미 존재하고 있던 하나의 종으로부터 여러 개의 새로운 생물종이 만들어지는 진화의 과정이다. 종 분화 기작에 대해서는 여러 가지 이론이 있으나 많은 동물 종들은 이소종분화(異所種分化, Allopatric Speciation)라는 과정을 통해 형성된 것으로 여겨지고 있다.

이소종분화란 지리적 격리를 거쳐 새로운 종이 형성되는 과정을 설명하는 것인데 일단 하나의 무리가 어떠한 이유 즉 이주 또는 지각의 이동과 같은 원인으로 인해 여러 개의 그룹으로 격리 된 후(지리적 격리), 격리된 그룹 간에 서로 교류가 없는 상태에서(생식적 격리) 오래 시간 각자의 환경에 적응하기 위한 독립적인 진화 과정을 겪게 되면 비록 출발은 같은 무리였지만 서로 간에 번식이 불가능한 이종 집단으로 분화된다는 것이다.

생명의 기원에 대해서는 아직 밝혀진 것이 없기 때문에 이 지구상에 모든 생물체의 공통조상이 언제 어떻게 존재했는지는 정확히 설명할 수 없지만 지구상에 현존하거나 이미 멸종한 생물군들의 공통 조상이 되는 한 무리를 가상할 수 있다. 그 공통 조상이 되는 무리는 우연히 여러 개의 작은 무리로 나누어지게 되었고, 나누어진 여러 개의 작은 무리들은 독립적으로 자신들만의 독특한 진화를 겪어 왔으며 이러한 과정이 계층적으로 내려가면서 오늘날 지구상에 존재하는 수많은 생물종이 만들어지게 되었다는 것을 추론할 수 있는데, 이런 종 분화과정에서 성공하기 위해서는 환경에 적응하고 생존 경쟁에서 성공해야만 한다. 만약 환경적응과 생존경쟁에서 실패한다면 그 종 들은 멸종하게 된다. 그래서 오늘날 우리 주변에 존재하는 수많은 생물종 들은 각자의 환경적응과 생존경쟁에서 승리한 무리로 볼 수 있다. 오랜 진화의 과정을 설명해주는 화석기록들을 보면 환경적응에 실패해서 멸종한 생물들이 현존하는 생물종 들 보다 더 많았을 것으로 추측되는데 지금도 우리가 감지하지 못하는 사이에 새로운 종들은 만들어지고 있으며 이와 더불어 환경적응과 생존경쟁에 실패하여 멸종하는 종 들이 나타나고 있다.

2. 포유류 동물들의 일반적 특징과 동물분류학상의 위치

지구상에 존재하는 생물을 분류하는 일은 수많은 종류의 생물을 연구의 대상으로 하는 자연과학 분야에서는 매우 중요한 일이다. 생물분류는 처음 그리스의 아리스토텔레스에 의해 동물을 대상으로 시도되었다. 그 후 린네는 식물과 동물을 모두 아우르는 생물체에 대한 분류방법을 고안하였는데 종의 학명에 이명법을 부여하고 분류체계를 종의 상위단계로서 속, 그 상위단계의 분류 계급으로서 강, 그리고 강의 상위단계 분류계급으로 목을 두는 분류체계를 제시했다. 이러한 린네의 생물분류 방법은 그 후에 나타난 수많은 학문적 증거에 의해 상당한 변화를 거치고 있으며 앞으로도 분류체계는 새로운 증거가 나타남에 따라 상당한 변화를 겪을 것이다.

오늘날 일반적으로 사용되는 생명체의 분류단계는 기본적으로 도메인(Domain)을 시작으로 그 아래에 계(Kingdom), 문(Phylum), 강(Class), 목(Order), 과(Family), 속(Genus), 종(Species)의 계급이 계층적인 구조를 이루고 있는데 새로운 분류단계의 필요성이 제기됨에 따라 각 분류계급 사이에 중간단계의 분류계급을 배치하고 있다. 이러한 세부분류단계를 포함하게 되면 위의 8단계 분류체계는 다음과 같은 분류체계로 더욱 복잡해진다.

도메인(Domain)〉계(Kingdom)〉아계(Subkingdom)〉상문(Superphylum)〉문(Phylum)〉아문(Subphylum)〉상강(Superclass)〉강(Class)〉아강(Subclass)〉하강(Infraclass)〉소강(Parvclass)〉상목(Superorder)〉목(Order)〉아목(Suborder)〉하목(Infraorder)〉소목(Parvorder)〉상과(Superfamily)〉과(Family)〉아과(Subfamily)〉족(Tribe)〉아족(Subtribe)〉속(Genus)〉아속(Subgenus)〉종(Species)〉아종(Subspecies)〉

생물을 동물계와 식물계로 구분했던 린네의 분류방식은 여러 학자들의 연구와 주장을 통해 다양하게 수정되어 오다가 1969년 휘태커에 의해 전체 생물을 모네라계, 원생생물계, 균류계, 식물계, 동물계 등 5계로 분류하는 체계가 제시되었다. 휘태커의 안이 제시된 이후에도 여러 학자들이 생물계를 구분하는 나름대로의 안을 제시하고 있으나 휘태커가 제시한 모네라(Monera), 원생생물(Protista), 균류(Fungi), 식물(Plantea), 동물(Animalia) 등 5개의 계(Kingdom)로 생물들을 분류하는 방안이 아직도 널리 이용되고 있다.

1) 척추동물과 포유류

동물계에 속한 생물체 중에는 발생 시 척삭이 만들어지는 무리와 척삭이 만들어지지 않는 무리가 있는데 이러한 차이를 적용하여 척삭이 만들어지는 무리들을 척삭동물문(Phylum Chordata)으로 분류한다. 척삭이란 몸의 가운데 등을 따라 세로 방향으로 뻗어있는 막대모양의 지지기관을 말하는데 이 척삭이 어떤 무리에서는 연골이나 경골로 이루어진 척추로 변하지만(척추동물아문), 어떤 무리에서는 척삭이 생겼다가 성장하면서 사라지거나(피낭동물아문, 예전의 미삭동물아문), 척추로 변하지 않고 처음의 척삭 상태

그대로 남아있게 된다(두삭동물아문).

척추동물이란 척추동물문 내의 하위 분류단계인 척추동물아문(Subphylum Vertebrata)에 속하는 동물들을 말하며 연골어류, 경골어류, 조류, 포유류, 파충류, 양서류 등이 여기에 속한다. 이 들은 척추가 단단한 뼈로 이루어져 있거나 연골로 이루어져 있는데, 척추가 연골로 형성된 동물로는 가오리나 상어류 물고기가 있다. 척추동물의 일반적 특성을 보면 1) 몸은 머리, 몸체, 꼬리로 구성되며 어떤 동물류에서는 머리와 몸체 사이에 목이 있다. 2) 골격은 머리뼈, 척추, 갈비뼈 등을 포함하는 중축골격과 사지를 형성하는 측골격으로 되어 있다. 3) 표피와 진피로 구성되는 피부는 선(Glands), 비늘(Scales), 깃털(Feather), 발톱(Claws), 뿔(Horns), 털(Hair) 등으로 변화한다. 4) 몸체에는 2쌍의 부속지(附屬肢, Appendages)가 있어서 이것이 사지동물(四肢動物)에서는 앞다리와 뒷다리가 된다.

척추동물 중에서 어류를 제외한 양서류, 파충류, 조류 및 포유류는 4지를 가지고 있다는 공통점이 있다. 그래서 이들을 사지상강(Superclass Tetrapods)이라는 분류그룹으로 묶기도 하는데 사지상강에 속하는 동물들은 3마디로 이루어지는 사지(四肢)를 가지고 있으며 각 지(肢)의 마지막 마디는 원칙적으로 5개의 가지가 있어서 이것이 사람에서는 발가락과 손가락이 되며, 동물에서는 앞발굽과 뒤발굽이 된다. 사지상강에 속하는 동물 중에 양서류를 제외한 파충류, 조류, 포유류는 발생과정 중에 배아를 둘러싸는 양막을 형성하기 때문에 이들을 양막류 동물(Amniota)로 분류하기도 한다.

포유동물이란 동물분류단계에서 포유강(Class Mammalia)에 속하는 동물들을 지칭하며 다음과 같은 특징을 가지고 있다. 1) 젖을 분비하고 이 젖을 이용하여 새끼를 기른다. 2) 대부분의 동물에서 배뇨생식기와 항문이 분리되어 있다. 3) 털을 가지고 있다. 4) 피부에는 땀샘, 피지선, 냄새선이 있다. 5) 온혈동물이다. 지구상에 현존하는 포유류는 분류방법에 따라 29목, 153과, 1,200속 안에 대략 5,400종 정도가 있는 것으로 알려지고 있는데 가장 작은 동물은 몸길이가 30-40 mm 정도에 불과한 Bumblebee Bat이라고 불리는 박쥐류 동물이며 가장 큰 동물은 몸길이가 33 m 정도되는 대왕고래(Blue Whale)이다.

포유류 동물은 다시 알을 낳는 원수아강(原獸亞綱, Prototheria)과 새끼를 낳는 수아강(獸亞綱, Theria) 등 두 개의 아강(Subclass)으로 구분할 수 있다. 원수아강에는 단공목(Order Monotrameta) 하나뿐인데 이 목에 속하는 동물로는 오스트레일리아에 서식하는 오리너구리나 오스트레일리아, 뉴기니 등지에 서식하고 있는 가시 두더지 등이 있다. 이 동물들은 어미가 알을 낳아 부화한 후 젖을 먹여 기른다. 단공목에 속하는 동물들을 지칭하는 'monoterem'이라는 단어는 그리스어에서 유래한 것으로 '하나의 구멍'을 의미하는데 다른 포유류들은 배변과 생식에 필요한 관이 구분되어 있어서 배출구가 따로 되어 있지만 단공류에 속하는 동물들은 소화관 말단 개구부와 비뇨생식기관의 개구부가 한 장소에 모인 후 동일한 배출구로 배설이 이루어진다. 즉 배분하는 통로, 배뇨하는 통로, 산란이나 분만을 하는 통로가 같다는 특성이 있다. 이러한 구조는 조류에서 볼 수 있는 것인데, 이렇게 배변과 배뇨, 생식에 필요한 관들이 한곳에 모이는 해부학적 기관을 총배설강(總排泄腔, Cloaca)이라고 한다.

포유류 중에서 단공류를 제외한 나머지 즉 수아강 그룹에 속하는 동물들은 단공류와 달리 새끼를 낳는 특성을 가지고 있는데 몸속에서 태아가 자라는 장소인 태반의 발달 정도에 따라 유대류와 태반류로 구분한다.

유대류는 태생 포유류이지만 태반이 없거나 불완전하기 때문에 어미의 뱃속에 있는 태아는 완전히 성숙되지 않은 채로 태어나 어미의 배 부분에 있는 육아낭(育兒囊)에서 어미가 분비해주는 젖을 먹으며 자란다. 유대류는 암컷 생식기의 자궁과 질이 두 개씩 있고 대부분의 종에서는 수컷의 음경도 두 갈래로 가지가 져있다. 오늘날 현존하는 유대류 동물들은 캥거루, 코알라, 주머니쥐, 주머니고양이, 웜뱃 등 약 248종이 있는데 이들은 주로 오스트레일리아와 인근 섬 지역에 서식하고 일부 종들은 아메리카대륙에서 서식하고 있다.

2) 인간과 밀접한 관계를 맺고 있는 유제류(有蹄類, Ungulate) 동물들

태반 포유류 중에서 발굽을 갖고 있는 동물들을 유제류라고 한다. 유제류에는 인간에게 영양적으로, 경제적으로 그리고 문화적으로 중요한 영향을 미치고 있는 대부분의 포유류들이 포함되어 있는데 우리에게 널리 알려져 있는 소, 말, 당나귀, 돼지, 염소, 면양, 사슴 등과 같은 가축들뿐만 아니라 하마, 얼룩말, 영양, 기린, 맥과 같은 야생동물들이 있다. 유제류 동물 들은 다시 발굽의 수가 홀수인 기제목(奇蹄目, 말목, Order Perissodactyla) 그리고 발굽의 수가 짝수인 우제목(偶蹄目, 소목, Order Artodactyla)으로 분류된다.

(1) 기제목(말목, Order Perissodactyla)

우리나라에서는 '기제목' 대신에 가장 널리 알려져 있는 기제류 동물인 말을 선택하여 '말목'이라는 용어를 사용한다. 이 그룹에 속하는 동물들은 발굽의 수가 홀수라는 점

외에도 다음과 같은 일반적인 특징을 가지고 있다.

임신기간은 비교적 긴 편으로서 말의 11개월부터 하마의 16개월 까지 종별로 차이를 보이고 있다. 대부분의 경우에는 한 번의 출산에 한 마리의 새끼를 분만하지만 간혹 두 마리의 새끼를 분만하는 경우도 있다. 갓 태어난 새끼는 출생 후 곧바로 걸을 수 있지만 어미에 의존해서 생활하며 보통은 이유 후에도 어미를 떠나지 않고 있다가 어미가 다음 새끼를 출산하기위해서 강제로 몰아낼 때까지 어미와 같이 있는 경우가 많다. 풀 속의 섬유소를 맹장에서 분해하여 자신의 영양소로 이용한다.

기제목(Order Perisodactyla)내에는 말과(Family Equidae), 맥과(Family Tapiridae), 코뿔소과(Family Rhinocerotidae) 등 3개의 과(Family)에 속하는 동물들이 현존해 있다.

말과(Family Eqidae)에는 말속(Genus Equus)만이 유일하며 이 말속 내에는 야생말(Wild horse, ***E. ferus***), 아프리카 야생 당나귀(African wild Ass, ***E. africanus***), 아시아 야생당나귀(Onager or Asiatic ass, ***E. hemionus***), 키앙(Kiang, ***E. kiang***), 그레비얼룩말(Grevy's Zebra, ***E. grevyi***), Plains Zebra(***E. quagga***), Mountain Zebra(***E. zebra***) 등이 있으며 가축말은 야생말(Wild horse) 내의 아종(Subspecies)으로 ***E. ferus caballus***라는 학명을 갖는다. 말속에 속하는 동물 중에서 가장 먼저 인간에 의해 길들여진 즉 축화된 동물은 당나귀로 기원전 5000년경에 이집트에서 축화 되었고, 그 후 약 1000년이 지나서 말이 축화된 것으로 알려지고 있다.

야생말에는 가축말(***E. ferus caballus***) 뿐만 아니라 타르판(Tarpan)과 푸르제발스키(Przewalski) 등 두 아종(Subspecies)이 있다. 유라시안 야생말로도 알려져 있는 타르판은 19세기에 멸종한 것으로 알려져 있으며 가축말의 가장 가까운 야생 조상으로 여겨지고 있는데 타르판 말을 복원하기 위한 노력이 1930년대부터 시도 되어 현재 타르판의 유전적 특성을 많이 담고 있는 새로운 말 품종 들이 만들어 졌다.

아프리카 야생 당나귀는 오늘날 가축 당나귀(***Equus africanus asinus***)의 야생 선조로 알려져 있으며 한때 아프리카 대륙의 수단, 이집트, 리비아 등 넓은 지역에 분포하고 있었으나 현재는 아프리카 동북부 에리트리아, 에티오피아, 소말리아 등의 건조 사막지대에 소수가 서식하고 있는 것으로 알려져 있다. 아시아 야생 당나귀는 Onager라는 이름으로 불리어 지기도 하며 시리아, 이란, 파키스탄, 인도, 이스라엘 등의 사막지대에 서식하는 것으로 알려져 있다. 키앙은 한때 아시아 야생당나귀의 아종으로 분류된 적이 있으나 지금은 독립된 종으로 인정받고 있는데 야생 당나귀 류 중 가장 체구가 큰 종으로 지금은 인도의

라다크 지방이나 티베트와 네팔 사이의 국경을 따라 서식하고 있는 것으로 알려져 있다.

말속에 속하는 동물들의 특징은 무리를 지어 생활하면서 맹장에서 식물성 섬유소(셀룰로스)를 분해하여 자신의 영양소로 이용한다는 점 외에도 머리가 길고 목덜미에 갈기를 가지고 있으며 귀를 움직일 수 있다는 특징을 갖고 있다.

맥과 (Family Tapiridae)에는 맥속(Genus Tapirus) 만이 유일하며 이 속내에는 남아메리카맥(Brazilian tapir, ***T. terrestris***); 말레이맥(Malayan tapir, ***T. indicus***), 베어드맥(Baird's Tapir, ***T. bairdii***), 산맥(Mountain Tapir, ***T. pinchaque***)등 4 종이 현존하고 있는데 이 중 말레이맥만이 동남아시아에 서식하고 있으며 나머지 3종은 중남미 지역에 서식하고 있다. 생긴 모양은 돼지와 비슷하며 유연한 코가 특징적인 외모를 형성하고 있으며 앞발은 발가락이 4개로 짝수이지만 뒷발은 발가락이 3개로 홀수이다. 현존하는 4개종 모두 멸종위기에 처해있으며 종별로 염색체수가 달라서 베어드맥과 남아메리카맥은 염색체가 80개이나, 산맥은 76개, 말레이맥은 52개로 알려져 있다. 그리고 어미는 약 13개월의 임신기간을 거쳐 새끼를 분만하며 새끼와 함께 있을 때를 제외하고는 고립된 생활을 한다. 야생에서 맥들의 자연수명은 15-30년으로 알려져 있다.

코뿔소과(Family Rhinocerotidae)에는 4개의 속(Genus)내에 흰코뿔소(White Dhinoceros, ***Ceratotherium simum***), 검은코뿔소(Black Rhinoceros, ***Diceros bicornis***), 수마트라코뿔소(Sumatran Rhinoceros, ***Dicerorhinus sumatrensis***), 인도코뿔소(Indian Rhinoceros, ***Rhinoceros unicornis***), 자바코뿔소(Javan Rhinoceros, ***Rhinoceros sondaicus***) 등 5종이 현존한다. 이 중 검은 코뿔소와 흰코뿔소는 아프리카에 서식하고 있고 나머지 3종은 아시아에 서식하는데 야생상태에서 자연수명은 60년 이상이지만 무분별한 사냥으로 인해 심각한 멸종위기에 처해 있으며 특히 검정코뿔소, 자바코뿔소 및 수마트라 코뿔소가 멸종의 위험성이 더 심각하다. 코뿔소과에 속하는 동물들은 체구가 커서 보통 1톤 이상의 체중을 유지하고 있으며 콜라겐층으로 형성된 두꺼운 피부가 격자형 구조로 형성되어 있으며 두뇌의 크기가 비교적 작고 큰 뿔을 가지고 있는 것이 특징인데 뿔은 케라틴 성분으로 형성되어 있다. 다섯 종 중에 인도코뿔소와 자바코뿔소는 뿔이 하나이고 나머지 종 들은 뿔이 두 개라는 차이점이 있다.

(2) 우제목(소목, Order Artiodactyla)

Artiodactyla 란 용어는 '짝수'를 의미하는 그리스어 artios와 '발굽'을 의미하는

daktulos의 합성어이다. 우리나라에서는 우제목 대신에 우제목에 속한 동물 중 하나인 소를 선택하여 소목이라는 용어를 사용한다. 소목에 속하는 동물은 약 220종이 현존하는 것으로 알려져 있는데 돼지(Pig), 페카리(Peccary), 쥐사슴(Mouse deer), 사슴(Deer), 기린(Giraffe), 가지뿔영양(Pronghorn), 영양(Antelopes), 면양(Sheep), 산양(Goat), 소(Cattlle) 등이 우제목에 속하는 동물들이다.

소목의 하위 분류단계로서 목(Order)과 과(Family) 사이에 낙타아목(혹은 핵각아목, Suborder Tylopoda), 돼지아목(Suborder Suina), 반추아목(Suborder Ruminantia) 등이 있다. 낙타아목(Suborder Tylopoda)에는 낙타과(Family Camelidae)에 속한 동물들 만 현존하고 있는데 라마속(Genus Lama)으로 분류되는 라마(Lama glama)와 과나코(Lama guanicoe), 비큐나속(Genus Vicugna)으로 분류되는 비큐나(Vicugna vicugna)와 알파카(Vicugna pacos) 그리고 낙타속(Genus Camelus)으로 분류되는 단봉낙타(Camelus dromedarious)와 쌍봉낙타(Camelus bactrianus)가 현존하는 낙타과 동물들이다. 현재 라마속의 2종과 비큐나속의 2종은 주로 남아메리카 지역에서 인간에 의해 사육되거나 야생상태로 서식하고 있으며, 낙타 속에 속하는 2종은 주로 아시아와 아프리카 지역에서 사육되고 있다.

낙타속의 2종을 각각 단봉낙타와 쌍봉낙타라고 부르는 이유는 등에 붙어 있는 혹의 개수가 각각 하나(단봉낙타)와 두 개(쌍봉낙타)이기 때문인데, 낙타 등에 붙어있는 혹에는 지방이 들어있어 낙타들은 사막을 이동할 때 수분이 부족하면 이 혹에 있는 지방을 분해해서 체내 대사에 필요한 수분으로 이용한다. 낙타속의 2종 중에서 단봉낙타(Dromedary)는 아라비아낙타라고도 부르며 북아프리카와 중동아시아 및 파키스탄이나 서부 인도 지역 등에서 사육되고 있고 쌍봉낙타(Bactrian Camel)는 중앙아시아, 중국 북부지역, 몽골 등 비교적 추운 지역에서 사육되고 있다. 그리고 호주에는 현재 야생에서 서식하고 있는 단봉낙타들이 있는데 이것들은 원래부터 야생종이 아니라 아시아 지역으로부터 수입했던 가축 낙타들이 야생으로 복귀한 것들이다.

돼지아목에는 돼지과(Family Suidae)에 속하는 19종과 페카리과(Family Tayassuidae)에 속하는 동물 4종이 있다. 페카리(미국멧돼지)는 북아메리카부터 중앙아메리카를 거쳐 남아메리카 지역까지 분포하는 야생 멧돼지류를 말한다. 페카리과에 속하는 동물들은 돼지와 비슷한 모양을 갖췄으나 성숙한 개체라고 하더라도 몸무게가 20내지 40kg 정도로 작은 편이며 이빨의 구성에서도 차이가 있어 집돼지는 총 44개의 영구치가 나있는 반면에

페카리는 총 38개의 이빨을 가지고 있다. 페카리는 사회적 동물이어서 무리를 형성하여 주로 낮 시간대에 생활을 한다. 페카리과에 속하는 동물은 4종이 현존하는 것으로 알려져 있다.

돼지과(Family Suidae)에 속하는 동물들은 바비루사속(Genus Babyrousa), 왕숲멧돼지속(Genus Hylochoerus), 혹멧돼지속(Genus Phacochoerus), 애기멧돼지속(Genus Porcula), 덤불멧돼지속(Genus Potamochoerus), 돼지속(Genus Sus) 등 5개의 속으로 분류된다. 현존하는 것으로 알려져 있는 바비루사속(Genus Babylusa)의 6종은 모두 동남아시아의 인도네시아나 슐라웨시섬 등지에 서식하고 있고 아프리카 대륙이나 마다가스카르 섬 등지에서는 왕숲멧돼지 속(Genus Hylochoerus)의 2종과 덤불멧돼지속(Genus Potamochoerus)의 2종이 서식하고 있는 것으로 알려져 있다.

애기멧돼지(Porcular)속에는 꼬마멧돼지(Pygmypig, ***Porcular salvania***) 한 종만이 현존하는 것으로 알려져 있는데 체구가 극히 작아 체중이 10 kg 내외에 불과한데, 과거에는 인도, 네팔, 부탄 등지에 분포하고 있었으나 지금은 인도 아샘 지역에서 만 발견되고 있을 뿐만 아니라 생존하고 있는 두수도 수 백 마리밖에 되지 않아 멸종위기종으로 분류되고 있다.

돼지속(Genus Sus)에는 멧돼지(***Sus scrofa***)를 포함하여 9종의 동물이 현존하고 있는 것으로 알려지고 있는데 멧돼지를 제외한 나머지 8종은 필리핀, 인도차이나, 인도네시아, 보르네오 등 동남아시아 지역에서만 발견된다. ***Sus scorfa***는 우리가 흔히 야산에서 발견할 수 있는 멧돼지(Wild pig)의 학명이다. 애초에는 북부유럽, 중부유럽, 북아프리카를 포함하는 지중해지역, 아시아 대륙 등에 서식하고 있었으나, 인간의 손에 의해 아메리카나 호주 등지에도 퍼지게 되었으며 전 세계적으로 적어도 19개의 아종이 존재하는 것으로 알려져 있다.

일반적으로는 가축돼지(집돼지)를 멧돼지(***Sus scorfa***)의 아종으로 분류하고 있으나 학자에 따라 독립된 종으로 보는 견해도 있는데 가축돼지를 멧돼지의 아종으로 분류할 경우 가축돼지의 학명은 ***Sus scorfa domesticus***로 표기하고 독립된 종으로 분류한다면 ***Sus domesticus***로 표기한다. 멧돼지는 몸에 비하여 머리가 크며 사지가 길고, 관절이 굵으며 피모가 많은 편이다. 이에 반하여 집돼지는 피하에 지방분이 축적되기 쉽고 발육이 빠르며 조숙하는 경향이 있다.

우제목에 속하는 동물 중에서 네 개의 위를 가지며 식물성 섬유소를 소화시킬 수 있는 동물을 반추동물이라고 하고 이런 동물들을 반추아목으로 분류하고 있다. 반추아목에 속하는 동물들이 가지고 있는 4개의 위는 각각 제1위, 2위, 3위, 4위로 부르며 이 중 제 1위와 2위를 합쳐서 반추위라고 하는데 이 반추위내에는 식물성 섬유소인 셀룰로오스를 분해하는 기능을 갖고 있는 많은 미생물 들이 서식하고 있다. 반추동물들은 제1위에서 소화되지 않은 내용물을 입으로 게움질 해서 저작한 후 다시 반추위로 넘기는 행위를 하는데 이것을 반추작용 혹은 되새김질이라고 한다.

풀을 소화해서 자신이 필요로 하는 영양소로 이용할 수 있는 능력은 반추동물만 가지고 있는 것이 아니다. 예를 들어 말, 토끼, 모르모트, 햄스터 같은 단위동물 중에는 반추동물의 제1위와 비슷한 기능을 가진 맹장과 대장을 갖고 있어 여기에서 셀룰로스의 소화가 일어난다. 이렇게 단위동물이지만 풀을 영양소로 이용하는 동물을 비반추 초식동물이라고 한다. 한 편 반추위를 가지고 있으나 반추아목에 속하지 않는 동물들도 있는데 낙타아목(핵각아목)으로 분류되는 낙타, 알파카, 라마 등이 그러한 부류에 속한다.

반추아목(Ruminantia)에 속하는 동물들은 다시 꼬마사슴과(Family Tragulidae), 사향노루과(Family Moschidae), 기린과(Family Giraffidae), 영양붙이과(Family Antilocapridae), 사슴과(Family Cervidae) 그리고 소과(Family Bovidae) 등으로 세분된다.

소과에는 소, 물소, 들소, 아프리카들소, 미국들소, 유럽들소, 야크, 아시아 야생소, 산양, 야생산양, 면양, 야생면양, 영양류 등이 대략 48속 135종으로 분류되어 현존하는 것으로 알려져 있다. 소과에 속한 동물들은 위턱에 앞니와 송곳니가 없으며 아래턱 송곳니는 있는 종과 없는 종이 있다. 소과에 속하는 모든 동물들은 4개의 발가락을 가지고 있는데 그중 가운데 2개의 발가락으로 체중을 지탱하며 외각에 있는 두 개의 발가락은 며느리발톱(dew-claws)이라고 하는데 아주 작고 바닥에 접촉되지 않는다.

소과 물소속(Family Bovidae, Genus Bubalus)으로 분류되는 동물 종으로는 아시아 가축물소(Domestic Asian Water Buffalo, ***Bubalus bubalis***), 아시아 야생물소(Wild Asian Water Buffalo, ***Bubalus arnee***), 아노아(Lowland Anoa, ***Bubalus depressicornis***), 산아노아(Mountain Anoa, ***Bubalus quarlesi***), 타마로(Tamaraw, ***Bubalus mindorensis***) 등이 있다. 타마로는 필리핀 지역에서만 그리고 아노아 종과 산아노아 종은 인도네시아에서만 발견되고 있는 멸종위기 종 들이다. 물소(아시아가축물소)는 대부분이 남부아시아지역에서 농경용으로 많이 사육되고 있으나 그 외 남아메리카, 남부유럽,

북부아프리카 등지에도 퍼져 사육되고 있다. 물소는 인간에게 농사에 필요한 노동력을 제공하는 것뿐만 아니라 고기와 젖을 제공하는데 물소 젖은 모짜렐라 치즈의 재료로 이용된다. 야생물소는 인도, 방글라데시, 파키스탄, 네팔, 부탄, 태국 등지에 서식하고 있으며 그 수가 급격히 감소하여 멸종위기 에 처한 것으로 간주되고 있다.

소과 소속(Family Bovidae, Genus Bos)으로 분류되는 동물 종으로는 반텡 (Banteng: ***Bos javanicus***), 가우르(Gaur, ***Bos gaurus***), 가얄(Gayal, Domestic gaur, Bos frontalis) 야크(Yak, ***Bos grunniens***), 가축소(Domestic Cattle, ***Bos taurus***), 코프레이(Kouprey, ***Bos sauveli***) 등이 있다. 반텡은 동남아시아에서 발견되는 야생소로서 동남아시아의 여러 지역에서 가축화 시도가 있었는데 인도네시아 등지에서 역용과 육용목적으로 사육되고 있는 발리소가 반텡을 축화 시켜서 성립된 소로 알려져 있다. 가우르(인도들소)는 대형 야생소로서 방글라데시, 부탄, 캄보디아, 중국, 인도, 라오스, 말레이시아, 미얀마, 네팔, 파키스탄, 태국, 베트남 등지에서 발견된다. 가얄은 가우르의 가축 형으로 알려져 있지만 가우르와 집소와의 교잡으로 형성되었다는 주장도 있다. 야생 가우르와 축화 된 가얄을 별도의 독립된 종으로 간주할 때는 가우르의 학명을 ***Bos gaurus***로, 그리고 축화 된 가얄의 학명을 ***Bos frontalis***로 부르며, 두 그룹을 하나의 종으로 간주할 때는 ***Bos frontalis*** 라는 학명을 사용한다.

야크는 남부 중앙아시아의 히말라야지역부터 티베트 고원지대를 거쳐 북쪽의 몽고까지 분포하는데 비교적 두수가 많은 가축야크와 두수가 적어 멸종할 가능성이 높은 야생 야크가 있다. 야크는 소와 매우 가까운 유전적 관계를 갖고 있어서 가축소와 교배가 가능하며 그 외 Bos 속에 속하는 다른 동물들 즉 반텡, 가우르, 코프레이 등과도 교잡이 가능하다. 야크는 암컷과 수컷 모두 긴 털을 두르고 그 안에 농밀한 속 털이 있어서 추위를 막는 역할을 해준다.

또한 땀샘에서는 끈기가 있는 독특한 액체를 분비하는데 이것은 자체가 방한 효과가 있을 뿐만 아니라 속 털이 서로 엉키게 하여 방한효과를 높이는 역할도 한다. 야크는 주로 해발 3200-5400미터 정도 되는 고지대에 서식하기 때문에 고지대에 적응이 되어 저지대에 사는 소들 보다 혈액의 산소공급능력이 우수할 뿐만 아니라 폐와 심장이 더 크다. 젖, 털, 고기, 노동력을 이용하기 위한 목적으로 사육되고 있는 가축야크는 티베트지역에서 경제적으로 중요한 역할을 하는데 쟁기질에 이용될 뿐 만 아니라 상인, 등산 원정대, 여행객들의 짐을 운반하는 중요한 운송 수단이 되고 야크의 똥은 티베트 전

지역에서 중요한 연료이며 야크의 젖은 티베트, 네팔, 몽고 지역에서 치즈를 제조하는 원료로 이용된다. 그리고 야크 젖으로 만든 버터는 티베트 사람들이 즐겨 마시는 차의 중요한 원료가 될 뿐만 아니라 램프를 밝히는 연료로도 이용된다. 네팔, 티베트, 몽고 등지에서는 야크를 다른 종의 가축소와 교배시켜 교잡종을 생산하기도 한다. 이렇게 생산된 교잡종의 수컷은 생식능력이 없는 불임(不姙)이지만 암컷은 생식능력이 있다.

가축 소(집소)는 소과 동물 중 가장 번성하고 있는 동물이다. 애초에 린네는 가축 소를 유럽대륙에서 사육하고 있던 Taurin group(***Bos taurus***), 인도소 (***Bos indicus***), 멸종한 들소의 일종인 Aurochs(***Bos primigenus***) 등 세 개의 독립된 종으로 분류하였다. Aurochs는 과거에는 유럽, 아시아, 북아프리카 등지에서 서식했었지만 1627년에 멸종하였는데 현존하는 인도소와 Taurin group에 속하는 소들의 선조로 알려지고 있다. 그래서 현재에는 이 세 종을 모두 동일한 종으로 분류하고 유럽소, 인도소, 오록스 각각을 동일한 종에 속하는 아종으로 구분하기도 한다. 동일한 종으로 분류할 때 유럽소의 학명은 ***Bos primigenius taurus***, 인도소의 학명은 ***Bos primigenius indicus***, 그리고 오록스의 학명은 ***Bos primigenius primigenius*** 가 된다. 가축소들은 Bos 속에 속하는 다른 종들과의 교잡에도 이용되고 있는데 야크, 반텡, 가얄 등과 비교적 교잡이 용이한 편이다. 그리고 유전적으로 거리가 먼 물소나 미국들소 간의 교잡은 불가능하지는 않지만 비교적 어려운 편인 것으로 알려져 있다.

코프레이(라오스 들소)는 캄보디아 북부에서 주로 서식하고 있으며 그 외 라오스 남부지역, 베트남 서부지역, 태국동부지역에도 일부가 서식하고 있는 것으로 믿어지고 있는데 키는 크지만, 체폭이 좁고 다리가 길며 등에는 혹을 갖고 있는 것으로 알려져 있다. 이 동물이 처음 발견된 것은 1937년도이지만 1983년 이래 발견되지 않고 있으며 전 세계적으로 250두 미만의 코프레이가 있는 것으로 추정될 정도로 멸종의 심각성이 크다. 코프레이 종이 멸종위기에 몰린 것은 군인이나 지역주민의 무분별한 도살, 가축우로부터 유래되는 질병의 유입, 서식지의 파괴 등이 중요한 원인으로 생각된다.

소과 바이슨 속(Family Bovidae, Genus Bison)에 속하는 동물 종으로는 아메리카 들소(American Bison, ***Bison bison***)와 유럽들소(Wisent, ***Bison bonasus***)가 있다. 현재 미국에는 인간에 의해 사육되어지는 들소와 보호구역내에서 야생 생활을 하는 들소가 있는데 인간이 들소를 사육하는 주된 목적은 고기를 얻기 위한 것으로서 들소고기는 지방과 콜레스테롤 함량이 낮은 것으로 알려져 있다. 그리고 고기를 얻기 위한 목적으로 들소와 집소의 교잡을 통해 비이팔로라는 새로운 품종이 만들어져 상업적으로 널리 사육되고 있다.

유럽들소는 야생상태에서는 1927년에 멸종하고 오직 동물원에만 적은 두수가 있었는데, 이것을 증식시켜 야생으로 다시 돌려보내는 작업이 1951년도부터 시작되었다고 한다. 그래서 지금은 소수이기는 하지만 유럽산림지대에서 야생들소들이 서식하게 되었다. 그러나 이들은 모두 12마리의 조상으로부터 유래된 것들이기 때문에 유전적 다양성이 결여되어 있어 질병에 취약한 것으로 여겨지고 있다. 유럽들소는 미국들소와 교배가 가능하며 집소와의 교잡도 어렵기는 하지만 가능한 것으로 알려져 있다. 생긴 외모는 비슷하지만 미국들소와 유럽들소 간에는 많은 차이가 있는데, 미국들소는 갈비가 15짝이지만 유럽들소는 14짝이고 미국들소는 요추가 4개이지만 유럽들소는 요추가 5개인 것으로 알려져 있다. 그리고 미국들소는 유럽들소에 비해 길들이기가 더욱 쉽고 가축소와의 교배도 더욱 용이한 것으로 알려져 있다.

3. 인간에 의한 동물의 변화

1) 동물종의 가축화

인간에 의한 동물의 변화는 야생동물을 축화 시키는 것부터 시작된다. 축화라는 것은 야생동물이 사람에 의해 번식, 사양, 주거 및 행동 등이 통제되므로 서 길들여진 현상을 의미하는데, 야생 동물들에 대한 가축화가 이루어진 이후부터는 오랜 세월에 걸쳐 선발과 도태가 인위적으로 진행되어 왔기 때문에 동물들의 생산능력에 대한 유전적 조성에 있어서 커다란 변화가 일어났고 따라서 엄청난 생산량의 증가를 초래하게 되었으며 기타의 형태적 특성과 생리적 특성에 있어서도 커다란 변화가 나타났다.

동물을 개량하는 목적은 인간이 바라는 방향으로 동물들의 외모나 능력을 유전적으로 변화시키는 것으로 정의할 수 있는데 사람마다 자신의 기호와 주변 여건이 다르기 때문에 개량하는 목적이 사람마다 달랐다. 따라서 동물을 개량하기 위한 선발과 도태기준 들이 다양해지고 다양한 기준에 따라 동물들은 다양한 변화를 겪게 되었기 때문에 동일 종 내에서도 외모와 능력에서의 차이가 점차 심화되어 품종이나 계통으로의 분화가 일어나게 되었다. 그래서 같은 종을 세분하기 위한 하위의 분류단계로서 품종, 내종, 계통, 가계 등의 분류계급이 생겨났다.

우리는 동물분류상학의 최하위 단계인 종에 해당되는 개념으로 소, 말, 면양, 산양, 말, 돼지 등을 각각 독립된 축종으로 정의하는데 이들 축종 간에는 일반적으로 번식이 불가능하다. 그러나 종의 하위 단계인 품종부터는 서로 다른 그룹간의 교배가 가능하다. 동일 품종에 속하는 구성원들은 기원(origin)이 같고, 어떤 공통의 특징을 지니고 있으며, 동시에 그 특징은 후손에 유전된다. 그러므로 서로 다른 품종에 속하는 동물들은 그 품종의 고유한 특징에 의해서 구분된다. 품종의 고유한 특징이란 일반적으로 형태나 생산형질 들에 대한 특징을 의미한다.

한편 어느 특정한 품종이 광범위한 지역에 분포되어 있고, 선발의 방향이 지역별로 서로 다르게 이루어졌다면 같은 품종 내에서도 상당한 차이가 있을 수 있는 데 동일 품종 내에서 모든 구성원 간에 존재하지 않는 특징이 있어서 명백히 구별할 수 있는 소그룹이 생겼을 때 그리고 그러한 특성에 대하여 소그룹에 대한 구분이 필요할 때 이것을 세별하여 내종이라고 한다. 그리고 계통이란 품종이나 내종 내에서 어떤 개체를 중심으로 하여 혈연이 가까운 것 끼리 번식시켜 그 개체의 외모, 능력이 고정된 소그룹을 말하며, 계통의 평균 혈연보다 더 가까운 집단을 가계라고 한다.

인간의 의도에 따른 개량은 인간에 의해 사육되어 지는 동물들에 한해서 가능하다. 그러므로 동물의 개량은 인간에 의해 사육되어 지는 동물 종만을 대상으로 범위가 제한되어지는데 인간에 의해 사육되어 지는 동물들을 가축이라고 한다.

우리나라에서는 축산법에서 '인간에 의해 사육이 가능하고 경제적 수익을 창출할 수 있는 동물'을 가축으로 정의 하고 이 정의에 따라 소, 돼지, 닭, 말, 산양, 면양, 노새, 당나귀, 토끼, 개, 사슴, 오리, 거위, 칠면조, 메추리, 꿀벌, 오소리, 뉴트리아, 타조, 꿩, 관상용 조류 15종(십자매, 금화조, 문조, 호금조, 금정조, 소문조, 남양청홍조, 붉은머리청홍조, 카나리아, 앵무, 비둘기, 금계, 은계, 백한, 공작), 지렁이 등 총 36종의 동물 종을 가축으로 지정하고 있다.

2) 동물의 개량

인간에 의한 동물들의 변화는 인위적인 종축의 선발과 종축으로 선발된 개체들의 교배를 통해 후손 집단이 형성되는 과정이 반복되므로 서 나타난다.

선발이란 능력이 우수한, 즉 인간이 의도하는 방향으로 충실한 특성을 가지고 있는, 후손을 생산하기 위하여 씨받이용 가축을 선택하는 것을 말하는데 능력이 우수한 후손을 생산하기 위해서는 능력을 향상시키는데 기여하는 유전자가 많은 개체가 종축으로 선발되어야 한다. 선발을 실시하기 위해서는 사전에 '어떤 형질(특성)을 어떤 방향으로 개량해 나갈 것인가?' 하는 개량 목표가 정해져야 하며 개량 목표가 설정된 후에는 어떤 선발방법을 적용할 것인가를 결정한다.

종축으로 선발된 암컷과 수컷을 짝 지워 후손을 생산하는 과정을 교배라고 하는데 인간이 교배에 간섭하는 정도에 따라 임의교배와 비임의 교배로 나눌 수 있다. 임의교배는 무작위 교배라는 용어와 같은 의미이며 인간의 의도가 완전히 배제되고 한 개체가 다른 어떤 개체와 교배될 확률이 동일한 조건하에서 실시되는 교배이다. 이와 달리 비임의 교배는 한 개체가 다른 어떤 개체와 교배될 확률이 동일하지 않도록 진행되는 교배인데 여기에는 인간의 의도가 개입되어 있다. 비임의 교배를 계획교배라고도 한다.

비임의 교배는 다시 유사성을 기준으로 유사교배와 반유사교배로 구분하거나 혈연관계를 기준으로 근친교배와 잡종교배로 구분 할 수 있는데 유사교배(positive assortative mating)란 표현형이나 또는 유전능력이 비슷한 암컷과 수컷을 짝 지워 교배하는 것이며 반유사교배(negative assortative mating)란 표현형 또는 유전능력이 정반대인 암컷과 수컷을 짝 지워 교배하는 것이다. 그리고 근친교배란 혈연관계가 가까운 개체들 끼리 짝지어 실시하는 교배를 말하며 잡종교배란 다른 품종에 속하는 개체들을 짝지우거나 서로 다른 계통에 속하는 개체들을 짝 지워서 실시하는 교배를 말한다. 근친교배를 실시하게 되면 집단 내에서 동형접합체의 비율이 증가하고 집단의 균일성이 향상되는 현상이 나타난다. 반면에 수태율과 생존율이 저하되며 다른 생산형질에서도 능력이 떨어지는 현상을 보이는데 이러한 현상을 근친퇴화(Inbreeding depression)라고 한다.

이와는 반대로 잡종교배를 실시하게 되면 수태율과 생존율이 높아지고 다른 생산형질에서도 능력이 향상되는 현상을 보이는데 이러한 현상을 잡종강세(Hybrid vigor)라고 한다. 잡종교배가 경제적으로 유리할 수는 있으나 잡종교배를 이용하기위해서는 순종 집단이 확보되어 있어야만 한다.

우리나라 야생동물의 이해

김 종 택 (강원대학교 교수)

야생동물은 인류역사상 인간과 오래전부터 밀접한 관계를 유지하여 왔다. 인간은 야생동물을 통하여 의 식 주 문제를 해결하였으며 무차별적인 포획 및 남획으로 멸종하는 동물들이 생기게 되어 결국 인간의 생존권마저도 위협하는 요인이 되었다. 야생동물의 가치와 멸종하는 원인, 야생동물의 특징을 바로 이해하여 우리는 이제 야생동물을 수탈하는 정복자가 아니고 함께 공존하는 협력자로 인간과 동물이 함께 공존하는 세상을 만들어야 한다. 동물이 살수 없는 곳에는 사람도 살수 없다 고 한다.

1. 동물의 삶

"동물이 살수 없는 곳에는 사람도 살수 없다"고 하듯이 인간과 동물은 매우 밀접한 관계에 있다. 우리는 야생동물의 선조 종을 가축화하여 우리에게 필요한 음식과 섬유와 노동력 등으로 이용하며 동물과 함께 살고 있다. 여러 가지 동물 종은 그들의 특유한 속성으로 인해서 사람에 의하여 가축화에 성공하기도 하고 멸종하기도 하였다.

야생동물에서 가축화의 시작은 농업이 정착된 후로 사람들은 관목이나 나뭇가지를 이용해 야생동물을 협곡이나 울타리에 몰아넣어 많은 동물을 가두었다. 포획한 동물들은 한번에 모두 죽이지 않고 살려둠으로써 부패나 저장에 대한 걱정이 없이 더 오랫동안 식량으로 보존할 수 있게 되었다.

사냥을 위한 울타리는 동물을 기르는 목적으로 이용되었고, 동물이 점차 사람의 먹이와 다른 용도로 활용되기 시작하면서, 공격적이고 위험한 동물은 맨 먼저 처분되었고, 사람이 울타리 안에서 다루기 쉬운 동물은 마지막까지 살아남아 순종적이며 번식이 가능한 동물로 선별되어 선택적으로 사육하였는데 이것이 육종의 기원이 되었다.

이처럼 사람들은 동물의 야생 선조 종으로부터 선택적인 육종을 통하여 동물들의 유전적 변화와 진화적 변화를 인간에게 유용하도록 발전시켰는데 그 과정에서 인간과 함께 변화하면서 가축화하여 번성하는 종과 멸종하는 동물 종이 생겨나게 되었다.

산업혁명이후 선진국들은 자국의 자본축적에 필요한 값싼 연료와 에너지원을 얻기 위해

식민지 쟁탈을 통하여 후진국들의 자원을 무분별하게 채취, 수탈하여 자국의 사회적 부를 축적하였다.

하지만 선진국들은 환경오염에 직면하게 되어 이 문제를 해소하기 위해 사양화된 공해산업이나 여기에서 배출되는 폐기물들을 후진국으로 수출하여 환경문제를 국제적으로 확산시켰다. 지구촌의 환경문제가 심각한 상태에 이르자 각국마다 자연보호에 앞장서고 희귀동물을 보호하기 위하여 CITES(멸종위기에 처한 동·식물 종의 국제거래에 관한 협약)까지 탄생하였으며 우리나라도 1993년 7월에 가입하였다.

2. 야생동물의 위기

우리 지구상에는 약150만 종이라는 많은 동·식물이 살고 있다. 그 가운데에서 21C 초에는 약100만종이 멸종하리라고 추측한다. 이럴 경우 하루 100종씩이 지구상에서 사라져 간다고 볼 수 있는데 이러한 멸종의 여파는 결국 인간의 생존권마저도 위협하는 요인이 될 수 있다.

우리나라에서는 고유의 동물인 호랑이, 삵, 여우, 늑대, 수달, 사향노루 등이 멸종위기에 있지만 보호기능이 없는 상태이다. 호랑이가 자취를 감춘 것은 옛날이고 늑대, 반달곰, 삵, 여우 등도 거의 없어진 것으로 추정되며 사향노루, 노루, 오소리, 수달, 독수리 및 일부 조류도 숫 적으로 많이 감소하였다. 멸종 위기종(endangered species)이란 20년 이내 또는 10세대 이내에 절종될 확율이 20%에 이른 종을 말하며, 절종(critical species) 이란 5년 이내 또는 2세대이내 절종 확율이 50%이상인 종을 말한다.

현재 우리나라에 살고 있는 멸종위기 종류 중 포유류는 22종(Ⅰ급 12종, Ⅱ급 10종) 이며 Ⅰ급 12종은 늑대, 대륙사슴, 바다사자, 반달가슴곰, 붉은박쥐, 사향노루, 산양, 수달, 시라소니, 여우, 표범, 호랑이 이며 Ⅱ급 10종은 담비, 무산쇠족제비, 물개, 물범(점박이물범), 물범류(고리무늬물범, 흰띠박이물범) 삵, 작은관코박쥐, 큰바다사자, 토끼박쥐, 하늘다람쥐 이다.

또한 멸종위기 종류 중 조류는 61종(Ⅰ급 13종, Ⅱ급 48종)으로 Ⅰ급 13종은 검독수리, 넓적부리도요, 노랑부리백로, 노랑부리저어새, 두루미, 매, 저어새, 참수리, 청다리도요사촌, 크낙새, 혹고니, 황새, 흰꼬리수리 이며 Ⅱ급 48종은 가창오리,

개구리매, 개리, 검은머리갈매기, 검은머리물떼새, 검은목두루미, 고니, 긴점박이올빼미, 까막딱다구리, 느시, 독수리, 뜸부기, 말똥가리, 먹황새, 물수리, 벌매, 붉은가슴흰죽지, 붉은해오라기, 비둘기조롱이, 뿔쇠오리, 뿔종다리, 삼광조, 새홀리기, 솔개, 쇠황조롱이, 수리부엉이, 시베리아흰두루미, 알락개구리매, 알락꼬리마도요, 올빼미, 재두루미, 잿빛개구리매, 적호갈매기, 조롱이, 참매, 큰고니, 큰기러기, 큰덤불해오라기, 큰말똥가리, 털발말똥가리, 팔색조, 항라머리검독수리, 호사비오리, 흑기러기, 흑두루미, 흰목물떼새, 흰이마기러기, 흰죽지수리 이다.

양서·파충류의 멸종위기종은 6종(Ⅰ급 1종, Ⅱ급 5종)으로 Ⅰ급은 구렁이 1종이며, Ⅱ급은 5종으로 금개구리, 남생이, 맹꽁이, 비바리뱀, 표범장지뱀이 멸종위기 동물로 분류되어 적극적인 보호를 받는다.

3. 우리나라 야생동물의 현황

1) 야생동물 종수

조류 450종 이상, 포유류 120종, 양서·파충류 42종 이상, 어류 910종

2) 멸종위기 야생동물

포유류 22종, 조류 61종, 양서·파충류 6종, 어류 18종, 곤충류 20종

3) 천연기념물

야생포유류(총 7건 7종)는 사향노루, 산양, 하늘다람쥐, 반달가슴곰, 수달, 물범, 붉은박쥐이며 야생조류(총 26건 46종)는 크낙새, 따오기, 황새, 먹황새, 고니, 큰고니, 혹고니, 두루미, 재두루미, 팔색조, 저어새, 노랑부리저어새, 느시, 흑비둘기, 흑두루미, 까막딱따구리, 독수리, 검독수리, 참수리, 흰꼬리수리, 참매, 붉은배새매, 개구리매, 새매, 알락개구리매, 잿빛개구리매, 매, 황조롱이, 올빼미, 수리부엉이, 솔부엉이, 쇠부엉이, 칡부엉이, 소쩍새, 큰소쩍새, 개리, 흑기러기, 검은머리물떼새, 원앙, 노랑부리백로, 뜸부기, 두견, 호사비오리, 호사도요, 뿔쇠오리, 검은목두루미

4. 야생동물의 가치

1) 생태적 가치

야생동물의 생리, 생태적 활동을 통하여 생태계의 생산성과 안정성을 향상시킴으로써 인류에게 기여하는 모든 역할을 야생동물의 생태적 가치라고 한다. 즉 야생동물은 생태계내에서 소비자 또는 분해자로서 생태계의 항상성 유지에 기여하고 있으며, 그들의 생리, 생태적 적응활동 즉, 먹이를 먹거나 번식 등을 통해 토양경운, 종자분산, 수분, 개체군의 자연적 조절, 사체(死體)처리를 통한 위생청결 등 직접 또는 간접적으로 인류에게 무한한 혜택을 주고 있다.

2) 레크레이션적 가치

야생동물과 관련된 스포츠나 취미 활동인 수렵, 낚시, 야생동물 관찰 및 사진촬영과 특별히 야생동물의 매력에 이끌려 등산, 야영, 여행 등을 위해 사람들이 지불하고자 하는 금액 뿐만 아니라 이들 활동에 소비한 시간 및 활동을 통해 얻은 경험의 가치를 모두 포함한다. 야생동물과 관련된 레크레이션 활동은 살아있는 생명체로서 야생동물이 지니고 있는 형태적 또는 생리 생태적 속성과 그들이 서식하고 있는 아름다운 자연을 느낄 수 있다는 점에서 단순히 경제적인 가치 이상의 무형적인 것을 내포하고 있다.

3) 경제적 가치

야생동물의 경제적 가치는 좁은 의미에서는 야생동물의 고기, 모피, 뿔 등 주요 부산물의 생산판매와 낚시, 수렵, 야생동물의 관찰 등 레크레이션적 이용을 통해 얻는 직접적인 수입을 들 수 있으며, 넓은 의미로는 자연생태계 내에서의 야생동물의 생리.생태적 활동 즉, 해충구제, 전염병구조 개선 등을 포함하여 야생동물의 잠재적인 모든 가치의 총합으로 이해할 수 있다.

4) 사회적 가치

인간은 사회적 동물이다. 거대한 사회공동체 속의 일원으로서 상호영향을 주고받으며 개인적인 이익은 곧 그가 소속된 사회집단 전체의 이익이 될 수 있다. 야생동물과 관련된 옥외 레크레이션 활동을 통해 개인적으로 육체적 정신적 건강과 활력을 얻게 된다면 사회

전체가 건강해져서 의료혜택, 생계보장, 상담 등 사회보장비의 지출과 사회적 병리현상도 줄일 수 있다. 또한 야생동물과 관련된 옥외 레크레이션 활동으로 지출된 돈은 다중효과를 통해 사회경제 발전에 기여할 수 있게 되며, 이는 학교, 도서관, 공원, 의료시설, 휴양시설 등의 사회보장계획을 수행하는데 일익을 담당하게 된다.

5) 심미적 가치

지구상에 존재하는 어떠한 생명체도 그 나름대로의 아름다움을 지니고 있다. 야생동물은 그 자체의 모습과 아름다운 노래 소리 뿐만 아니라 주위의 서식환경과 조화를 이루었을 때 더욱 그 가치의 진가를 발휘한다. 야생동물이 지니고 있는 형태적 또는 생태적인 아름다움은 단순히 예술작품의 소재로서의 의미뿐만 아니라 자연과 조화를 이루며 살아가는 동물의 생활양식의 관찰을 통해 야생동물에 대한 인식의 틀 즉, 자연관을 심어줄 수 있다는 점은 오늘날 야생동물 보전교육의 방향과 방법에 있어서 시사하는 바가 크다. 야생동물의 심미적 가치는 자연관찰원, 야생동물원, 자연사 박물관 조성 및 도시내 야생동물의 도입 등의 타당성을 제시하는데 있어서 가장 중요한 요소라고 할 수 있다.

6) 교육·과학적 가치

생태학자, 동물행동학자, 생리학자, 병리학자, 인구통계학자, 사회학자, 인류학자들은 자신들의 이론을 발전시키기 위해 야생동물 연구를 응용한다. 인간은 일찍이 야생동물의 우수한 환경적응 능력에 대해 호기심을 갖게 되었으며 이의 연구를 통해 과학발달에 크게 영향을 미쳤다. 예를 들면 인간의 하늘을 날고자 하는 욕망은 마침내 비행기를 만들었지만 그 형태와 기능에 있어서는 새의 그것과 유사하다. 박쥐가 어둠 속에서도 먹이를 포착하는 능력은 레이더로, 방울뱀에서 열 추적 미사일을, 상어지느러미의 기능연구는 유체역학과 비행기 동체 설계에 응용되는 등 야생동물의 특수한 환경적응 능력에 대한 호기심은 그 기관의 구조와 작용에 대한 연구를 통해 문명의 발전에 기여했다.

유명한 그리스의 철학자 아리스토텔레스는 "자연은 가장 위대한 인생의 교과서-자연을 본다는 예술은 곧 영원한 진리를 낳는다"라고 말하였으며, 미국의 인디언 추장이었던 Seattle은 대통령에게 보낸 서한에서 "지구상에서 짐승들이 다 멸종된다면 인간들은 심한 고독에 빠져 죽고 말 것이다."라고 경고하였다.

5. 야생동물 멸종의 원인

1) 서식지의 혼란 및 파괴

2) 무분별한 남획과 수렵행위

3) 가축과 농작물 보호를 위한 사냥행위

4) 환경오염

5) 외래종의 도입

외래종 도입으로 인한 생태계의 혼란(포식관계의 변화와 먹이경쟁), 질병의 유입 및 전파, 아종간 잡종의 형성(대표적인 경우로 바퀴벌레, 솔잎혹파리, 블루길, 베스, 붉은귀거북, 초어, 황소개구리 등의 직접적인 포식자의 도입으로 인한 생태환경의 파괴 및 우점도 변경)

6) 전염병의 전파

1993~1994년 탄자니아의 세렝게티 국립공원의 사자는 디스템퍼의 발생으로 1,000마리가 감염되고 전체 집단에서 1/3이 전멸하는 결과를 가져왔는데, 그 원인은 외래인에게서 입수한 마사이족 개 2마리가 인근의 하이에나나 들개에게 디스템퍼를 전염시킨 후 이것들이 들판을 돌아다니다가 사자에게 전염시켰다는 역학적인 추적조사 결과가 있었다.

6. 야생동물 멸종의 영향

1) 토종 자산 상실

식량, 의약품 등으로 개발할 수 있는 생물 종, 또는 생태관광 등으로 경제적 성과를 올릴 수 있는 미래의 잠재적 가치의 상실, 인류가 이용할 수 있는 자연 산물 감소

2) 생태계의 급속한 훼손

생태계를 유지할 수 있도록 이 땅에 적응되어 균형을 맞춰 온 지지기반들이 무너지면 생태계의 혼란과 붕괴가 동시에 초래되는 상황이 발생하고 이는 보다 가속화 됨

3) 국민의 사회적, 심미적, 정신적 가치 변화

생명이 없는 곳에는 인간의 존재 또한 위협받는 현실에서 야생동물의 감소는 국민의 정서를 메마르게 하고 자연을 즐기는 사람의 수를 감소시킬 것이며 여가 형태에도 변화를 가져올 것이다.

4) 질병으로 인한 멸종의 경우 숙주가 변할 수 있다

야생상태에 적절한 균형을 이루던 질병체가 어떤 원인에 의하여 주요 숙주가 사라지게 되면 인간이나 다른 가축에게 치명적인 결과를 일으킬 수 있다.

7. 우리나라 야생포유동물의 종별 특징

1) 멧돼지

(1) 형태 : 몸은 굵고 길며 네 다리는 비교적 짧아서 몸통과의 경계는 확실하지 않다. 주둥이는 현저하게 길며 원통형이다. 눈은 비교적 작고 머리 위로부터 어깨와 배면에 걸쳐서 길 털이 많이 나있다.

(2) 특징 : 날카로운 견치(犬齒)를 가지고 있어서 부상을 당하면 상대를 가리지 않고 용감하게 반격을 하는 습성이 있다. 멧돼지는 늦은 가을 몸이 가장 기름진 때에는 피하지방 조직이 잘 발달되어 3-5cm나 되면서도 바람을 싫어하며 눈 속의 식물뿌리를 캐어 먹으면서도 추위를 싫어한다.

(3) 식성 : 본래 초식동물이지만 토끼, 들쥐 등의 작은 짐승으로부터 물고기, 곤충에 이르기까지 아무거나 먹는 잡식성이다.

(4) 번식 : 교미 시기는 12월에서 1월 사이이며 교미 시기에는 암컷 1마리의 뒤를 수컷 여러 마리가 뒤쫓으면서 쟁탈전이 벌어진다. 임신 4개월 뒤인 5월에 7-13마리의 새끼를 낳으며 새끼의 양육은 암컷이 담당한다.

2) 노루

(1) 형태 : 수컷은 짧고 가는 뿔을 가지고 있다. 여름털은 황갈색이고 겨울털에서는 연한 점토색을 나타내고 있으며 엉덩이의 백색 반점이 크다.

(2) 특징 : 겨울에는 눈 위에서 자기도 하는데 이처럼 음지나 한지에서 서식하는 이유 가운데 한 가지는 노루 등에 서식하는 등애의 유충에 의한 가려움을 피하기 위해서이다. 수컷의 경우 만 1년이 되면 뿔이 나기 시작하며 만 3년만에 가지가 돋아난다. 매년 12월에 뿔이 떨어지고 이듬해 1월초에 다시 돋아난다. 달리는 능력은 매우 탁월해서 한번에 6-7m를 뛴다.

(3) 식성 : 해 진 뒤나 새벽에 활동하며 주로 연한 풀을 먹고 겨울에는 마른풀이나 나무의 순을 먹는다.

(4) 번식 : 교미 시기는 10월이며 이듬해 6월에 2마리의 새끼를 낳는다.

3) 고라니

(1) 형태 : 고라니의 특징은 견치(犬齒)가 송곳니나 예리한 칼 모양으로 특별히 길게 자라서 끝이 구부러져 있으며 입 밖으로 나와 있어 이것으로 나무뿌리를 캐 먹는다. 암수가 모두 뿔이 없는 것도 고라니의 특징이다. 털은 거칠고 굵으며 목과 허리의 털은 길고 등의 색은 담적갈색이다.

(2) 특징 : 고라니의 성격은 보통 노루와 달라서 크게 놀라지 않으며 토끼와 같이 처음 일어났던 곳은 멀리 떠나지 않고 되돌아오는 습성이 있다. 3월말부터 6월 말경에 여름털로 갈리고 8월 10일경부터 10월 중순에 걸쳐 겨울털로 갈린다.

(3) 식성 : 먹이는 연한 풀이며 겨울에는 나뭇가지 끝이나 보리의 연한 끝을 잘라먹는다. 물을 좋아하여 하루에 보통 두 번은 물가에서 물을 먹고 헤엄도 친다.

(4) 번식 : 교미 시기는 12월이며 이듬해 6월 상순에 2-6마리의 새끼를 낳는다.

4) 오소리

(1) 형태 : 몸은 크고 비대하며 얼굴은 원통형이고 주둥이는 뭉툭하다. 털은 거칠고 끝이 가늘며 뾰족하다. 네 다리는 굵고 앞뒷발의 발톱은 대단히 길며 날카롭고 귀는 작다. 몸 윗면은 흑갈색 바탕에 백색의 서리가 온 것처럼 보인다. 몸 아래면은 연한 갈색을 띤 회백색이고 암수의 크기가 같다.

(2) 특징 : 죽은 시늉을 잘 하는 것이 매우 큰 특징이다. 위급한 경우를 당하든지 심한 충격을 받으면 죽은 시늉을 하고 있다가 기회를 엿보아 역습을 하거나 도망친다.

(3) **식성** : 과실, 여러 가지 종자와 감자, 벌과 개미 등의 곤충, 개구리, 쥐 등이다. 11월 말 또는 12월초부터 동면하지만 따뜻한 날에는 굴 밖으로 나오기도 한다.

(4) **번식** : 교미시기는 10월경이며 이듬해 5월경에 2-8마리의 새끼를 낳는다. 새끼가 태어난지 20일 이전에 새끼를 건드리는 경우에는 새끼를 잡아먹거나 깔고 앉아 죽여 버린다.

5) 족제비

(1) **형태** : 꼬리는 길고 꼬리가 몸길이의 50% 이상을 차지한다. 몸 윗면, 네 다리, 꼬리는 황색을 띠며 이마는 거무스레한 갈색, 뺨과 몸 아래면은 짙은 황토색을 띤다. 입술과 아래턱 사이에 뚜렷한 백색 무늬가 있다.

(2) **특징** : 모피가 매우 부드럽고 색깔이 좋아 방한용으로 뛰어나 과거에는 겨울털(冬毛)의 값이 상당히 고가에 거래되었다. 많은 개체수가 인간에 의해 포획되었으며 1960년대에는 한 해에 10만 마리 이상이 포획되기도 하였다.

(3) **식성** : 일반적으로 집쥐와 들쥐, 개구리를 잡아먹으므로 매우 유익한 동물이나 가끔 양어장의 물고기나 인가의 닭, 야생조류의 알을 잡아먹어 피해를 주기도 한다.

(4) **번식** : 2-3월에 교미하여 3월에서 5월에 2-10마리의 새끼를 낳는다.

6) 너구리

(1) **형태** : 몸은 굵고 꼬리는 짧고 굵다. 몸의 색깔은 대체로 검은색에 가깝고 등의 정중앙의 띠, 눈 밑의 반점, 앞다리의 띠는 더욱 검은색이 짙다. 털은 길어서 등의 긴 털은 길이가 90mm나 된다.

(2) **식성** : 먹이는 들쥐, 파충류, 양서류, 곤충이고 나무 위에 올라가서 여러 가지 종류의 과실 같은 것도 잘 따먹는다. 야생조류, 물고기, 달팽이, 곡물 등을 즐겨 먹는 잡식성이다. 또한 이들은 우리 인간에게 유익한 동물로 알려져 있다.

(3) **번식** : 3월경에는 교미하기 시작하며 임신기간은 62일이고 한번에 6-10마리의 새끼를 낳는다.

7) 멧토끼

(1) 형태 : 귀는 길고 크며 꼬리가 있다. 몸이 비교적 큰 편이고 코뼈가 커서 두개골의 길이의 3분의 1이상이며 머리 뒷부분의 폭이 넓다. 발가락은 4개가 있으며 발바닥에는 털이 나 있다. 털색은 일반적으로 회색을 띠며 허리와 꼬리 부분의 털끝은 담회갈색이다.

(2) 특징 : 휴식을 하면서도 외부의 조그마한 소리와 변화도 감지할 수 있을 만큼 매우 예민한 감각기관이 발달하고 있으며 반사적으로 활동할 수 있는 기민성을 가지고 있다. 아침과 저녁에 주로 활동한다.

(3) 식성 : 나무 껍질, 연한 가지, 풀 등이며 가을에는 콩밭의 콩을 먹기도 하여 산림이나 농작물에 피해가 약간 있다.

(4) 번식 : 1년에 2, 3회 정도로 한번에 2 내지 4마리의 새끼를 낳는다.

8) 청설모

(1) 형태 : 몸은 가늘고 길며 꼬리 길이는 몸통 길이의 2분의 1 이상이다. 몸 윗면의 털색은 회갈색, 아래면은 백색이며 꼬리의 기부는 몸 면의 색깔과 같으나 끝으로 갈수록 흑색이며 아래면은 암회색이다.

(2) 특징 : 늦은 가을에는 월동을 하기 위하여 도토리, 밤, 잣 등 단단한 열매를 바위 구멍이나 땅속에 저장해 두는 습성이 있다. 버섯은 나뭇가지에 꿰어 말려 놓기도 한다.

(3) 식성 : 잣나무, 가래나무, 가문비나무, 상수리나무, 밤나무 등의 종자, 낙화생 등 여러 종류의 과실, 나뭇잎, 나무 껍질 등을 잘 먹으며 야생조류의 알이나 어미 새도 잡아먹는다.

(4) 번식 : 교미는 1월 상순에 시작되는데 교미 뒤 암수가 약 3주간 동거한다. 그 뒤 암컷은 수컷을 추방하고 바위 이끼, 짐승의 털 등 부드러운 재료로 보금자리를 만든다. 임신 기간은 약 35일로 5마리 정도의 새끼를 낳는다.

9) 다람쥐

(1) 형태 : 청설모 보다 훨씬 작다. 납작한 꼬리는 몸통 길이보다 짧으며 긴 털로 덮여 있다. 눈은 크고 흑색이며 짧은 귀에는 긴 털이 없다. 몸 윗면에 5줄의 암흑색

줄무늬가 있으며 중앙부의 무늬 줄이 가장 길어 머리 위에서 꼬리 기부까지 달한다.

(2) 특징 : 낮에만 활동하는데 나무를 타고 올라가 먹이를 구하고, 밤에는 나무 구멍, 바위 구멍에서 휴식을 취한다. 겨울이 되면 땅속 굴이나 바위 구멍에서 반수면 상태로 동면을 한다. 늦은 가을에는 월동을 위하여 뺨주머니에 5-8g 씩의 먹이를 넣어 먹이 저장창고에 저장하여 두고 겨울에는 때때로 먹이를 찾아 먹는다. 9월 하순에 평균기온이 8-10℃가 되면 굴속에 들어가 동면을 시작한다. 3월 중순이 되면 동면에서 깨어 일어나 먹이를 얻기 위하여 매우 활발히 활동을 시작하게되므로 숲의 여러 곳에서 많은 개체를 관찰할 수 있으며 찌익 찌익하고 우는 소리도 들을 수 있다.

(3) 식성 : 먹이로는 밤, 도토리, 낙화생, 잣, 참피나무, 북가시나무, 메밀잣나무, 개암나무 등의 종자 또는 옥수수, 호박, 수박 등의 종자이다.

(4) 번식 : 3월 중순경에 동면에서 깨어나면 다람쥐는 곧 교미하기 시작하며 임신 기간은 24-25일이고 한 번에 4 내지 8마리의 새끼를 낳는다. 분만횟수는 연 1회~2회이다.

10) 고슴도치

(1) 형태 : 몸체는 짧고 둥그스름하며 눈과 귀가 잘 발달되어있으며 주둥이는 뾰족하며 다소 길쭉하게 나와있다. 몸의 등은 짧고 둥근 비늘과 같은 가시 털로 덮여 있으며(밤송이와 같음) 발가락은 5개가 있다. 몸 윗면은 암갈색의 환반점과 전백침으로 덮여 있으며 머리는 흑갈색이다. 어깨, 몸 옆면, 다리 및 꼬리는 갈색이고 몸 아래면은 담갈색이다.

(2) 식성 : 먹이는 잡식성으로 주로 곤충과 그 유충을 잡아 먹지만 작은 쥐나 어린 새, 작은 뱀, 도마뱀, 개구리 등 작은 척추 동물도 잡아 먹으며 나무 열매, 버섯, 잡초의 뿌리, 여러 가지 과실을 잘 먹는다.

(3) 특징 : 겨울이 되면 잡목의 뿌리 밑, 숲 속의 넘어진 고사목과 피해목 사이에 화본과와 사초과 식물들의 마른 잎과 바위이끼를 이용하여 보금자리를 둥글게 만들고 동면을 하기 시작하여 다음해 3월 하순에 깨어난다. 적을 만나면 달아나지 않고 주둥이와 네 다리를 모아 밤송이 같이 만든 뒤 움직이지 않는다.

(4) 번식 : 교미는 1년에 한 번하고 6월에서 7월 사이에 2 내지 4마리의 새끼를 낳는다.

11) 두더지

(1) 형태 : 몸은 원통형으로 생겼으며 비만형이고 어깨가 너무 발달되어 있기 때문에 목이 짧아졌다. 눈은 바늘구멍 같이 작고 때때로 피막으로 덮여 있고 주둥이는 원통형으로 길고 밑으로 향하고 있다. 외이(外耳)는 없으며 땅속생활을 하기 때문에 앞다리가 흙을 파기에 알맞게 되어 있으며 현저하게 몸에 붙어 있는 것이 특징이다.

(2) 특징 : 땅의 진동을 매우 민감하게 느낄 수 있기 때문에 가까이 가기 전에 땅속으로 숨어 버리기 때문에 잘 발견되지 않는다. 야간에는 가끔 땅 위에 나타나므로 종종 올빼미의 먹이가 된다. 두더지는 대단히 활동적이어서 항상 먹이를 찾는다든지 자기 몸에 기생하고 있는 벼룩을 잡는다든지 하며 계속적으로 움직이며 낮에는 엎길에서 곤충을 찾고 밤에는 땅 위에 나와서 먹이를 찾는다.

(3) 식성 : 지역과 계절에 따라서 차이가 있으나 주로 번데기, 거미, 지렁이, 풍뎅이, 민달팽이, 지네, 개구리, 달팽이, 기타 곤충과 그의 유충, 번데기 등의 동물성 먹이를 잡아먹는다. 대식가이므로 10-12시간만 먹이를 먹지 못하면 죽는다. 또 물도 잘 먹으며 헤엄도 잘 한다.

(4) 번식 : 두더지는 고독한 생활을 하다가 번식기에만 암수가 한곳에 모인다. 일년에 1회 4, 5월에 땅속 5 내지 15cm 깊이에 보금자리를 만들고 2 내지 6마리의 새끼를 낳는다.

8. 우리나라 야생조류의 종별 관찰특징

1) 크기와 형태

(1) 몸의 생김새

몸의 크기나 형태, 깃털, 부리, 발의 색 등 새의 외견상의 특징이 가장 확실한 단서이다. 조류의 외견상 특징 중에서도 특히 눈에 띄는 특징을 "Field mark"라 한다. 이는 조류를 구분하는데 있어서 매우 중요한 역할을 한다. 예를 들면, 흰뺨검둥오리의 부리 끝은 노란색이고 물총새 몸의 푸른 색, 댕기물떼새 머리의 두건 모양의 깃털이라든가 하는 것은 한 눈에 "그 새다"라는 것을 알 수 있게 하는 field mark이다. 또한 다음 그림은 여러 조류들의 외형을 실루엣을 통해서 그 특징별로 나타낸 것이다. 여러 조류들이 가지는 몸의 형태와 그 상대적 크기 등을 통해서 조류들을 구분할 수 있는데 이 역시 field mark로 이용되어 질 수 있는 특징들 중의 하나이다.

○크기와 형태

우리가 잘 알고 있는 새와 크기를 비교하여 본다.

몸의 형태가 콩새처럼 통통한가. / 할미새처럼 날씬한가.

(2) 부리의 크기와 생김새

부리가 짧은가 긴가, 굵은가 가는가, 곧은가 굽었는가를 잘 살펴보면 쉽게 종을 구분할 수 있을 것이다.

○부리의 크기와 생김새

짧은가. / 굵은가 가는가. / 곧은가 굽었는가.

(3) 꼬리의 길이와 생김새

꼬리는 긴가 짧은가, 각이 졌는가 타원형인가, 오목한가 아니면 쐐기꼴인가 라는 꼬리의 길이와 생김새는 종을 구분하는데 중요한 요소이다.

○꼬리의 크기와 생김새

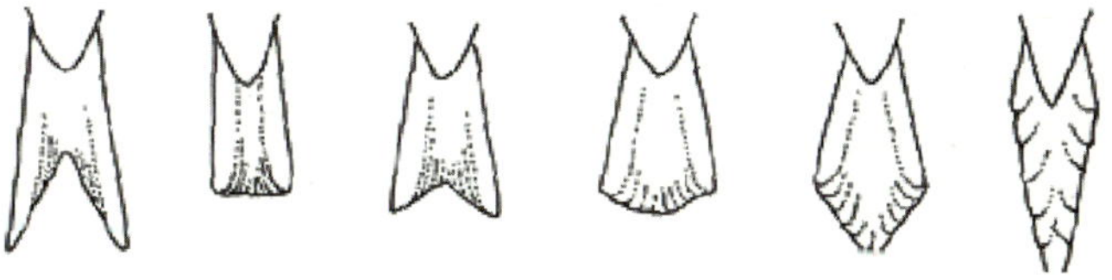

제비형 모난형 오목형 둥근형 뾰족형 쐐기형

(4) 날개의 형태

날개는 긴가 짧은가, 끝이 둥근가 뾰족한가 등 날개의 형태 및 특징이 종을 구분하는 중요한 단서로 작용할 수 있다.

○날개의 형태

날개는 긴가 짧은가. / 끝은 둥근가 뾰족한가.

(5) 몸의 아랫면

가슴과 배 부분은 어떤 색을 띠고 있는지 줄무늬, 점무늬 등 무늬의 모습이 중요한 단서가 될 수 있다.

○몸의 아랫면

가슴과 배 부분은 어떤 색을 띠고 있는가. / 줄무늬, 얼룩무늬, 점무늬가 있는가.

(6) 몸과 날개의 윗면

등이나 날개에 무늬나 줄이 있는가, 있으면 어떤 방향으로 위치하고 있는가 등은 날개를 폈을 때 무늬가 몇번째 날개깃, 날개덮깃에 있는지를 쉽게 알려주는 것으로 종을 식별하는데 중요한 단서이다.

2) 동 작

(1) 앉아 있을 때의 자세

쇠솔새, 솔딱새, 알락할미새, 딱새 등은 앉아 있을 때의 자세가 다르다. 즉 앉아 있을 때 몸을 수평으로 하는 경우, 몸을 세우는 경우, 머리를 숙이는 경우 등 각 종마다 특이한 자세를 취한다. 그러므로 이들 조류가 앉아 있을 때의 자세를 알고 있으면 종의 구분을 쉽게 할 수 있는 경우가 있다. 다음 그림은 여러 조류들의 앉아 있는 자세를 나타내고 있는데 각각의 다른 자세를 가지고 있는 것을 볼 수 있다.

○앉아 있을 때의 자세

자세는 수평인가. / 수직에 가까운가.

(2) 앉아 있을 때 꼬리의 움직임

(때까치처럼) 돌리는가/(할미새처럼) 크게 아래위로 흔드는가/(딱새처럼) 미세하게 움직이는가 라는 앉아 있을 때 꼬리의 움직임 종을 식별하는데 중요한 단서이다.

○앉아 있을 꼬리의 움직임

때까치처럼 돌리는가 /딱새처럼 미세하게 움직이는가./ 할미새처럼 크게 위아래로 흔드는가.

(3) 나무 줄기에 붙는 방법

(쇠딱다구리처럼) 위루 똑바로 오르는 경우/(개미잡이처럼) 나선형으로 오르는 경우/(동고비처럼) 거꾸로 붙어 있는 경우 등 일부 종에 있어서는 나무에 붙어 있거나 나무를 오르내리는 형태 및 방법이 다른 경우가 있다.

○나무 줄기에 붙는 방법

딱따구리처럼
위로 똑바로 오르는가.

나무발발이처럼
나선형으로 오르는가.

동고비처럼
거꾸로 앉아 있는가.

(4) 날아가는 방법

① 파상형

비둘기와 직박구리는 날개를 치며 날다가 얼마 동안 날개 치는 동작을 멈추고 미끄러지듯 공중에 몸을 맡겼다가 다시 날개를 쳐서 속도를 낸다. 새가 날아서 이동한 자리를 선으로 이어 보면 몇몇 종에 있어서 서로 다른 형태를 나타내는데 예를 들면 직박구리가 날아서 이동한 자리는 파도 모양인데 까마귀는 거의 일직선이라는 것을 알 수 있다.

○나는 모습

딱다구리처럼 파도모양으로 나는가.

찌르레기처럼 일직선으로 나는가.

② 범상

별로 날개를 움직이지 않고 기류를 이용해서 공중에 떠 있는 모습을 보인다. 말똥가리, 흰꼬리수리, 독수리 등 맹금류를 포함하여 갈매기류가 이 형태로 나는 모습을 보인다.

딱다구리처럼 파도모양으로 나는가.

찌르레기처럼 일직선으로 나는가.

③ 정지비행

흔히 hovering이라고 표현하는데 주로 한 지점에서 먹이를 탐색하기 위하여 취하는 행동으로 물총새, 쇠제비갈매기, 황조롱이 등에서 쉽게 관찰할 수 있는 행동이다.

④ 걸어갈 때의 자세

조류가 걸어가는 자세는 종마다 약간의 차이가 있는데 참새의 경우는 점프하듯이 양발을 모아 뛰어 가고 멧비둘기는 걸어가는 형태를 취한다. 두 가지 형태를 모두 나타내는 조류도 있다.

9. 야생동물의 흔적(발자국)

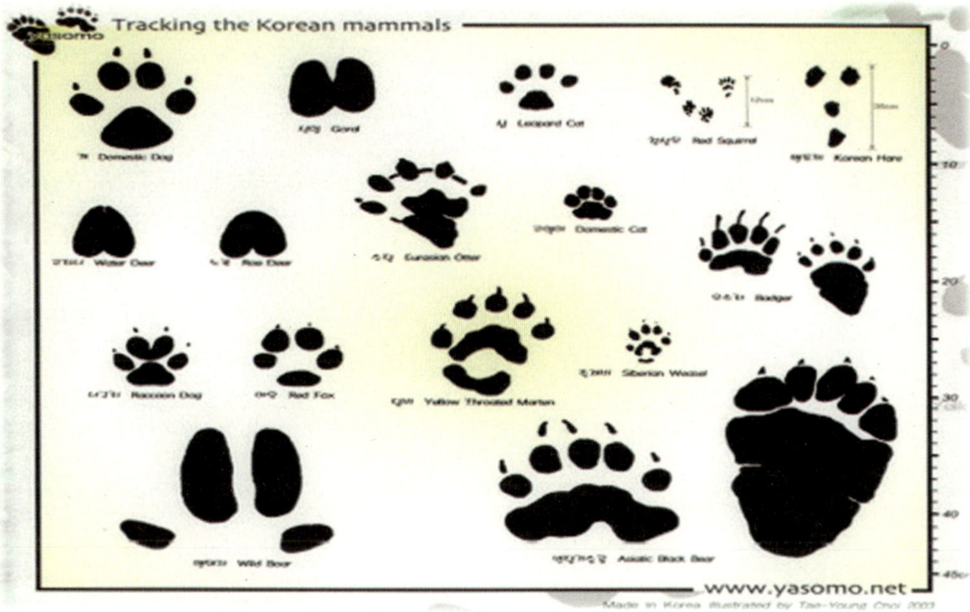

10. 야생동물의 흔적(배설물)

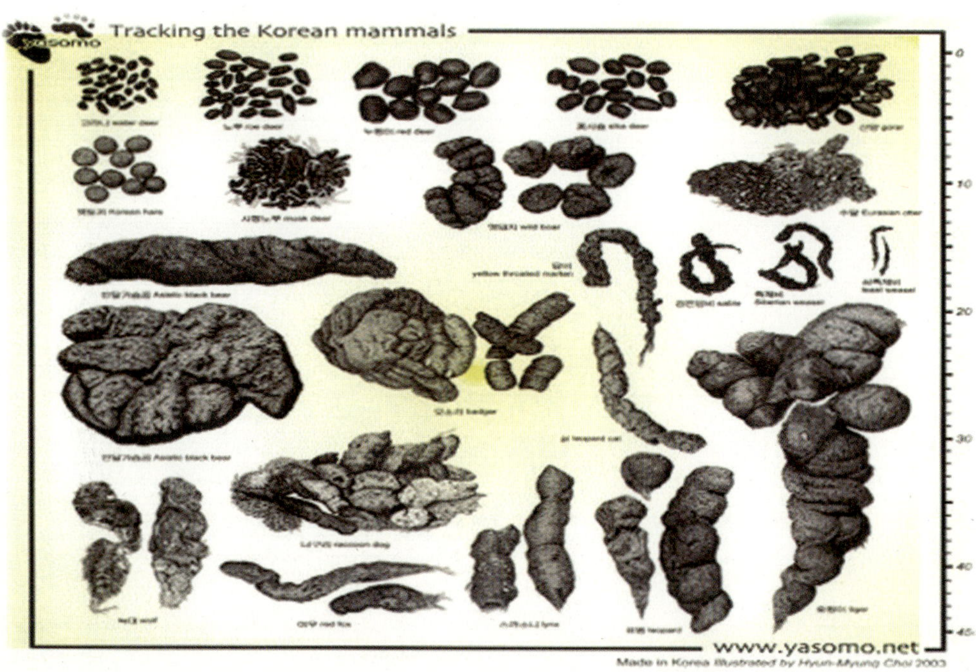

Coexistence with animals

Ⅲ. 동물과의 공존

동물과 유전자

이 성 진 (강원대학교 교수)

생명체엔 DNA라는 유전물질이 있고, 그 중 특정 기능을 수행하는데 필요한 단백질을 만들기 위한 DNA 염기서열을 유전자라고 한다. 이 유전자의 염기서열에 돌연변이가 생기면 아미노산이 바뀌고, 결국 단백질이 변해서 질병을 일으키거나 모색을 바뀌거나, 몸집의 크기가 차이가 나는 등 표현형의 변화가 생기게 된다. 이러한 유전자들의 변화는 긴 시간동안 자연환경에 대해 적합한 개체가 살아남게 되는 진화라는 과정을 거쳐서 지금의 인간과 동물이 존재했다. 또한 인간은 아주 오래전부터 야생동물을 길들이고, 유전자들의 능력과 변화를 표현형으로 유추해서 선발하고 도태시키는 육종이라는 과정을 거치면서 지금의 가축이 생겨났다. 이제는 분자유전학 기술의 발달로 개체간 유전자의 차이를 밝혀 인간 질병의 예방과 치료에 그리고 동물의 진화과정을 이해하고 가축의 개량에 활용하려는 시대에 도래했다.

1. 유전자

유전자는 사람이나 동물 등 한 생명체의 특성을 결정하는 DNA로 구성된 정보단위로서 세포의 생명현상을 유지하고 특정한 기능을 수행하는데 필요한 모든 단백질을 만들기 위해 완벽한 명령체계를 가지고 있는 DNA 염기서열이다. 즉 DNA염기서열을 통해서 RNA가 만들어지고, RNA염기서열을 이용해 단백질이 만들어지는 일련의 과정을 통해 생명체에 필요한 단백질을 생성해낸다. 이처럼 각 유전자는 각각의 특정한 단백질을 만들기 위한 암호화된 명령체계를 가지고 있다. 따라서 유전자의 염기서열에 변형이 생기면 아미노산이 바뀌고, 따라서 단백질이 변하고 이에 따라 질병을 일으키거나 표현형에 차이를 가져올 수 있다.

따라서 표현형의 변화를 초래하는 유전자의 다양성을 활용한 동물의 품종이나 종의 판별 검사 방법도 연구가 진행되고 있는데, 소의 경우 멜라노코르틴 1 수용체(melanocortin 1 receptor, MC1R) 유전자에 의해 모색이 결정되며, 대표적으로 앵거스(Angus)품종의 붉은 색과 젖소로 잘 알려진 홀스타인(Holstein)품종의 검정색 반점이 소의 18번 염색체에 존재하는 이 유전자에 의해 모색이 결정된다. 모색이 황색인 한우의 경우 국내에서 수입육이나 젖소고기보다 비싸게 유통되고 있기 때문에 수입육이나 젖소고기를 한우고기로 둔갑시켜 판매가 되고 있는데 경우가 있는데, 이럴 때 이 유전자를 분석하여 품종을 구분이 가능하다.

2. 재미있는 동물 유전자 이야기

1) 개 크기의 차이가 품종간에 많이 나는 이유는?

약 1만 5000년 전 사냥과 채집생활을 하던 인간들 주변에 먹이를 찾아 늑대 몇 마리가 다가왔고 인간들에게 붙잡혔다. 인간들은 밤에 몰래 자신들을 공격하는 야생동물이나 침입자들을 향해 짖도록 하기위해 잡은 늑대를 길들여 함께 생활하기 시작했는데 이것이 개의 탄생 기원으로 학자들은 추정하고 있다. 그러나 개의 조상인 늑대는 물론이고 다른 동물은 품종간의 몸의 크기 차이가 크지 않다. 하지만 유독 개의 크기는 품종간에 왜 그렇게 차이가 많이 나는 것인지 학자들은 항상 궁금해 왔다. 가장 작다고 알려진 티컵 강아지는 미니애견으로 티컵(tea cup)에도 들어갈 정도로 작다고 해서 이름이 붙여진 개량견종이지만 아직까지 공식 품종으로 인정받지 못해 제외하고, 현재까지 공식적으로 사람들에게 작은 강아지로 귀여움을 독차지하는 품종은 작은 가방 속에 쏙 들어가는 치와와다.

이런 작은 품종에서 사람보다 더 큰 그레이트 데인에 이르기까지 한 족속으로 보기엔 덩치 차이가 너무 큰 포유류가 바로 개다. 진화적 관점에서 볼 때 비교적 짧은 기간에 개들의 몸 크기가 이처럼 달라진 데 대해 학자들은 오래 전부터 궁금증을 품어 왔는데 이렇게 놀라운 차이가 생기는 것은 단 하나의 유전자가 돌연변이를 일으키기 때문이라는 사실을 밝혀졌다.

미국 국립인간유전체연구소(National Human Genome Research Institute)의 일레인 오스트랜더(Elaine A. Ostrander) 박사 등으로 구성된 연구팀은 몸무게 9kg 이하의 작은 개들은 모두 몸 크기를 결정하는 유전자의 돌연변이 형질을 갖고 있다는 사실을 발견하고 이를 세계 최고의 과학저널인 사이언스(Science)'지에 2007년 4월 6일 발표했다. 오스트랜더 박사팀은 치와와, 몰티즈, 포메라니안, 퍼그, 페키니즈 등 작은 애완견에서부터 그레이트 데인, 세인트 버나드, 아이리시 울프하운드 등 큰 개에 이르기까지 크고 작은 143종류, 3000

여 마리의 개 DNA를 분석했다. 그 결과 체형이 작은 개들은 모두 '인슐린 유사 성장인자 1(IGF-1, insulin-like growth factor type 1)'로 불리는 단백질 호르몬 유전자에 미세한 유전적 변형 인자를 갖고 있다는 사실을 발견했다.

IGF-1호르몬은 사람을 비롯한 포유류의 출생 직후부터 청소년기까지 성장에 관여하는 것으로 알려져 있으며, 토이 푸들(toy poodle), 미니어처 푸들(miniature poodle), 스탠다드 푸들(standard poodle)의 경우 혈중 IGF-1 농도가 몸 크기와 연관성이 있음이 보고된 바 있는데, 이처럼 체형이 작은 개들의 경우 15번 염색체에 위치한 이 IGF-1 유전자에 하나 이상의 돌연변이가 일어나 몸이 커지는 것을 억제하는 것으로 나타났다.

IGF-1 호르몬 외에 신체의 성장에 가장 중요하게 사용하는 것은 뇌하수체 전엽에서 분비되는 성장호르몬(growth hormone)이다. 이 성장호르몬은 뼈, 연골 등의 성장뿐만 아니라 지방 분해와 단백질 합성을 촉진시키는 작용을 하는 단백질인데, 청소년기 및 성장기 뼈의 길이 성장과 근육의 증가 등 성장 촉진을 하는 작용이 있어 키가 유난히 작은 왜소증 치료를 위해 주사제로 사용되기도 한다. 대부분 사춘기가 끝나면 분비량이 줄어드는데, 뇌하수체에 종양이 생기게 되면 성장호르몬을 계속 분비가 된다. 사춘기 이전에는 성장호르몬이 대부분 키를 자라게 하는데 사용되지만 사춘기가 지나 성장판이 닫히고 나면 더 이상 뼈를 자라게 할 수 없어 신체의 말단을 크게 해서 이종격투기 선수 최홍만처럼 말단비대증(성장호르몬이 과잉 분비되어 신체 말단의 뼈가 과도하게 증식함으로서 손, 발, 코, 턱 등이 비대해지는 만성질환)에 걸리게 된다. 최근 최홍만 선수의 경우 종양제거수술 이후 체중이나 근육량이 감소하여 괴력이 사라졌고, 결국 최근 경기도 실망스럽다는 평가를 받고 있으나 본인의 건강보다 더 소중한 게 있을지…

키가 크고 싶다고 유전자의 변이가 생기길 바란다면, 다행히 원하는 만큼 키가 클 수도 있겠지만 오히려 정상인보다 왜소해 지거나 거인이 될 수도 있음을 명심해야 할 듯…

2) 단맛을 모르는 고양이

음식의 맛을 느끼는 곳은 입 안에 있는 혀이다. 그런데 이 혀는 네 가지 맛 밖에 느끼지 못한다. 짠맛, 단맛, 신맛, 쓴맛이다. 그런데 최근 일본의 과학자들이 여기에 우마미(umami), 즉 감칠맛'을 추가 할 것을 주장했는데, 논란 끝에 네 가지 어느 맛에도 포함되지 않는다는 것이 인정돼 혀가 느끼는 맛의 종류가 다섯 가지가 됐다. 짠맛은 소금, 단맛은 설탕, 신맛은 식초, 쓴맛은 약을 먹을 때 잘 느껴진다.

또한 맛을 느끼는 혀의 위치도 정해져 짠맛은 혀 전체, 단맛은 혀 끝, 쓴맛은 혀 안쪽, 신맛은 혀의 양쪽 가장자리로 알려져 있으나 최근 연구에 의하면 민감도는 혀의 위치에 따라 약간 다를 수는 있으나 기본적으로 혀 전체에서 느낄 수 있는 것으로 알려졌다. 우리가 잘 알고 있는 한약재 오미자(五味子)는 다섯 가지 맛이 난다고 해서 붙여진 이름이다. 짠맛, 단맛, 신맛, 쓴맛의 네 가지 맛 외에 우리나라 사람들이 좋아하는 매운 맛이 추가된 것이다.

고추의 매운 맛을 내는 캡사이신(capsaicin)은 TRPV1이라는 수용체 단백질에 결합하여 매운 맛 신호를 만들어 내는데, 사실 우리가 느끼는 매운 맛은 맛이 아니라 혀에서 통증을 느끼는 것이다. 매우 고추에 의해 혀에 아픔을 느끼는 것을 우리는 매운맛으로 알고 있는 것이다. 최근 TV방송 모 프로그램에서 나온 것처럼 청양고추 등 매운 고추의 맛을 못 느끼는 경우는 이 수용체 단백질의 발현을 담당하는 유전자에 이상이 생겨 통증을 느끼지 못하는 것이다.

감칠맛 수용체는 20가지 아미노산 중 하나인 글루탐산을 감지하는데 글루탐산은 주로 고기나 생선에 풍부하게 들어있다. 감칠맛 역시 영양이 풍부한 음식임을 나타내는 신호인 것이다. 음식에 맛을 더하는 합성조미료란 바로 MSG로 잘 알려진 글루탐산염이다. 지난 2003년에 단맛과 감칠맛을 감지하는 수용체의 유전자가 밝혀졌는데 여기에 관여하는 유전자는 불과 세 개로 각각 T1R1, T1R2, T1R3으로 불리는 수용체 단백질을 만든다. 이 가운데 T1R2와 T1R3이 결합되면 단맛을 감지하고 T1R1과 T1R3이 결합되면 감칠맛을 느끼는 것으로 밝혀졌다.

다섯 가지 맛 중에서 사람이나 동물에게 가장 각광받는 맛은 단맛인 이유는 무엇일까? 임산부에게 액상포도당을 마시게 하면 태아의 심장 박동수와 태동수가 크게 증가하고 입을 벌려 양수를 삼켰다는 연구결과가 있는데 태아가 임산부의 혈액을 타고 흘러 들어온 포도당을 느끼기 때문이다. 수백만 년 전 우리 조상들이 혹독한 환경 속에서 생존에 위협을 받으며 살아 갈 때, 맹수로부터 도망갈 수 있게 하는 에너지가 포도당이고, 이 포도당이 많이 들어 있는 과일과 곡물을 통해 단맛을 섭취하게 되었다. 이처럼 에너지원인 포도당은 생존에 가장 필수적인 성분이라 단맛은 모든 동물이 본능적으로 선호할 수 밖에 없게 진화되어 왔다.

그렇다면 이 단맛을 어떻게 느끼는 것일까? 단맛은 포도당 등 각종 당분자가 단맛

수용체에 닿았을 때 느껴진다. 마치 열쇠와 자물쇠처럼 당분자가 수용체에 끼워지면 수용체의 구조가 바뀌면서 세포 안에서 일련의 신호전달 과정이 일어난다. 이 과정을 통해 우리는 달콤한 맛에 쾌락을 느끼게 진화해 온 것이다. 사랑하는 사람에게 발렌타인데이에 달콤한 초콜릿을 화이트데이에 사탕을 선물하는 건 상술을 떠나서 짜고, 시고, 쓴 그 무엇보다 우리의 본능을 자극하기 때문이다.

그런데 고양이를 키워 본 사람은 다 알겠지만 고양이는 단맛을 느끼지 못한다. 왜 그럴까?

최근 미국의 한 연구팀이 고양이가 단맛을 느끼지 못하는 이유를 밝혔다. 미국 모넬 화학 감각연구소(Monell Chemical Senses Center)의 시아 리(Xia Li) 박사팀은 2005년 6월 25일자 플로스 제네틱스(PLoS Genetics)'지에서 고양이에게서는 단맛을 감지하는 수용체 단백질의 유전자가 문제가 생겼기 때문에 단맛을 느끼지 못한다고 발표했다.

포유류는 Tas1r2, Tas1r3 두 개의 유전자에서 발현된 단백질 T1R2와 T1R3가 결합해 만들어진 수용체 단백질에 의해서 단맛을 느낀다. 리 박사팀은 고양이가 이 유전자의 변이로 인해 수용체 단백질을 제대로 만들지 못하기 때문에 단맛을 느끼지 못할 것이라는 가설을 세우고 이를 확인하기 위해 단맛을 느낄 수 있는 개, 인간, 생쥐, 쥐의 T1R2와 T1R3 단백질을 만드는 유전자와 고양이의 유전자를 비교하는 실험을했다. 그 결과 T1R3 단백질은 잘 생성되지만 T1R2 단백질에 대한 정보를 담고 있는 유전자 Tas1r2의 일부가 손실돼 T1R2 단백질이 제대로 발현되지 않음을 확인했다.

탄수화물은 주로 식물성 음식에 많이 포함돼 있어 육식만 하는 고양이에게는 탄수화물을 감지하는 기능이 중요하지 않다. 따라서 고양이의 Tas1r2 유전자는 자연선택의 영향을 받지 않아 돌연변이가 누적되어 가짜유전자(pseudogene; 정상적인 유전자와 비슷한 염기서열을 가졌지만 일부 염기가 변형되어 제 기능을 하지 못하는 유전자)가 된 것이다.

그렇다면 탄수화물을 주요 에너지원으로 사용하는 동물들은 단맛을 느끼지 못하는 돌연변이를 갖게 되면 어떻게 될까? 탄수화물은 동물의 가장 중요한 에너지원이고 탄수화물의 단맛을 느끼지 못하면 생존이 어렵게 되어 결국 자연선택에 의해 도태되기 때문에 단맛을 감지하는 기능이 유지되게 되는 것이다.

리 박사팀은 논문에서 사자, 호랑이, 치타 등 육식을 하는 고양이과 동물들은 Tas1r2 유전자가 기능을 하지 못한다고 밝혔다. 많은 실험 중 몇몇 고양이는 아이스크림, 솜사탕 등을 좋아했는데 리 박사팀은 이 고양이들이 예외적으로 Tas1r3 단백질을 활용하여 단맛을 감지할 수 있게 된 것이라고 설명했다. 그러나 단맛을 느낄 수 있는 고양이는 아주 희귀하다고 한다.

혹시 살을 좀 빼 보겠다고 고양이처럼 Tas1r2 유전자가 문제가 생기길 바란다면 이성친구에게 받은 달콤한 사탕을 개에게 줘야 하는 일이 생길지도…

3) 고양이가 쥐를 잡아야 하는 이유는?

고양이가 새나 쥐잡기에만 관심을 가지는 이유는 앞에서 언급한 것처럼 단맛을 느끼는 유전자의 이상으로 미각이 결여되어 있기 때문이다. 그런데 과연 단지 단맛을 못 느낀다는 그 이유 뿐 일까?

타우린은 술폰(sulfonic)기를 가진 베타-아미노산으로서, 단백질 합성에 사용되지 않아 체내에서 더 이상 대사되지 않으므로 타우린의 분자 그 자체가 체내 작용을 한다. 잘 알려진 타우린의 기능은 담즙산의 형성이다. 글리신도 담즙산염 형성에 사용되기는 하지만 사람은 글리신보다 타우린을 담즙산염 형성에 우선적으로 사용하는 경향이 있고, 신생아나 고양이의 경우는 타우린만을 담즙산염의 형성에 사용할 수 있는 것으로 알려져 있다. 사람에게 타우린은 조건적 필수 영양소로 보통 성인은 따로 공급받지 않아도 합성이나 신장의 재흡수 증가 등으로 타우린의 고갈을 막지만, 신생아의 조제분유에는 모유 수준으로 맞추기 위해 타우린을 첨가하고 있다.

고양이는 유전적으로 타우린 스스로 생성하지 못하기 때문에 살코기로부터 얻어야 한다. 타우린은 식물에는 거의 없고 고기에는 매우 많이 존재한다. 특히 생선과 쥐에 가장 많이 함유되어 있다. 따라서 고양이는 생존을 위해서 반드시 고기를 먹어야 한다. 타우린의 결핍은 고양이의 망막에 서서히 퇴화를 가져와 갑자기 시력을 잃는 황반변성을 일으킬 수 있으며, 혈액 응고, 면역계의 활동에 방해를 받는다. 4kg 고양이 한 마리에 적당한 하루 타우린 양은 대략 0.06g 정도이다. 300g 집쥐 한 마리에 포함된 타우린 양은 0.8g 정도이다. 고양이는 한달에 두, 세 마리 쥐를 잡으면 한 달간 타우린 걱정 없어도 된다는 계산이 나온다.

고양이는 생존을 위해 두 가지 중 한 가지는 선택해야 할 것으로 보인다. 눈앞에서 얼쩡거리는 쥐를 잡을 것이냐? 아니면 당당하게 약국 가서 한 병에 타우린 2g이 함유되었다는 동아제약 박카스D'를 사 먹을 것이냐?

4) 바람둥이 귀뚜라미는 수명 짧아져

호주 뉴사우스웨일즈대학교(The University of New South Wales)의 존 헌트(John Hunt) 연구팀은, 잘 먹인 바람둥이 귀뚜라미 수컷이 암컷을 유인하는데 엄청난 에너지를 쏟아 부어서 오히려 영양이 부족한 다른 수컷들에 비해 일찍 죽는다고 '네이처(Nature)' 지에 2004년 12월호 논문에서 밝혔다.

존 헌트 연구팀은 저단백질 사료를 먹은 귀뚜라미(*Teleogryllus commodus*)집단과 고단백질 사료를 먹은 집단의 크기, 교미행동, 수명 등을 비교 조사하였다. 연구진은 사료 성분 가운데 단백질 함량을 변화시켜 질 좋은 사료를 먹인 암컷과 그렇지 않은 암컷을 비교해본 결과, 고단백 사료로 키운 약충이나 성충 암컷은 저단백 사료로 키운 것들에 비해 오래 살았지만, 수컷의 경우에는 그 반대의 결과를 얻었다고 밝혔다. 존 헌트 연구팀은 오히려 잘 먹은 수컷 귀뚜라미가 성충 초기에 암컷을 유인하고 교미하는데 너무 많은 에너지를 쏟아서, 귀두라미의 생을 일찍 마감하는 것으로 풀이했다.

호주산 어리귀뚜라미(*Ornebius aperta*)는 수컷이 한 마리의 암컷을 상대로 3~4시간 만에 무려 50~58회의 교미를 할 수 있다는 사실을 밝혀낸 논문이 있을 정도로 대단한 변강쇠 귀뚜라미로 알려져 있다. 그러나 이렇게 여러 번 교미하는 이유는 단지 정력이 좋기 때문만이 아니라 배고픈 암컷에 대한 대응전략으로 풀이되고 있다. 암컷이 교미 중에 단백질이 풍부한 정액의 많은 양을 먹어 치울 수 있기 때문에 수컷이 여러 번 교미하도록 진화한 것이다. 한 번의 교미에서 전달되는 정자 수를 조사한 결과 수십에서 수백 개로 조사됐다. 보통 귀뚜라미 종류의 경우 1회 사정 당 정자 수가 수만 개인 것에 비하면 극히 적은 숫자인 것이다. 자신의 유전자를 널리 퍼트리고 싶어 하는 귀뚜라미의 본능이 진화과정 중 눈물겹게 보인다.

식물의 경우도 화려한 꽃을 피우는 나무일수록 수명이 짧다. 봄이 되면 화사한 꽃을 피는 벚나무는 수명이 수십 년에 불과하지만 소나무 전나무는 600년 정도, 은행나무는 천 년을 넘기곤 한다. 타고난 유전자를 생존이 아닌 새로운 이성을 유혹하는데 쓴다는 것은 그 만큼의 대가가 따르는 법, 인간도 배우자 이외의 이성을 탐할수록 수명이 단축될지도 모른다.

5) 개미의 이타적 행동

인간의 경우 아이는 엄마의 난자와 아빠의 정자가 합쳐져 태어나게 되므로, 부모에게서 유전자를 절반씩 물려받게 된다. 따라서 인간은 모든 동물처럼 자식의 유전자를 존속시키려는 본능을 가지고 있으며 그 본능 때문에 결혼을 하고 자식을 낳고, 또 손자를 보며 즐거워하게 된다.

개미의 경우 여왕개미가 자식들의 성을 결정하는 능력을 가지고 있다. 즉, 여왕개미의 난자와 수컷의 정자가 결합하면 염색체가 2n(염색체가 쌍으로 존재)인 암컷 일개미가 태어나고, 미수정란만 처녀생식(수정하지 않고 태어나는 것)하면 염색체가 n인 수개미가 태어난다. 따라서 일개미의 경우 2n의 엄마에게서 절반의 유전자(1/2)를 받고 염색체가 n인 아빠에게서 전부(1/1)를 받게 되므로 자매간의 유전자 유사성은 3/4이 된다. 따라서 암컷 일개미의 경우 어미인 여왕개미를 도와 자매를 출산하는 것이 자신이 직접 새끼를 낳는 것보다 훨씬 많은 유전자를 전달 할 수 있게 된다. 이는 유전자 수준에서 보면 이타적인 행동이 아니라 '이기적 유전자'라는 책을 써서 유명해진 리처드 도킨스의 주장대로 오히려 이기적인 행동인 것이다. 따라서 집단을 위해서 암컷 일개미는 과감히 자신을 희생할 수 있게 되는 것이다.

그러나 타인과 국가를 위해 자신의 고귀한 목숨을 바친 사람까지 이기적 유전자에 의한 행동이라 확대 해석하면 곤란할 듯…

6) 장수 유전자는 아빠로부터 유전

염색체 말단에는 염기서열 TTAGGG를 반복적으로 가지고 있는 텔로미어(telomere)가 있어 염색체 안쪽에 존재하는 유전자가 손상되지 않게 보호하는 기능을 담당하고 있다. 그러나 이 텔로미어는 세포가 분열할 때 마다 조금씩 짧아지게 된다. 사람이 노화과정을 거치면서 짧아지는 텔로미어의 감소 속도가 평균적으로 매년 21개 염기쌍 정도에 해당한다는 사실을 확인하기도 했다.

따라서 세포의 텔로미어의 길이가 넉넉하면 세포의 수명이 오래 남은 것이고 반대로 짧으면 노화의 진행과 함께 수명이 얼마 남지 않았다는 것을 의미한다. 스웨덴 우메아대학(Umea University)의 고란 루스(Goran Roos) 교수 연구팀은 세포배양과 텔로미어 길이

측정을 통해 이 텔로미어의 길이는 엄마보다는 아빠 쪽으로부터 유전된다는 것을 확인하고 미국의 저명한 학술지 PNAS(Proceedings of the National Academy of Sciences)'지에 2005년 11월 8일 발표하였다.

이제 장수하고 싶다면 아빠가 오래 사시길 기도해야 할 듯….

7) 곰이 겨울잠 자는 이유는?

겨울에는 겨울잠 자는 동물들이 있다. 주로 개구리, 뱀 같은 변온동물이 주변 기온이 낮아져 체온 유지가 어려워 겨울잠을 자게 된다. 그런데 늘 체온이 따뜻해서 굳이 겨울잠을 잘 필요가 없는 곰은 왜 겨울잠을 자는 것일까? 사실 곰이 겨울잠 자는 이유는 추워서라기 보다 먹이를 찾기 힘들기 때문이다. 따라서 동물원에 익숙해진 곰의 경우에는 굳이 겨울잠을 잘 이유가 없어지게 된다. 사육사가 매일 먹이를 가져다주기 때문이다.

또한 북극곰은 겨울잠을 자지 않는다. 북극에선 겨울에 얼음이 잘 얼어야 북극곰이 먹이사냥에 유리하기 때문이다. 지금은 지구온난화로 많은 얼음이 녹고 있어 북극곰이 멸종 위기에 놓이게 된 것이다. 그러면 대체 곰이 추운 곳에서 겨울잠 잘 수 있는 비결은 무엇일까? 바로 갈색 지방 조직에 있다. 흔히 알고 있는 삼겹살의 흰색 지방과는 달리 이 갈색지방 조직은 지방분해와 지방산 산화 능력이 매우 뛰어나다. 이는 지방을 태워서 열을 발산하는 단백질인 UCP (uncoupling protein)가 매우 많이 분포되어 있기 때문이다.

가을에 먹이가 풍부하면 살을 찌워 갈색지방을 최대한 많이 만들어 놓고 겨울잠에 들어가 체온, 심박수, 호흡수를 줄여 에너지 낭비를 최대한 막는다. 그리고 갈색 지방의 UCP 유전자가 활성화 되면서 지방을 분해하고 열을 발생시킨다. 이렇게 발생된 열은 갈색 지방조직 속에 분포된 모세혈관을 타고 몸 구석구석으로 퍼져 나가 체온을 원래대로 유지시키는 것이다. 겨울잠이 끝나면 지방은 다 산화되어 홀쭉해진 몸으로 동굴에서나 나무구멍에서 빠져 나오게 된다.

이처럼 겨울잠 자는 곰에게 이 갈색 지방조직은 매우 잘 발달되어 있다. 지금 과학자들은 UCP 유전자에 대한 연구가 진행 중에 있다. 바로 비만 치료제 개발이 목적인 것이다. 약물을 통해서 이 UCP 유전자의 발현을 높이는 게 과학자들의 목표인 셈이다. 또한 축산에서는 UCP 유전자의 발현을 억제해 사료효율을 높이는 쪽으로 연구가 진행되고 있다. 사료의 영양분이 체열로 빠져나가는 것을 막아 살을 잘 찌게 하려는 것이다.

아무리 많이 먹어도 날씬한 사람이 있다면 이 UCP 유전자검사를 받아 보는 것도 좋을 듯….

3. 유전체학과 유전체 프로젝트

유전체학(genomics)이란 특정 생명체의 세포 내 DNA의 전체 염기서열과 그 안에 담긴 유전자들을 총체적으로 분석하여 생명현상연구에 활용하는 연구를 말한다. 또한 유전체 프로젝트(genome project)는 한 생명체가 가지고 있는 유전체를 완전히 해독해 아데닌(A), 티민(T), 구아닌(G), 시토신(C) 같은 염기서열로 나타내 지도로 작성하는 작업을 말한다.

사람의 유전체를 해독하는 과정을 살펴보면 크게 4단계로 나뉜다. 우선 혈액을 채취해 핵이 있는 백혈구만 분리하고 DNA를 추출 한다. 여기서 얻은 DNA를 염기서열 분석할 수 있는 수 많은 조각을 만든다. 이 조작들의 염기서열을 모두 읽는다. 그리고 컴퓨터를 이용해 이 염기서열들을 한 사람의 유전체에 맞추면 개인 유전체지도가 만들어진다.

이 프로젝트를 수행하는 이유는 유전적 실병을 일으키는 유전자를 찾고 그 기능을 밝혀서 예방 및 치료를 하거나, 가축에서는 성장촉진이나 질병 저항성 같은 경제형질을 가진 유전자를 활용해 종축으로 선발 또는 도태를 통해 육종에 활용하기 위함이다.

유전체 연구 역사 및 성과를 간략하게 정리해 보면 다음과 같다.

- 1953년: 왓슨(Watson)과 크릭(Crick)에 의해 DNA의 이중나선 구조 규명
- 1970년대: DNA 재조합기술(recombinant DNA)의 발달, 유전체 연구 시작
- 1983년: 특정 DNA 조각을 실험관내에서 수억 개 이상 증폭할 수 있는 중합효소연쇄반응(polymerase chain reaction, PCR)기술의 고안, 유전체 연구 가속화
- 1987년: 미국 에너지성(Department of Energy)에서 방사선 피폭으로 인한 유전체 DNA의 돌연변이 생성을 방지할 수 있는 방법 모색 중, 인간 유전체 프로젝트를 시작할 것을 결정
- 1990년대: DNA 염기(A,G,T,C)서열을 결정할 수 있는 DNA 염기서열분석기술이 처음 보고, 모세관(capillary) 방식의 DNA 서열분석 자동화기기의 개발

○ 1990년: 인간 유전체 프로젝트(Human Genome Project) 30억 달러 연구비의 15년 연구사업 시작 및 미국, 영국, 프랑스, 독일, 일본, 중국 등으로 구성된 국제 국제컨소시움 구성

○ 1997년: 진핵생물인 효모 (S. cerevisiae) 유전체 염기서열 해독 완료

○ 1998년: 선충 (C. elegans) 유전체 염기서열 해독

○ 2000년: 초파리 (D. melanogaster) 유전체 서열 해독 완료

○ 2000년: 애기장대 유전체 지도 완성

○ 2000년 6월: 32억 쌍의 인간유전체 염기서열 중 90% 해독(99.9% 정확도)

○ 2001년: 최초로 벼 유전체 지도 완성

○ 2003년 4월: 7종의 인간유전체 염기서열 완성
완료된 염색체: 7번, 14번, 19번, 20번, 21번, 22번, Y 염색체 등 7종
추가해독 염색체: 6번 염색체 (2003년 말), 5번, 9번, 10번, 13번, 16번 염색체(2004년), 2번, 4번, X 염색체(2005년)

○ 2006년: 24종 모든 인간 염색체 염기서열 해독 완성

○ 2008년 4월: 제임스 왓슨 유전체 완전해독 결과 '네이처(Nature)'지에 발표

○ 2009년 4월: 미국 베일러의대(Baylor College of Medicine)의 총괄로 25개국 300여명과 함께 6년간 연구한 결과 소의 유전체 완전해독 결과 '사이언스(Science)'지에 발표

○ 2009년 5월: 가천의과대학 이길여 암·당뇨연구원 김성진 원장의 유전체 완전해독 결과 '지놈리서치(Genome Research)'지에 발표

○ 2009년 7월: 서울대 유전체의학연구소 서정선 교수팀 한국인 남성 1인의 유전체 완전해독 결과 '네이처(Nature)'지에 발표

인간 유전체 프로젝트가 종료되면서 예상했던 유전자의 10만 개보다 훨씬 적은 3만개 정도의 유전자가 존재한다는 사실과 유전체에 새겨진 정보가 실제로 기능을 수행하는 모든 단백질의 정보를 그대로 가지고 있는 것이 아니라는 사실이 밝혀지면서, 이제는 그 유전자의 기능을 밝히는 작업인 포스트 유전체(post-genome) 연구사업이 새롭게 시작됐다.

현재 가장 활발하게 연구되고 있는 분야는 단일염기다형성(SNP, Single Nucleotide Polymorphism) 인데, 인간은 DNA가 99.9% 같고 나머지 0.1%가 달라 눈 색깔과 피부색,

생김새, 체질, 질병에 대한 감수성의 차이를 만든다. 사람들 간의 이런 차이를 SNP, 즉 단일염기다형성이라 부른다. 만약 유전자의 특정 위치에 대부분의 사람에게 나타나는 시토신(C)이라는 염기 대신 아데닌(A)이 나타난다면 그 위치에 SNP가 존재하는 것이다. 정상적인 사람들도 염기 1,000개의 1개꼴로 SNP가 나타난다. 최근 발표한 김성진 원장의 유전체를 이미 공개된 제임스 왓슨 등과 비교한 결과 김원장 만의 SNP는 323만 개에 이르는 것으로 나타났다.

이러한 SNP의 차이를 지속적으로 연구해 개인의 특정질환의 발생 위험도를 알아내거나 체질에 맞는 치료법, 또는 약물 투여에 있어 개인 맞춤형 치료가 가능해질 것으로 예상하고 있다.

4. 유전체학의 활용

1) 가축 유전체 프로젝트

인간 유전체 프로젝트는 유전체 연구 관련 기술의 발전을 가져 왔으며, 인간에서 시작해 미생물을 거쳐 지금은 가축이 가지고 있는 세포 DNA의 전체 염기서열과 그 안에 담긴 유전자들을 총체적으로 분석하여 생명현상연구에 활용하는 연구를 위해 소(헤어포드 품종), 한우, 돼지 등 다양한 경제 동물에 대한 유전체 프로젝트가 진행되어 왔다.

특히 소의 경우 미국 베일러의대(Baylor College of Medicine)의 총괄로 25개국 300여명과 함께 6년간 연구한 결과 소의 유전체 염기서열을 완전 해독해냈다고 2009년 4월 24일자 '사이언스(Science)'지에 밝혔다. 연구진은 약 22,000개의 유전자를 가지고 있으며, 반추동물의 생리와 동물 진화, 우유내 기능성물질 및 미생물에 대응하는 장의 면역체계에 대한 연구 실마리를 제공했다고 밝혔다.

이처럼 다양한 가축들의 유전체 염기서열 분석을 통해 품종개량의 가능성을 분자 수준에서 시작하는 분자육종의 가능성을 열게 되었다.

2) 가축 개량

기존의 가축 개량은 전통적인 통계적 접근에 의한 육종법으로 경제형질이 우수한 개체를 선발하고, 불량한 개체는 도태시켜 지속적으로 품종을 개량해 나가는 방법이 사용되어 왔다. 하지만 최근에는 분자유전학과 분자육종 기술의 발전으로 유전자 차원에서 연구해서 우수 능력을 가지고 있는 유전자를 찾아내 이를 표지인자(marker)로 활용해서 가축 선발을 하고 있다.

이는 개체간의 능력의 차이를 유전자 상의 차이와 연관시켜 개체 선발에 활용하는 것으로 우수 경제형질의 가진 개체의 선발뿐만 아니라 특정 유전자에 이상이 생겨 발생하는 유전병을 가진 개체도 사전에 진단이 가능하며, 계획 교배를 통해서 유전병이 가진 자손이 태어나지 않게 할 수 있도록 조절 할 수 있다.

3) 새로운 학문의 발달

영양유전체학(nutrigenomics)은 유전자와 유전자 산물(단백질)이 수행하는 각각에 기능에 관해 연구하는 기능유전체학(functional genomics)의 한 종류로서 영양소 및 동물의 건강 간의 전반적인 상호작용에 대하여 연구하는 분야라고 할 수 있다. 식품과 사료에는 생물학적 활성을 가진 다양한 화학물질의 혼합물로 이루어져 있다. 영양성분(단백질, 탄수화물, 비타민, 미네랄, 지방산)이든 비영양성분(phytochemical과 같은 저분자 물질 혹은 다른 대사산물)이든 이러한 물질은 동물의 유전자를 조절하는 영양적 신호(dietary signals)로서 작용한다.

이처럼 영양물질이 유전자 발현에 미치는 영향에 관해서 연구하는 학문이 영양유전체학(nutrigenomics)다.

이외에도 약물이 유전자 발현에 미치는 영향과 약물 대사, 효력, 독성 등 약물반응이 유전자에 따라 다르게 나타나는 것을 연구하는 약물유전체학(pharmcogenomics), 화학물질과 유전자 발현연구를 하는 화학유전체학(chemical genomics) 등의 신학문이 유전체학의 발달로 생겨나기 시작했다. 개인 유전체 분석을 위한 DNA 염기서열 분석비용과 소요시간이 줄어들게 되면 머지않아 개개인의 유전체를 분석해 개인에게 가장 적합한 약물이나 영양성분을 선택하는 맞춤의학의 시대가 도래할 것이다.

인간을 위해 희생하는 실험동물

박 병 성 (강원대학교 교수)

실험동물(Laboratory animal)이란 생의학연구와 같은 특수한 목적을 위해서 인간을 대신하여 희생되는 특수동물을 말한다. 의학과 생명공학 기술의 발달은 인간의 건강과 무병장수를 위한 실험동물의 희생이 전제되어 있다. 이러한 실험동물로는 넓게는 가축을 포함한 모든 척추동물과 초파리 등이 해당되고, 유럽에서는 무척추 동물 또는 연체동물도 실험동물에 포함하고 있다. 전 세계적으로 가장 많이 이용하는 실험동물은 생쥐, 흰쥐, 기니피그, 햄스터, 저빌과 같은 설치류(Rodent)이며, 이들의 희생으로 인해 인간의 질환모델동물이 개발되고, 줄기세포의 연구에 의한 세포치료, 유전자 치료 및 동물의 장기를 이식하여 난치병을 치료할 수 있는 시대가 되었다. 동물실험의 수행절차는 반드시 과학적이고 윤리적인 절차에 따라서 진행되어야 하며, 동물실험을 수행함에 있어 반드시 동물의 고통을 최소화 하기 위한 3R 개념을 준수하도록 노력해야 할 것이다.

의학과 생명공학기술의 발달은 행복한 삶을 누리려는 인간의 건강과 무병장수를 위해 희생되는 실험동물을 이용한 동물실험 결과의 일부로 볼 수 있다. 유전공학 기술의 진화에 기초한 의생명과학의 발달은 인간의 질병예방 및 치료를 위한 전임상 동물실험이 필수적이다. 형질전환 기술에 의한 동물에 대하여 특허가 부여되었고 인간의 질환모델동물이 개발되어 이용되고 있으며 줄기세포 연구에 의한 세포치료, 유전자 치료 및 동물의 장기를 이식하여 인간의 난치병을 치료할 수 있는 시대가 도래하였다. 이러한 시 점에서 인간을 대신하여 희생되는 실험동물에 대하여 그 의미와 가치를 새로이 인식할 필요가 있고 동물실험에서 실험동물에게 부과되는 고통을 최소화할 수 있는 기초지식의 이해가 필요하다.

본 장에서는 인간을 대신해서 희생되는 실험동물의 중요성 및 동물실험에서 고통을 줄일 수 있는 3R의 개념과 실험동물의 안락사 방법을 설명하여 동물에게 부과되는 고통의 최소화 및 실험동물 이용에 관한 논쟁을 최소화하고 동물실험의 결과가 인간에게 직접 이용된다는 사실을 부각시켜서 인간을 위해 희생하는 의생명공학 도구로서 실험동물의 중요성을 새롭게 인식하고자 한다.

1. 실험동물의 중요성

1) 실험동물이란

실험동물(Laboratory animal)이란 생의학연구와 같은 특수한 목적을 위해서 인간을 대신하여 희생되는 특수동물을 말한다. 의학, 연구, 번식, 독성, 교육 등의 목적으로 생산된 동물로서 의학과 생명공학 연구에 필수적으로 이용되는 동물이다. 가축은 고기, 젖, 알, 털, 가죽과 같은 식량공급을 위한 농가소득 증대측면에서 개량되었고 반려동물 또는 애완동물은 인간과의 친화성 측면에서 개량되었으나 야생동물은 생활습성 및 생물학적특성이 확실하게 알려지지 않은 부분이 많이 있다. 그러나 실험동물은 특수한 연구목적을 위하여 잘 조절되어있다는 점이 이들과 다른 특징이다. 21세기에 실험동물이 급격하게 증가하는 가장 큰 이유는 실험동물을 이용한 연구결과가 인간의 질병예방 및 치료에 커다란 도움을 주기 때문이다.

2) 실험동물의 종류

2010년 3월 전 세계의 실험동물 사육두수는 약 5억만 마리로 추산되며 우리나라의 경우 약 500만 마리 이상이 사육되는 것으로 알려져 있다. 넓게는 가축을 포함한 모든 척추동물과 초파리 등이 실험동물에 포함될 수 있으며 유럽 실험동물 법령에는 문어와 같이 뼈가 없는 무척추동물 또는 연체동물도 실험동물에 포함하고 있다. 전 세계적으로 가장 많이 이용하는 실험동물은 생쥐, 흰쥐, 기니피그, 햄스터, 저빌과 같은 설치류(Rodent)이며 이러한 설치류는 전체 실험동물의 80% 이상을 차지하고 있다〈그림 3-1〉.

특히 최근에 유전자조작을 통한 알츠하이머병, 고혈압, 당뇨병, 비만과 같은 인간질환의 모델동물이 특허를 취득하기 시작함으로서 생쥐의 이용이 급격히 증가하고 있다〈그림 3-2〉. 오소리, 너구리 등과 같은 야생동물(Wild animal)과 정부에서 승인되지 않은 시설에서 불법으로 번식, 육종되어 생산, 판매하거나 고양이, 유기견과 같은 떠돌이 동물 즉 Stray animal은 실험동물로 사용해서는 안 된다. 가을철 수확기에 자주 발생하는 유행성출혈열은 등줄무늬들쥐에 기생하는 한타바이러스(Hantavirus)가 원인임이 밝혀

〈그림 3-1〉 실험동물은 대부분 설치류가 이용되고 있다.

〈그림 3-2〉 생쥐의 이용증가를 나타내는 삽화.

졌지만 등줄무늬들쥐는 야생동물이며 실험동물로 분류되지 않는다.

설치류는 치아가 일생동안 계속해서 자라는 불변성치아(Monophyodont)를 가지며 어두울 때 주로 행동하는 야행성동물이다. 초파리(fruit fly)는 white gene 돌연변이에 의해서 빨강색 눈이 흰색으로 바뀌고(토마스헌트몰간, 1933), 날개 한 쌍이 더 발생하는 ultrabithoax gene 돌연변이의 발견(애드루이스, 1995)으로 두 사람의 노벨의학상 수상자를 배출하였고 3개의 다리 이외에 더듬이에서도 다리가 나오는 돌연변이가 발견되었으며 국내에서도 뇌질환 연구가 진행 중이다〈그림 3-3〉. 거머리(Nuisance)는 손가락 절단환자의 봉합수술에 이용하고 있으며 거머리로부터 추출한 헤파린(Heparin)은 혈액응고 방지제로서 채혈 시 널리 이용하고 있다. 파리유충(Maggot)은 화상으로 인한 피부손상, 욕창환자 및 수술 후 항생제 내성균(Super bacteria)인 MRSA(Methicilin resistant Staphylococuss aureus) 및 VRE(Vaconmycin resistant Enterococcus) 등 감염환자의 상처부위에 무균 유충을 접촉시켜서 치료하는 생체치료(Biotheraphy) 소재로서 이용이 증가하고 있다.

〈그림 3-3〉 초파리는 유전자연구에서 널리 이용되고 있다.

3) 형질전환 동물

형질전환 동물(transgenic animal)이란 동물자신이 원래 가지고 있지 않은 외래의 유전자를 재조합하여 이를 동물의 염색체상에 인공적으로 삽입시킴으로서 그 형질의 일부가 변화된 동물이다. 1982년 세계 최초로 생쥐의 수정란에 인간의 성장호르몬 유전자를 도입한 수퍼 생쥐(Super mouse)가 생산된 이래로 1987년에는 의약품을 생산하는 형질전환 가축이 개발되었고, 1990년 이후 각종 고가 치료제를 생산하는 동물들이 생산되는 등 형질전환 동물에 대한 기술은 미국이나 영국 등 서구 선진국들을 중심으로 급속하게 발전하고 있다. 1986년 암(Tumor) 세포의 성장을 유발할 수 있는 발암유전자(Oncogene)가

주입된 형질전환 생쥐에 대한 최초의 동물특허가 부여되었고〈그림 3-4〉, 암, 알츠하이머병, 고혈압, 당뇨병, 비만과 같은 인간 질환모델동물(Human disease model animal)이 특허를 취득하기 시작함으로서 생쥐의 이용이 급격히 증가하였다〈그림 3-5〉.

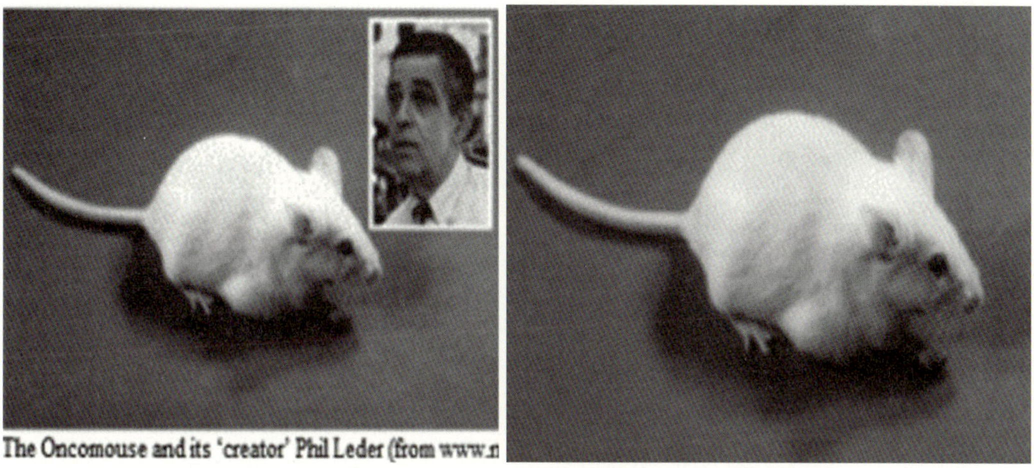

〈그림 3-4〉 암 유발동물에 대한 동물특허가 최초로 부여되었다.

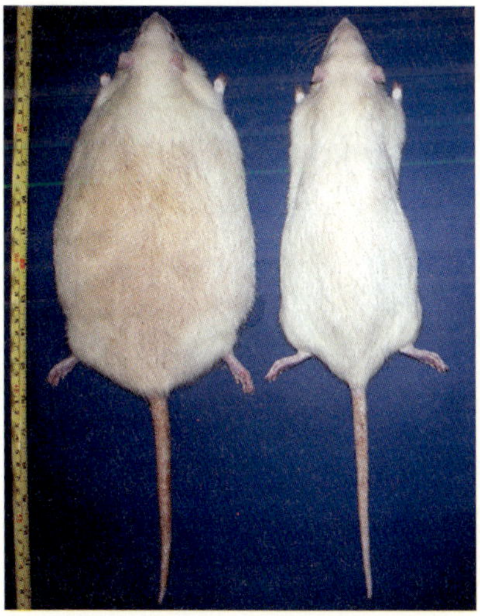

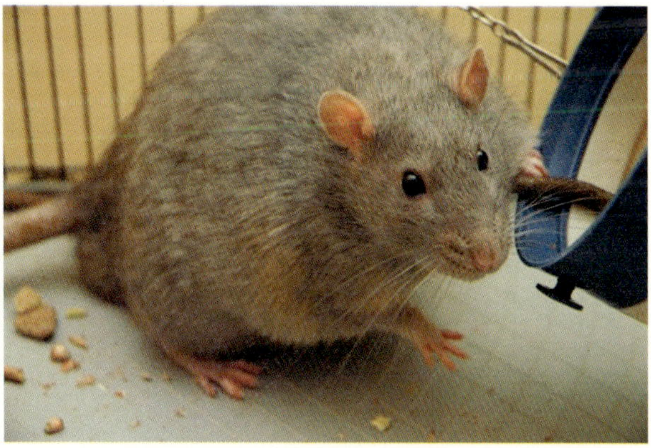

▲ 당뇨병모델 쥐

◀ 비만모델 쥐

〈그림 3-5〉 인간질환 모델동물이 개발되었다.

인간 질환모델 동물이란 인간의 질병과 유사한 상태의 질병에 걸리거나 선천적으로 그 질병에 걸리도록 만들어낸 동물을 의미한다. 해파리 형광유전자 주입에 의한 형광동물이 개발되었고 인간유전자가 주입된 무균 미니돼지가 장기이식용 동물로서 개발되었다.

과학자가 생쥐를 가장 좋아하는 가장 큰 이유는 생쥐의 유전자가 인간과 유사하다는 점을 들 수가 있고 다음으로 20일의 임신기간, 평균 10마리의 산자수를 갖는 높은 번식력 그리고, 10-20g의 작은 체구에 기인한 사육관리 및 저렴한 유지비, 동물특허 등이 생쥐의 이용을 높이고 있다.

4) 장기이식

장기이식(Organ transplant)이란 동물 또는 인간의 장기를 회수하여 인간의 생체조직에 삽입하는 것을 말한다. 장기이식의 중요성은 간, 신장 등 인간의 장기가 망가진 환자의 경우 주로 뇌 사자의 장기기증에 의존할 수밖에 없고 따라서 제한된 숫자의 장기를 공급받을 수밖에 없다. 인공장기의 경우 일시적으로 이용할 수밖에 없는 문제점이 있다. 그러므로 영구적인 장기로서 동물의 장기를 인간에게 이식하려는 이종간 장기이식(Xenotransplantation) 연구가 진행되고 있으며 미래에는 동물이 인간의 장기이식을 위한 생산 공장의 주체가 될 수 있을 것으로 본다. 장기이식의 후보동물로는 원숭이와 돼지를 들 수 가 있으며 영장류는 인간과 DNA(유전자, Deoxyribonucleic acid)구조가 99%이상 비슷하지만 체구가 너무 작아서 30 kg이하의 어린이들에게만 이식이 가능하며 인간에게 많은 O형의 혈액형이 원숭이에서는 희귀하며 원숭이는 곰팡이에서 백혈병에 이르는 무수한 병원균을 보유하고 있다.

AIDS(후천성면역결핍증, Acquired immunodeficiency syndrome)는 원숭이로부터 인간에게 감염된 20세기의 치명적인 질병이라는 점은 널리 알려져 있다. 돼지는 생리적인 기능과 유전자구조가 인간과 80~90% 일치하며 인간의 장기와 크기가 비슷하고 피부 등 모든 부위가 이식가능하며 114일 임신 후 평균 10마리의 새끼를 출산하므로 풍족한 수의 장기 확보가 가능하고 당뇨병 치료용 인슐린을 제공받았다는 점에서 가장 유력한 후보동물이다.

장기이식의 현안은 면역거부반응과 질병감염 문제를 해결하는 데 있다. 면역거부반응이란 생체조직이외의 다른 물질이 체내로 들어오면 면역시스템이 작동하여 이에 대항 함으로써 정상적인 세포가 죽는 현상을 말한다. 돼지의 경우 초급성면역거부반응은 돼지 내피세포에 다량 존재하는 알파갈(Galactose-α 1,3-Galactose, α-Gal) 유전자이며 이를 제거하여 체세포복제에 성공한 유전자 적중동물(Knock-out animal, 원래의 유전자가 기능을 하지 못하도록 다른 유전자로 바꿔놓거나 결손시켜서 형질이 전환된 동물)이 2009년 국내에서 개발되어 장기이식의 가능성을 더욱 높여준 계기가 되었다〈그림 3-6〉.

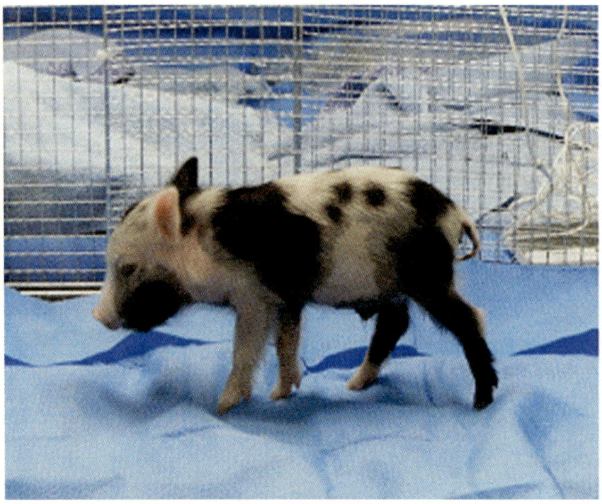

〈그림 3-6〉 형질전환 무균미니돼지(xeno)가 국내에서 개발되었다.

제노시스(Zenosis)란 이종간 장기이식 시 병원균의 감염전파를 나타내며 돼지 레트로바이러스(Retrovirus)가 인간세포에 감염된다는 보고가 영국에서 밝혀졌다. 돼지 레트로바이러스는 돼지의 DNA상에 기생하며 돼지에게는 아무런 피해가 없지만 인간에게 어떠한 영향을 줄지는 알 수가 없다. 만약, 돼지의 장기를 이식했을 때 AIDS와 같은 치명적인 질병이 발생한다면 21세기의 새로운 재앙이 될 것이다. 따라서 동물을 이용한 장기이식은 면역거부반응과 질병감염 문제의 해결이 필수적인 과제로 남아있는 양날의 칼과 같다.

5) 줄기세포

줄기세포(Stem cell)는 배아줄기세포와 성체줄기세포로 나눌 수 있으며 줄기세포를 이용하면 세포치료 및 유전자치료에 도움이 될 수 있다. 줄기세포란 분화가 끝나지 않은 미성숙세포로서 스스로 증식하며 여러 가지 방향으로 분화할 수 있는 능력을 가진 세포이며 사람 몸의 모든 조직으로 성장 할 수 있는 모세포이다. 따라서 줄기세포는 210 종류의 모든 인체 장기로 자랄 수 있는 근원세포로써 만능세포(Pluripotent cell)라고 한다. 줄기세포를 이용하면 세계적인 권투선수로서 해비급 챔피언이었던 무하마드알리의 손 떨림과 같은 파킨슨씨병, 교통사고로 척수신경이 손상된 가수 클론의 강원래, 암, 백혈병과 같은 난치병을 치료할 수 있기 때문에 21세기 불로초로 부른다.

배아줄기세포(Embrionic cell)란 사람의 정자와 난자가 만나 수정된 지 5~6일째에 이루어진 배반포기 배아세포에서 추출하거나 또는 8세포단계의 배아에서 한 개의 할구를 추출, 배양한 것을 말한다. 배아(Embryo)란 수정된 지 2개월 이내의 초기 생명체를 말한다. 따라서 배아줄기세포는 생명파괴라는 측면에서 윤리적인 문제가 제기되고 있어 배아줄기세포의 이용에 관해서는 많은 논쟁이 계속되고 있다. 〈그림 3-7〉에서 정자와 난자가 결합하여 생성된 하나의 수정란이 세포분열을 계속하여 8개의 세포로 나누어 진 다음 연속적인 분열을 통하여 세포내부에 덩어리를 형성한 배반포(Blastocyst) 단계에 도달하고 배반포단계가 지나면 급속한 분열이 이루어져 생체의 모든 조직세포로 분화하게 된다. 그러나 이러한 생체조직세포로 분화가 시작되기 직전 즉, 배반포의 내부 세포덩어리 또는 8세포 단계에서 세포를 배양하여 한쪽 방향으로만 자라도록 유도한 것이 배아줄기세포이다.

2008년 10월 영국정부는 동물의 난자를 채취해서 핵을 제거한 탈핵난자에 인간의 유전자를 주입하여 체세포복제(Somatic cell cloning)한 가짜 수정란으로 탄생시킨 인간동물 혼합배아 연구를 승인하여 이슈가 되었다.

성체줄기세포(Adult stem cell)는 다 자란 신체조직 또는 골수로부터 추출하여 역분화시킨 것으로써 배아줄기세포에서 제기되는 생명파괴라는 윤리적 문제를 제거할 수 있는 장점이 있어 널리 연구되고 있다.

〈그림 3-7〉 배아줄기세포는 수정란 분열에서 생성된 배반포세포로부터 분화된다.

2. 동물실험

1) 동물실험이란

동물실험이란 동물에게 과학적이고 윤리적인 절차에 따라서 실험처치를 하여 그 결과로써 나타나는 동물의 생체반응을 관찰, 측정함으로써 해석하는 것을 말한다. 동물실험의 수행절차는 반드시 과학적이고 윤리적인 절차에 따라서 진행되어야 한다.

과학적인 절차(Scientific procedure, Systemic approach)란 유전학적, 미생물학적으로 표준화된 동물을 이용하여 최적의 환경조건을 유지하면서 실험을 수행하여 결과의 정확성과 재현성을 얻는 방법이다. 윤리적인 절차란 동물의 생명존엄성에 입각하여 실험동물에 관한 취급법령을 숙지하고 동물에게 부과되는 고통을 최소화하면서 실험을 진행하는 방법을 말한다.

2) 실험동물에 관한 법령

영국 등 유럽에서는 실험동물에 관한 3종의 면허 즉, 실험동물취급에 관한 개인면허, 프로젝트면허, 시설인증서를 부여하여 실험동물관리 및 동물실험을 엄격히 규제하고 있다. 미국, 일본 등은 실험동물자격증을 국가에서 부여하고 있으나 아직까지 우리나라는 한국실험동물학회에서 실험동물기술원 자격증을 부여하고 있으며 동물실험을 엄격하게 규제할 수 있는 관리법령이 미비한 실정이다. 정부는 2008년 3월 실험동물에 관한 법령을 제정하였고 2009년 4월 1일부터 실행하고 있다.

3) 동물실험 절차의 다양성

동물실험 절차의 다양성은 의식이 있는 상태와 마취상태로 구분하며 마취상태는 완전마취 후 동물이 회복이 가능한 상태 및 회복이 불가능한 상태로 나눌 수 있다. 의식이 있는 상태에서 실시되는 경우로써, 수술 및 백신(Vaccine, 전염병의 병원균으로 만든 생물제제로서 살아있는 약화된 균 또는 죽은 균을 수차례 접종함으로서 면역력을 높여준다)을 투여한다든가 또는 약물을 공급하는 예를 들 수가 있다.

수술을 통하여 실시되는 완전마취 상태 후 회복이 가능한 캐뉼라(Cannula) 설치, 사람의 성인병과 관련한 지질대사 연구를 위해서 실시하는 흰쥐의 경동맥 캐뉼라, 담관 캐뉼라를 설치하는 방법 및 골다공증 연구를 위한 난소 절제수술 그리고 동물이 깊은 상처를 입었거나 골절 등과 같은 경우 치료 및 약물투여 등이 있다. 수술이 필요하지는 않으나 완전마취 후 회복이 가능한 설치류의 안와 혈액채취 및 심장천공에 의한 혈액채취, 완전 마취 후 회복이 불가능한 상태에서 실시되는 경우로써 동물을 해부하여서 간, 근육, 심장 등의 조직을 채취하거나 설치류의 복대동맥(Abdominal aorta)으로부터 다량의 혈액을 채취하는 것으로 나눌 수 있다. 또한 종양세포와 같은 체외배양용 조직공급 그리고 항체, 효소 및 여러 가지 혈액제재 등의 재료를 공급해 주는 등 동물실험의 절차는 매우 다양하다.

4) 3R 개념

동물고통이란 동물복지가 불량한 상태(Lack of animal wellbeing)를 말하며 동물고통은 동물실험 반대자들에 의한 거센 항의를 불러일으킬 수 있고 실험결과 오류를 범할 수 있기 때문에 실험자들은 반드시 3R 개념을 준수하도록 노력해야 할 것 이다.

최근 일부 국가들에 의해서 도입된 법규조절이 실험동물학의 발전에 커다란 영향을 주었다. "무통실험기술의 원리(The principles of humane experimental technique)"의 공동저자인 Russell 과 Burch는 실험동물학에서 중추적인 역할을 시작했으며 이 책은 동물실험의 잔인함을 어떻게 줄이고 제거할 수 있는가를 다루고 있다. 저자들은 3 R(The three R's) 개념을 실험에서 동물의 책임감 있는 활용에 대한 지침으로서 소개하였으며 전 세계 모든 동물실험 과학자가 받아들이고 있다. 3R은 대체, 감축, 세련화 기술을 나타낸다.

(1) 대체

대체(Replacement)란, 동물의 고통을 최소화하기 위해 살아있는 동물을 사용하지 않더라도 동일한 결과를 얻을 수 있을 때 비동물로 바꾸거나 또는 고통에 대한 민감도가 가장 낮은 동물을 선택하는 실험방법이다. 체외배양기술(*In vitro* techniques), 컴퓨터 시뮬레이션모델, 비디오, 필름 등에 의해서 살아있는 동물을 대치하는 것, MRI를 이용하여 동물의 해부기관을 관찰하는 것, 고통에 대한 민감도가 낮은 물고기 지브라피쉬(Zebra fish)를 이용하는 것, 토끼의 눈을 이용한 화장품 독성테스트 대신에 인공피부와 유정란을 이용하는 방법은 대체기술의 좋은 예라고 할 수 있다〈그림 3-8〉, 〈그림 3-9〉.

〈그림 3-8〉 세포주(cell line)를 이용한 체외배양으로 동물실험을 대체할 수 있다.

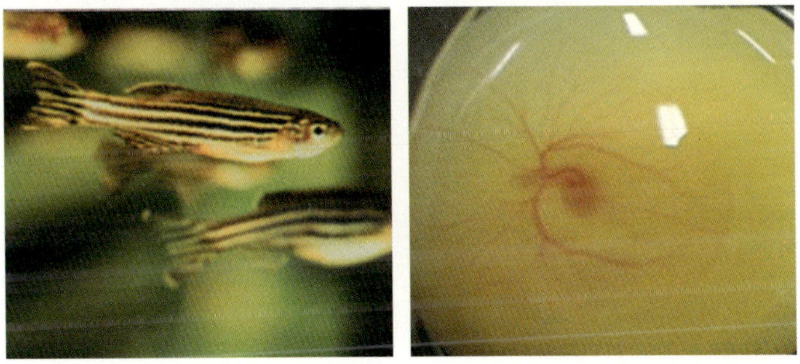

〈그림 3-9〉 지브라피쉬와 수정란을 이용하여 동물실험을 대체할 수 있다.

(2) 감축

감축(Reduction)이란, 특정한 연구목표를 달성하기 위하여 주어진 실험을 수행할 때 필요한 동물의 숫자를 최소로 줄이는 것을 의미한다. 동물집단의 표준화를 도입함으로써 개체변이를 줄이고 실험결과의 균일성, 정확성, 재현성을 높이는 것, 그리고 동물연구소의 조직개편은 서로 유사하거나 동일한 동물실험을 줄일 수 있어서 감축에 기여하는 좋은 예이다.

(3) 기술의 세련화

기술의 세련화(Refinement)란, 실험동물에게 적용되는 고통의 발생, 심각성 및 괴로움을 주는 절차에 있어서 그 정도를 낮추는 것을 말한다. 동물실험 전에 동물복지를 고려할 수 있도록 실험방법을 설계하고 올바른 실험동물의 취급방법과 약물투여방법의 숙지하고〈그림 3-10〉, 실험을 진행하는 도중에 동물이 고통에 노출되었거나 또는 노출 가능성이 있다면 즉시 실험절차를 개선할 수 있도록 하는 방법이다. 연구자들은 세련화된 절차의 사용이 동물보호 뿐만 아니라 동물실험의 품질에도 기여함을 알아야 한다.

〈그림 3-10〉 실험동물의 올바른 보정 및 약물투여 방법은 세련화기술이다.

3. 안락사

안락사(Euthanasia)란 최소의 물리적 · 정신적 고통을 줌으로써 동물을 희생하는 것이다. 안락사의 이유는 실험절차가 끝났을 때 그리고 간, 근육 등 체조직을 얻기 위하여, 실험에 이용하고 남은 과잉동물의 숫자를 도태하기 위하여, 뇌손상과 같은 동물이 완화될 수 없는 고통, 또는 근심, 불안해 있거나 심한골절 및 질병감염으로 치료 불가능한 질병을 앓고 있을 때, 동물의 고통을 줄여주기 위하여 안락사를 시행할 수 있다. 안락사의 방법으로는 물리적인 방법과 화학적인 방법이 있다.

1) 물리적 방법

물리적 방법은 동물을 희생하는 가장 빠른 방법으로써 훈련된 개인에 의해서 올바르게 실행한다면 동물이 즉각적으로 무의식해지기 때문에 쉽게 동물을 고통없이 희생시킬 수 있다. 물리적 방법이란, 도구를 이용하거나 물리적인 힘을 이용하여 안락사하는 것으로써 설치류의 목을 빼거나 닭의 목을 비틀어서 희생하는 경추탈골(Dislocation), 일정한 두께의 파이프나 몽둥이로써 체중 1 kg까지의 설치류의 뒤통수를 때려서 희생시키는 타격법(Concussion), 그리고 목을 베어내는 목베기(Decaptitation)가 있다.

2) 화학적 방법

화학적 방법이란, 심장정지를 위한 마취제를 쓰는 방법으로써 흡입제(Inhalational agent) 또는 주사제가 사용될 수 있다. 동물에게 이산화탄소(CO_2)를 흡입시키거나 또는 펜토바비톤(Pentobarbitone)을 주사하여 희생시키는 방법이다. 동물복지와 관련한 이산화탄소 흡입방법은 미국의 KFC 납품업체에서 필수적으로 요구하는 안락사 방법이며 특히, 어린 설치류는 고농도의 이산화탄소에서도 죽지 않고 생존할 수 있기 때문에 사용해서는 안 되는 방법이다.

동물발생공학과 인류의 운명

박 춘 근 (강원대학교 교수)

정자와 난자를 체외에서 자유롭게 조작하는 기술이 개발되면서 체외수정 및 수정란이식에 의해 동물의 생산이 가능해졌다. 그 뿐만 아니라 동물에서 정자와 수정란을 이용하여 성을 조절 할 수 있게 됨으로써 농가에서는 필요로 하는 성의 가축을 생산해 낼 수 있는 기술이 개발되었다. 또한 유전형질이 우수한 가축을 동시에 대량으로 생산 할 수 있는 복제동물 생산기술과, 인간이 필요로 하는 능력을 갖도록 새로운 유전자를 주입하는 등의 방법으로 우수가축과 치료제의 생산 등 형질전환동물의 생산이 가능하게 되었다. 한편, 최근에 많은 관심이 집중되고 있는 줄기세포 연구에 의한 불치 및 난치병의 치료와 새로운 약물의 개발 등이 가능해짐으로써 우리 인류는 건강과 함께 장수할 수 있는 많은 기술들을 동물의 발생공학기술로부터 얻을 수 있지만 아직도 해결해야 될 많은 문제점이 남아 있다.

과학의 창조성과 기술혁신에 있어서의 발전은 우발적, 돌발적으로 일어나는 것이 아니고, 과학의 역사적 배경을 기본으로 이루어진다. 이와같이 획기적인 새로운 과학철학과 연구성과를 기본으로 종래의 사상체계로부터의 탈피하고 새로운 변혁을 추구하게 된다.

예를들면, 생물과학분야에서는 찰스와 다윈의 진화론(Darwin's theory)과 멘델법칙(Mendel's law)의 재발견에 의해 지금까지의 생물학에 있어서 제1의 변혁기가 이루어졌다. 제2의 변혁기는 Watson과 Crick(1953)에 의해 유전자(핵산)의 구조해명에 의한 분자유전학의 시대가 열린 것이다. 한편, 발생생물학의 분야에서는 제2차 세계대전 후 실험 발생학의 발전, 특히 각종 과학기술의 혁신적인 발전에 의한 포유류에서의 괄목할 만한 연구성과가 얻어졌고, 그 성과로부터 새로운 연구성과의 전개와 응용으로 발전되어 나갔다. 그리고 “발생공학”이라는 새로운 생물과학의 분야와 응용기술을 탄생시키게 되었다.

1. 발생공학이란?

동물의 발생학은 생물학의 원점으로 있는 그리스시대로 거슬러 올라가 의학의 원조인 Hippocrates (BC 460-377)에 의해 시작되며, 철학자이며 과학자인 Aristoteles (BC 384-

322)에 의해 오징어와 문어의 산란, 부화 및 태생동물과 실험동물 등의 기록을 구체적으로 집대성한 “De generation animalium”이 발표되었다. 이들 이론과 개념이 그후 약 2000년이 지난 지금에도 발생학을 지배하고 있다. 르네상스시대를 기점으로 생물학도 재차 발전되었고, 의학부분에서는 인체해부가 시작되어 다른 동물종과 비교하는 비교해부학의 연구가 이루어지면서 동물발생과 생리분야로 관심이 이동되었다.

한편 19세기말까지의 발생학은 무척추동물과 양생류를 대상으로 한 것이 대부분을 점하고 있고, 포유류에 관한것은 1672년 De Graf에 의한 난포의 발견, 1827년 Von Baer의 난자발견이 전부였다. 그러나 Darwin (1809-1882)의 “종의 기원”이 출판되면서 발생학도 비교발생학의 개념으로 연구가 활발해져 각종 동물에 있어서 발생의 비교와 계통발생학으로 연구방향이 바뀌었다. 같은 시대에 Harvey (1578-1657)등에 의해 시작된 해부학은 비교해부학과 형태학으로 발전해, 19세기에는 생물학에 있어서 종의 형태간의 관계해명에 주안점을 두고 연구를 진행하였으며, 계속해서 형태적인 계통발생학으로의 연구방향이 주류를 이루게 되었다.

한편, Wolff (1733-1794)의 연구성과로부터 시작된 발생의 이론에 의해 후성설이 압도적으로 100년간이나 계속되었으나, Weismann (1834-1914)이 난자내에 있는 장래의 개체를 결정하는 다수의 결정인자류의 설이 공인되면서 발생학자간에 재차 전성설과 후싱실의 논생이 활발해졌다.

2. 체외수정과 수정란이식

1) 체외수정

동물에 있어서 체외수정법 (*in vitro* fertilization)은 인위적으로 난자와 정자를 시험관내에서 수정시켜 새로운 개체를 발생시키는 기술이다. 즉, 배란 직후의 성숙 미수정난자, 난소의 성숙난포로부터 채취한 성숙난자 또는 미성숙난자를 시험관내에서 배양하여 성숙시킨 난자로, 수정능력을 획득한 정자를 주입하여 일정시간동안 배양 및 수정시켜 수정난자를 배양에 의해 발생시키고, 일정한 발생단계가 되었을 때 모친 또는 가친에 이식하여 신생자를 얻을 수 있다.

체외수정은 실험소동물, 가축, 영장류 등에서 폭넓게 연구되고 있으며, 신생아까지 얻은 동물종도 많이 있다. 가축에서는 소, 돼지, 산양, 면양, 물소, 말 등에서 연구되고 있으며, 분할된 난자까지 발생시킨 후 신생아까지 얻는데 성공하고 있으며, 특히 소와 돼지의 경우는 도축장으로부터 회수한 난소로부터 채취한 난자를 이용해 체외수정 후 신생자를 얻고 있다.

이와같은 체외수정기술은 가축의 증진을 위한 수정란의 대량생산에 활용할 수 있으며, 체내에서 일어나는 수정현상의 규명과 불임치료에 활용할 수 있다. 또한 멸종위기에 있는 동물의 증식과 보존에 활용이 가능하다.

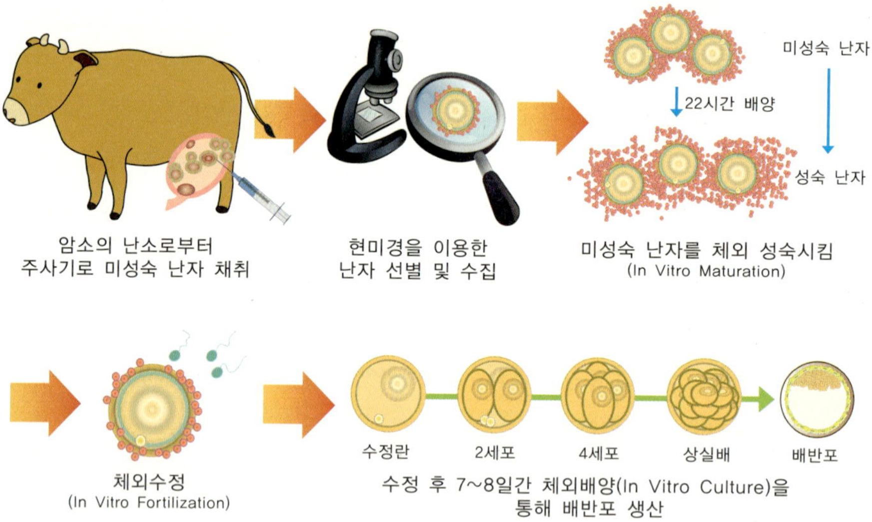

〈그림 3-11〉 소 체외수정 방법

2) 수정란이식

수정란이식(embryo transfer)이란 동물(공란축; donor)의 생식기로부터 착상전의 수정란을 회수하거나 체외에서 수정시킨 수정란을 조작, 배양하여 다른 동물(수란축; recipient)의 생식기에 이식하여 착상, 임신 및 분만케 하는 첨단생명공학기술이다. 수정란이식은 포유동물 전반에 적용되어 자축이 생산되고 있으나, 말, 돼지, 양, 산양 및 토끼 등은 대부분이 수술적 방법에 의해 수행되고 있고 아직도 효율적인 방법의 개선이 요구되고 있어 산업적으로 활용도가 낮아 실용화되지 않은 상태이나 소에서는 그 이용효과가 높아 일찍이 실용화가 이루어져 산업화되었다.

소에서 수정란 생산은 수정란을 제공하는 공란우의 체내에서 수정된 수정란을 채취한 체내수정란과, 초음파를 통하여 공란우의 난소로부터 채취한 난자나 도축되는 소의 난소로부터 얻은 난자를 이용하여 체외에서 수정하여 배양된 체외수정란으로 구분된다.

수정란이식을 수행하기 위해서는 많은 관련 기술이 필요한데, 공란우로부터 많은 난자를 얻기 위한 다배란 유기법, 수정란의 회수와 검사, 체외수정란의 생산기술 등이 요구된다. 한편, 수정란이식 기술이 산업화되기 위해서는 동결수정란의 이용이 확대되어야 하며, 많은 농가에서 수정란이식을 희망하기 위해서는 수태율을 높여야 하는 과제 등이 남아 있다. 또한 연구기관에서는 수태율을 높일 수 있는 기술개발과 함께 임신 중 유산 및 분만시 사산의 원인을 규명하고 감소시킬 수 있는 대책 마련이 필요하다.

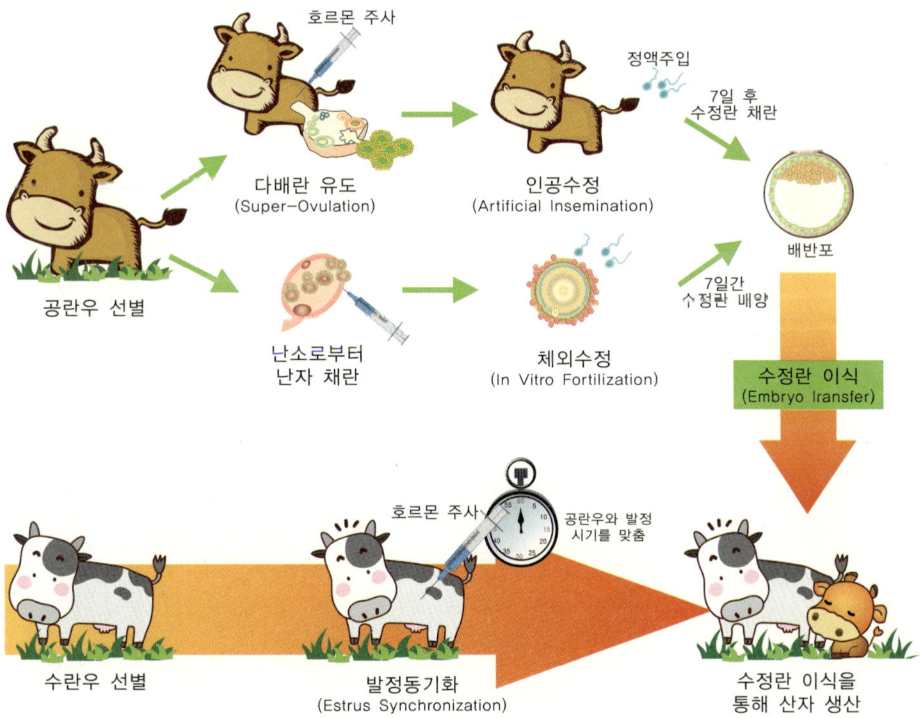

〈그림 3-12〉 수정란이식기술의 모식도

3. 가축의 성 조절과 지배

가축에 있어서 성비의 조절은 유용한 성의 신생자를 효율적으로 증산하기 위한 것인데, 그 수단으로 X, Y 정자의 분리와 수정란의 성판별 등의 방법을 시도해 왔다. 이와같이 사람과 관계있는 동물, 특히 가축, 가금과 애완동물 등에서 그들 산자의 성을 필요할때에 자유롭게 조절하는 것을 목적으로 지금까지 다수의 연구가 수행되어 왔다. 포유동물에 있어서 성 조절법은 완전하게 확립되어 있지는 않지만 최근 실제적인 방법으로 응용되고 있다.

1) XY정자 분리기술

포유동물의 정자는 암수성별에 관계없이 어느 정자나 핵내에 같은 수의 염색체들과 성을 결정짓는 성염색체를 가지고 있다. 성염색체는 다른 염색체들과는 달리 암수 정자간 크기에서 차이가 있다. 암정자의 X염색체는 수정자의 Y염색체에 비해 크며, 소에서는 DNA의 함량이 3.8% 더 많다.

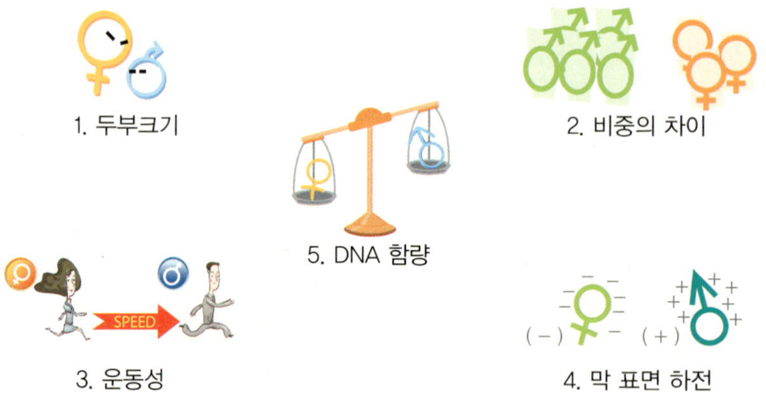

〈그림 3-13〉 X정자와 Y정자의 특성

2) 수정란의 성판별

수정란은 염색체분석, HY 항체 및 PCR등의 방법을 이용하여 성을 판별하고 있다. 성판별한 초기배를 이식하여 비교적 용이하게 신생아를 생산하고 있으나, HY항체법은 수정란에 상해를 주지 않으나 성판별의 적중률이 높지 못하며, 염색체분석과 PCR법은 성판별율의 정확성은 높으나 수정란중의 할구의 일부를 생체로 검사하여 이용하고 있기 때문에 수정란에 상해를 주고, 수정란이 성판별 될 때까지 시간이 많이 소요되는 문제점이 있으나 최근에 많은 연구에 의해 이러한 문제점이 개선되고 있다.

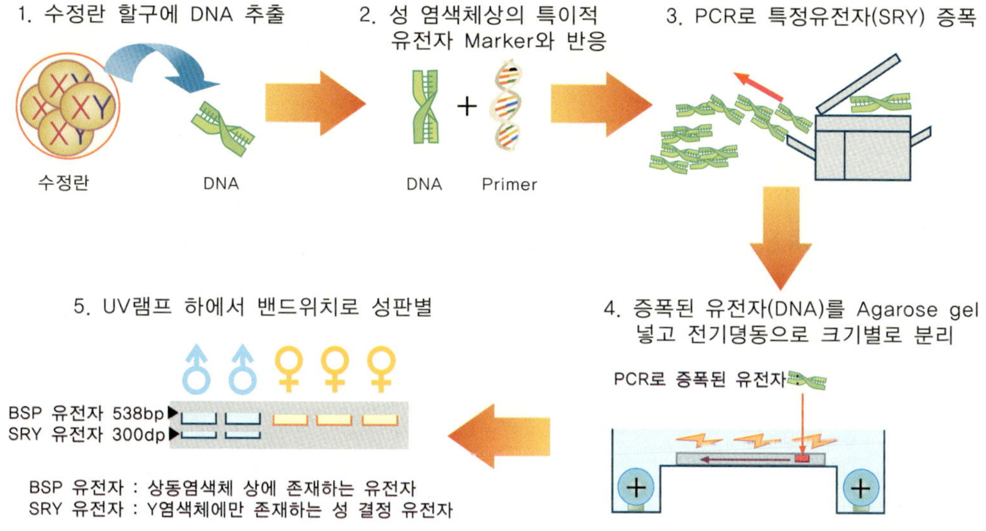

〈그림 3-14〉 수정란의 성 판별

4. 복제동물

복제동물(clone animal)의 생산목적은 경제가치가 뛰어난 유전형질이 동일한 가축을 만드는 것이다. 이 기술은 할구의 분리, 수정란의 절단, 핵이식 및 핵치환 등 복제배(clone embryo)의 작출이 기본이 된다.

하나의 수정란을 반으로 가르는 개념적 단순 방법은 니콜라스 및 헐(Nicholas & Hall, 1942)과 세이달(1952)에 근거를 두고 있다. 이들은 흰쥐와 토끼의 2세포배에서 하나의 할구를 제거한 난자로 신생자를 얻었다. 뮬랜 등(1970)은 생쥐 2세포기배의 각각의 할구를 별도로 생산하였다. 마우스타파 및 한(Maustafa & Hahn, 1978)은 생쥐 상실배를 반으로 나누어 수란쥐에 이식하는 간단한 방법으로 8쌍의 일란성 쌍태를 생산했다.

보다 성공적인 방법은 윌라드슨(Willadsen, 1979)에 의하여 개발되었다. 2~4세포기배의 할구를 분리하여 이 할구를 돼지 난자의 빈 투명대 내에 넣고 한천막(agar chip)에 삽입한 후에 이를 토끼나 면양의 결찰(結紮)한 난관에 이식하였다. 1~6일 후 한천토막을 꺼내 회수한 수정란을 수란축에 이식하여 분만케 하였다.

이 방법으로 말, 돼지, 소 및 면양(Willadsen, 1982)에서 일란성 쌍태, 3태 및 4태가 생산되었다. 반분한 수정란(half embryo)의 임신율은 전수정란(whole embryo)과 거의 같았다. 1/4수정란(quarter embryo)(4개 할구중 1개, 8개 할구 중 2개)의 임신율은 1/2 수정란보다 약간 낮았다. 그러나 1/8수정란의 임신율은 매우 낮다.

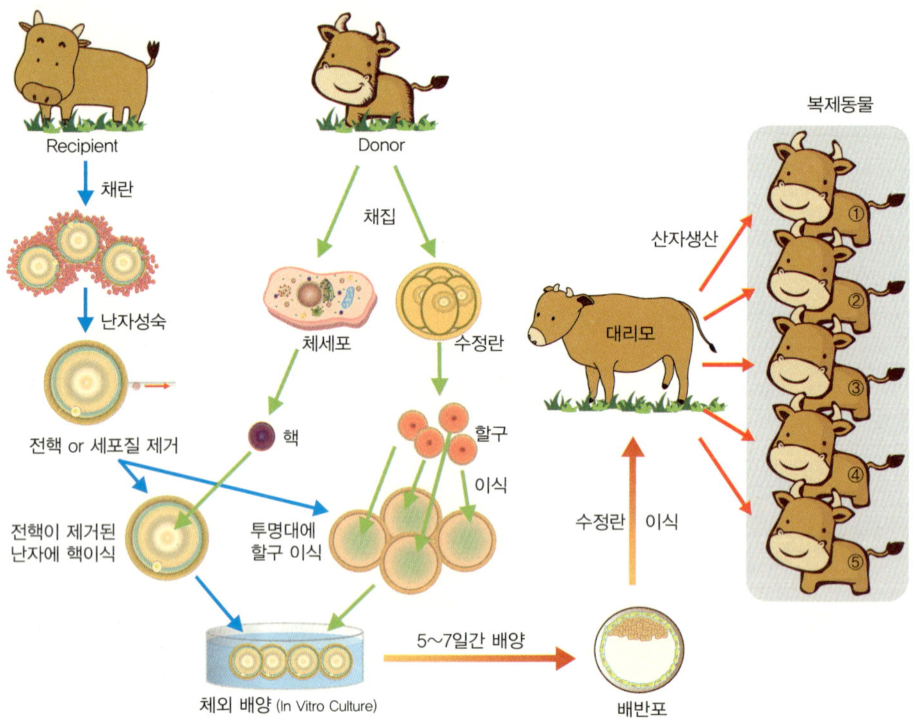

〈그림 3-15〉 복제동물 생산을 위한 모식도

5. 형질전환동물

형질전환동물에 대한 정의는 여러 측면에서 내릴 수 있지만 가장 간단하게 내린다면 전통적인 교배가 아니라 재조합 DNA 기술과 생식세포공학적 방법에 의하여 새로운 유전형질을 얻게 된 동물을 말한다. 즉 A 라는 동물의 유전자(a)는 B 라는 동물에는 없는데 이를 재조합 DNA 기술과 생식세포공학적 방법에 의해 교배의 과정을 거치지 않고 바로 B

동물에게 전달하여 a 유전자의 형질, 즉 능력이 B 에서 나타날 수 있게 되는 것을 말한다.

인간은 마치 슈퍼맨 또는 아인슈타인과 같이 자신의 능력을 뛰어 넘는 사람이 되고자 동경한다. 이러한 능력은 무단한 노력으로 성취 될 수 있는 것들이 있는 반면 선천적으로 불가능한 것들도 있다. 능력의 정의는 여러 가지 면에서 내릴 수 있지만 여기서는 생물학적으로 살펴보자. 생물학적으로 능력은 형질(trait) 또는 표현형(phenotype)으로 대변될 수 있다. 이러한 형질은 크게 두 가지 요인에 의하여 결정되는 데 여기에는 유전과 환경이 있다.

이 중 형질을 결정하는데 유전적인 요인이 큰 영향을 미친다. 마치 건물의 청사진처럼 형질을 나타내는 기본 설계도와도 같은 것이다. 잘 알려져 있다시피 핵산의 모임인 DNA 가 바로 이러한 유전적 형질을 결정하는 주요 물질이다. 그러나 인간 또는 동물의 생물학적 형질 즉 능력은 기본 골격인 유전적인 형질에 의해 결정되는 것 이상은 이룰 수 없는 것이 한계이다.

하지만 동물에서는 오래전부터 능력이 우수한 개체 즉 빨리 성장한다든지, 우유의 생산량이 많은 개체를 이용하여 새끼를 생산하는 번식에 사용함으로서 부모의 우수한 형질이 사손으로 이어질 수 있도록 하는 방법을 사용해 왔다. 이러한 방법은 과거 동물의 능력을 향상시키는데 많은 기여를 해 왔지만 시간과 경비가 많이 소요되므로 급속도로 발전해 가고 있는 현대 사회의 욕구를 충족시키기에는 역부족이다.

그러나 20 세기 후반부터 발달한 분자생물학과 새소합 DNA기술에 의해 유전형질 즉 DNA 를 체외에서 조작할 수 있게 되었고 또한 시험관 아기, 수정란동결 및 핵이식과 같은 동물의 번식과정에 대한 기본생리를 바탕으로 발전한 생식세포공학적인 방법에 의해 전통적인 교배의 방법이 아닌 어떤 동물의 우수한 형질을 다른 동물에게 직접 전달할 수 있는 방법이 가능해졌다. 이러한 방법에 의해 태어난 동물을 형질전환동물(transgenic animals)이라고 한다.

1) 형질전환동물의 산업적 이용

이러한 형질전환동물은 다양한 분야에 이용될 수 있다. 형질전환동물의 주요한 산업적 이용범위로는 농,축산업 뿐만 아니라 바이오 의학기술에도 기여할 수 있을 것이다. 향후 10년 이내에 실용화 될 것으로 예측되는 대표적인 기술은 다음과 같다.

(1) 우량 가축의 능력 개량

소나 돼지 등 가축의 주요 생산물인 고기와 우유의 생산량은 경제적으로나 산업적으로 매우 중요하다. 형질전환기법을 이용하여 이러한 가축의 생산물의 생산량을 증대시킬 수 있게 된다. 즉 성장을 촉진하거나 우유의 분비를 증가시키는 유전자를 주입함으로 형질전환동물을 생산하고 이를 이용하여 새로운 품종의 가축을 생산할 수 있게 된다. 또한 양적인 증가 뿐 아니라 가축 생산물의 질적인 향상도 형질전환기법을 통하여 가능하다. 예를 들어 고기내에 있는 지방의 양과 종류를 선별적으로 조절하는 유전자를 이용하거나 우유에 DHA 와 같은 특성성분이 발현되도록 하는 유전자를 이용하면 된다. 나아가서 질병에 저항성이 있는 유전자를 이용함으로 광우병이나 구제역과같은 질병에 걸리지 않거나 저항능력을 갖고 있는 동물을 형질전환기법에 의해 생산이 가능하므로 가축 생산물의 안정성에도 기여할 수 있다.

(2) 치료약제 생산

약제로 이용하는 단백질 중에는 공급이 부족하거나 생산 원가가 비싼 것들이 있다. 이들 중 일부는 혈액으로부터 정제하거나, 세균 또는 효모에 의해 생산하는 방법이 있다. 그러나 이런 방법으로는 정제하기가 어렵거나 생산비용이 너무 비싸 실용성이 낮다. 이런 약품들 중에 화상이나 창상 치료에 필요한 인간 혈청알부민, 혈전 치료제인 푸로유로키나제 등이 있다. 혈청 알부민의 연간 수요는 600 톤 이상이 된다. 이것을 값싸면서도 대량으로

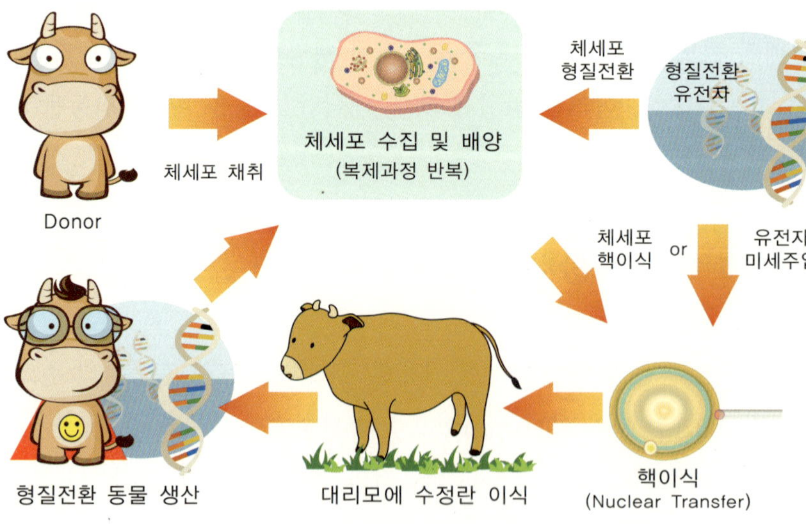

〈그림 3-16〉 형질전환을 통한 슈퍼 소의 생산

생산하는 방법으로 형질전환과 복제기법을 이용하여 젖소의 우유로부터 추출하는 방안이 있다. 〈그림 3-16〉 에서 볼 수 있는 것과 같이, 젖소 체세포에의 알부민 생산 유전자를 인간 알부민 유전자로 대체해 준다. 이렇게 유전자가 적중된 체세포를 이용하여 젖소를 복제하면 이 복제 소의 우유 중에는 치료용 인간 알부민이 대량 함유되어 있게 된다. 이 기술은 일부 국가에서 성공한 예도 있으며, 관련 기술의 보완 연구를 통해 10년 이내에 여러 종의 약품 생산의 산업화가 될 수 있을 것이다.

(3) 바이오 의학으로의 이용

현대 산업의 급속한 발달에 의해 양적인 팽창을 거듭해온 지금 인류의 삶의 질을 향상시키려는 욕구를 충족시키기 위해서 인간의 건강과 장수의 해법을 찾을 수 있는 바이오 의학산업이 매우 각광을 받고 있다. 이러한 바이오 의학 산업에서 형질전환기법이 중요한 위치를 차지하고 있다.

형질전환기법을 이용한 의학산업으로의 응용에는 유전자 치료와 위에서 언급한 치료 약제의 생산 등 여러 가지가 있지만 대표적인 예는 이종장기의 생산을 들 수 있다. 인간의 수명이 늘어나면서, 혹은 유전적 결함에 의해서 심장이나 간장 등 주요 장기의 이상 증상을 가진 환자가 늘어나고 있다. 현대의 눈부신 이식 외과술에 의해 장기이식은 더 이상 독점적 기술이 아닌 의학의 한 분야로 자리 잡게 되었다. 문제는 이식용 장기의 공급원인데, 현재까지 유일한 수단인 뇌사 상태의 타인에게서 제공받을 수 있는 장기의 수는 한정적이므로 장기 공급원을 확대하거나 바꿔야 하는 등의 새로운 대안을 찾아야 한다. 이에 과학자들은 인간의 장기와 해부학적 구조나 생리특성이 유사한 침팬지나 돼지의 장기를 이용하는 방안을 강구하게 되었다. 그러나 침팬지는 성숙 체중이 인간에 비하여 턱없이 적으며, 돼지는 인간의 장기와 크기가 비슷하고, 임신기간이 짧아 생산이 비교적 용이한 장점이 있지만, 면역체계가 인간과 상이하여 돼지의 장기를 그대로 이용할 수 없는 문제가 있다.

즉, 돼지의 장기가 사람의 체내에 들어가면 돼지 장기에서 항원성 단백질을 발현하여 사람의 면역반응을 활성화시켜 면역거부반응을 야기하게 된다. 이러한 문제를 해결하고자 유전자적중 기술을 이용하여 돼지의 체세포에서 면역거부 관련 유전자(α-gal)를 제거하고, 유전자 적중된 이 세포를 복제하여 태어난 돼지로부터의 장기는 사람의 체내에서 초급성 면역거부 현상을 나타내지 않는다.

2) 해결해야 될 숙제

(1) 기술적 문제점

이러한 형질전환동물 기술에는 몇 가지 당면한 문제점이 있다. 먼저, 현재까지 알려진 방법으로 생산되는 형질전환동물의 효율이 낮다는 점이다. 여러 방법중 전핵주입법이 그 중 높은 효율을 보이지만 아직도 경제적이나 산업적인 측면에서 실용화 되기에는 부족한 상황이다. 이러한 문제점은 관련연구의 활성화로 해결되리라고 본다. 또한 새로이 주입되는 유전자의 발현의 조절이 어렵다는 점이 있다. 주입되는 유전자가 무작위적으로 주입되는 경우에는 새로운 형질이 발현이 안될 수도 있고 매우 적을 수도 있기 때문에 발현 효율을 높이기 위해서는 적절한 조절인자를 사용하거나 유전자 적중을 통한 특정부위에 주입하는 방향으로 해결해야 할 것이다.

이 외에도 가축에서 전능성을 지닌 배아줄기세포의 부재와 핵이식 기법을 이용하여 형질전환동물을 생산하는 경우 낮은 복제 효율 등 아직까지 해결해야 할 문제들이 많지만 최근 활발한 연구로 인해 머지 않아 이러한 문제점들은 하나씩 해결되어 가리라고 본다.

(2) 사회적 문제점

최근들어 먹거리에 대한 관심이 높아지면서 사용된 원료의 출처에 대해 알고자 하는 사람들이 증가하고 있다. 이 중 생산량을 증대시키기 위해 유전적으로 변형된 작물인 GMO를 이용하여 만들어진 식품에 대해 안정성 여부에 대한 논란이 일고 있다. 형질전환동물의 이용방안 중 가장 중요한 부분은 고기와 우유와 같은 가축 생산물의 생산량 증대 및 질의 향상인데 이와 동시에 이러한 생산물의 안정성에 대한 철저한 검증이 이루어 져야 한다고 본다. 이러한 움직임을 동물 복지와 연계시켜 최종 소비자인 인간에게 형질전환기법을 통하면서도 안전하면서 양질의 가축생산물을 생산할 수 있도록 노력해야 할 것이다.

6. 줄기세포

줄기세포는 영어로 "stem cell" 이라고 하는데, 줄기란 식물의 줄기(stem)를 의미하는 것으로, 인간을 비롯한 동물체의 체내의 모든 세포나 조직을 만들어 내는 기본이 된다는 뜻에서 줄기세포라고 부르고 있다. 줄기세포는 생식능력을 가지고 있지 못하며, 호르몬을 분비하지도 못하며 다른 세포들과 동급의 능력을 발휘하지도 못한다. 그러나 줄기세포가 없다면 태어난 아기는 자랄 수 없으며, 세포나 혈액이 계속하여 생성되지 못하면 어른도 살수가 없다. 따라서 줄기세포가 특정장기의 기능에 호르몬 등과 같은 특정단백질을 분비하거나 이를 조절하는 기능은 아직 밝혀지지 않았으나 줄기세포의 존재만으로도 생명이 유지되고 기관과 조직이 반복해서 재생시킬 수 있는 능력을 가지고 있다고 말 할 수 있다. 이와같은 줄기세포는 생명체에 있어서 어떤 단계에서 존재하느냐에 따라 크게 배아줄기 세포와 성체줄기세포로 나눌 수 있다.

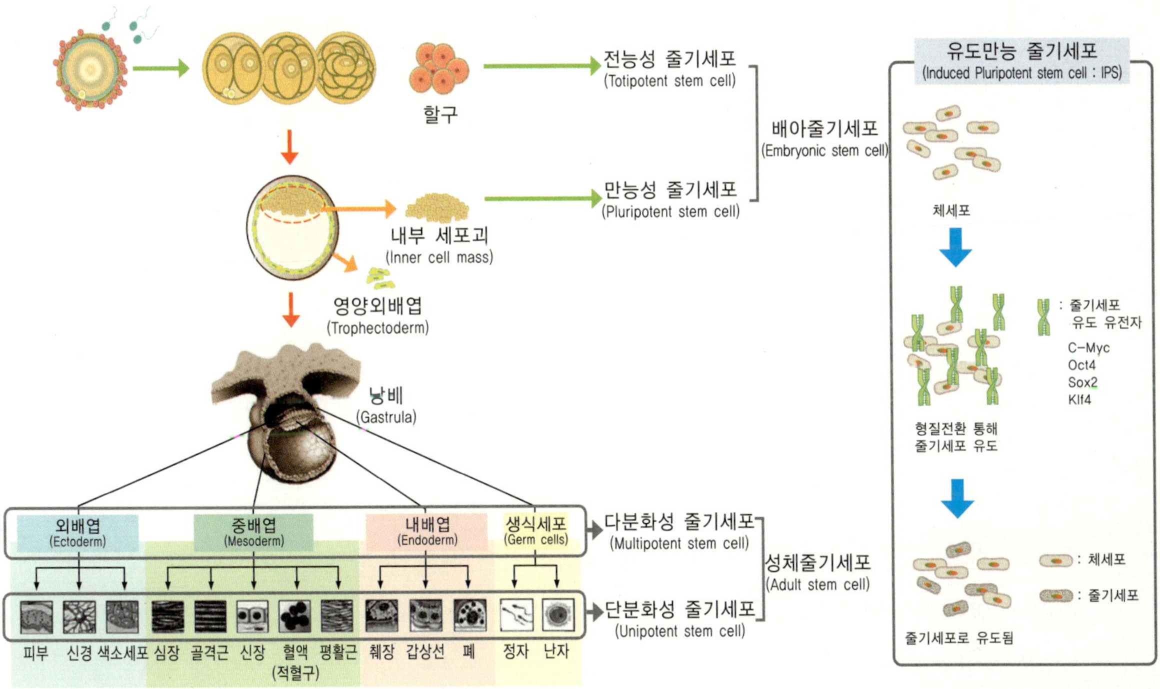

〈그림 3-17〉 줄기세포의 유래

1) 줄기세포의 분류

(1) 배아줄기세포 (Embryonic Stem Cell, ES cell)

사람을 비롯한 대부분의 포유동물의 경우 정자와 난자가 만나 수정이 이루어지면 수정란이 형성되며, 이 수정란은 모체내에서 난할이라고 하는 세포분열과정을 거쳐 태아가 형성된다. 이와같이 수정란이 분열하는 과정, 즉 초기 발생단계의 하나인 배반포기(blastocyst) 단계의 내세포괴(inner cell mass, ICM)에서 배아줄기세포가 형성된다. 사람의 경우 배반포기 단계의 배아는 수정 후 5-7일 정도 경과된 상태로 50-150여개의 세포들을 가지고 있으며, 이 세포들은 더 많은 줄기세포로 분열하거나 만능성(pluripotent) 분화능력을 가진 줄기세포로 분화된다. 이러한 특성으로 인해 배아줄기세포는 성체를 구성하는 200여개 이상의 세포형태로 적절한 자극에 의해 분화할 수 있는 능력을 가지게 되며, 그 사용에 있어서도 무궁무진한 가능성을 지니고 있다고 할 수 있다.

(2) 성체줄기세포 (Adult Stem Cell, AS cell)

성체줄기세포는 어린아이와 성인 모두를 포함해 발달된 기관에서 생성되는 세포로서, 각 조직내부에 소량존재하며, 분화가능성이 많이 줄어들어 정해진 몇 가지 종류의 세포로만 분화할 수 있기 때문에 완전분화, 복수분화의 개념과 대비시켜 대부분 다분화성(multipotent) 능력을 지니고 있다. 따라서 계대에 있어 제한적이고, 모든형태의 세포를 생산하지 못하는 한계점을 지녀 배아줄기세포에 비해 질환치료에 있어 그 사용가능성이 제한되어 왔다. 그러나 성체줄기세포는 배아줄기세포에 비해 윤리적인 논란에서 비교적 자유로운 이점을 가지고 있다.

성체줄기세포는 근육세포, 뼈세포, 피부세포 등과 같이 지속적인 세포교체를 반복하는 기관에서 발견되며, 특정한 기능만을 담당하는 조직별로 구분되며 각각 따로 증식한다. 골수의 경우, 혈액과 면역계의 모든 세포형태로 분화되는 조혈줄기세포가 존재하며, 주변의 환경과 성장인자에 따라 서로 다른 종류의 세포로 분화된다. 이러한 분화능력과 특성이 알려지면서 우리 몸의 각 기관에 대한 세포 치료제로서 성체줄기세포를 사용할 수 있게 되었고, 이러한 가능성은 윤리적으로 배아줄기세포의 이용을 반대해 왔던 많은 사람들에게 환영을 받았으나, 배아줄기세포에 비해 수명이 짧고, 얻을 수 있는 양이 적어 실제 임상적으로 적용하기에는 어려운 단점도 가지고 있다.

(3) 제대혈 줄기세포(Cord Blood Stem Cell)

제대혈이란 태반과 태아의 제대로부터 나온 혈액을 의미하는데, 제대혈에는 줄기세포가 다량 존재하고 있어 줄기세포를 얻기 위한 공급원으로 이용될 수 있으며, 제대혈 줄기세포의 경우 골수 유래 줄기세포에 비해 증식(proliferation)이 더 강한 특성을 가지고 있다.

탯줄과 태반은 세포분화가 왕성하게 일어나는 분열조직이기 때문에 줄기세포가 많이 들어있다. 주어진 기간내에 새로운 조직을 만들고, 그 기능을 수행하기 위해서는 활발한 세포분열이 필요한데, 이때 만들어진 줄기세포가 출산후에도 많이 남아 있는 것이다.

인간의 제대혈에서 1978년 처음으로 조혈줄기세포가 분리된 이후 1980년대 후반에는 혈연간이식이 성공적으로 이루어졌으며, 백혈병(leukemia), 림프종(lymphoma) 및 60여개 이상의 유전적 이상의 환자들에게 11,000회 이상 조혈줄기세포 이식이 이루어진 것으로 알려져 있다.

2) 줄기세포를 이용한 약물의 개발

현재줄기세포는줄기세포자체를이용하는치료제로서의연구이외에도약물개발과정에서 새로운 물질을 얻기 위한 기술로서 그 가능성을 인정받고 있다. 동물실험에서 발견하지 못한 부작용 또는 약물효과의 유효성 부족으로 인해 임상시험에 진입한 약물 중 약 90% 이상이 시장진입에 실패하고 있는 현실로 미루어 볼 때, 화합물에 대한 문제점을 보다 효과적으로 찾아 낼 수 있는 시험시스템 개발에 대한 가치와 중요성이 높아지고 있다.

현재 사용 또는 승인된 줄기세포 치료제의 경우 대부분이 백혈병(Leukemia), 다발성 골수종(Multiple myeloma), 비호지킨 림프종(Non-Hodgkin's lymphoma)과 암(Cancer) 관련 질환과 재생불량성빈혈(Aplastic anemia), 면역결핍증, 루프스(Lupus)와 같은 질환들에 국한되어 있으며, 치료법 역시 골수(Bone marrow) 또는 혈액내 줄기세포를 이용한 줄기세포 이식술의 형태로 대부분 진행되고 있다.

축산업의 경제적 의미

이종인 (강원대학교 교수)

우리나라의 경제는 지난 30~40년 동안 급속하게 발전되었다. 이에 따라 우리나라 국민의 식생활 소비패턴은 크게 변화되었고, 축산업 역시 크게 변화되었다. 여기에서는 그동안 우리나라 축산업 및 축산업을 둘러싼 환경의 변화를 살펴보고자 한다. 이와 함께 축산연관산업의 발전 및 현황, 그리고 축산물의 유통현황 및 유통환경의 변화 내용을 살펴보고자 한다.

지난 30~40년 동안 우리나라의 축산업은 급격하게 변화하여 왔다. 이러한 변화 중 가장 큰 변화는 축산업의 전업화라 할 수 있다. 축산업의 전업화로 축산농가수는 급격하게 감소된 반면 호당 사육두수는 급격하게 증가되었다. 여기에서는 축산업의 전업화 과정을 통하여 축산농가의 사육규모증대가 얼마나 빠르게 변화되어왔는지를 살펴보고자 한다. 이와 함께 축산업이 농가경제에 미친 영향, 그리고 축산업과 환경 등을 둘러싼 주요 이슈를 설명하고자 한다.

1. 축산업의 위치

1) 농업 생산 중 축산물 생산의 비중 변화

우리나라 농업분야에서 1년 동안 생산되는 농업총생산(명목)은 1980년 64,200억원에서 2005년 350,889억원으로 이 기간 동안 550% 신장되었다. 농업총생산 중 생산액이 큰 상위 10개의 품목을 보면, 1980년대 이후 미곡의 생산액은 현저히 줄어들고 있는 반면 축산물이 차지하는 비중은 꾸준히 증가하고 있어 우리나라 농업의 구조적 변화를 단적으로 볼 수 있다. 1980년 미곡은 농업총생산액 중 34.1%로 1위를 차지하고 있어 우리나라 농업을 주도하고 있었다. 그러나 축산물인 돼지, 한육우, 닭, 계란은 각각 5.9%,

4.6%, 그리고 2.5%, 2.4%의 생산액 비중을 차지해 축산물생산이 농업경제에 미치는 영향은 다른 농산물에 비해 크지 않았다.

1990년의 농업총생산액 중 미곡은 그 비중이 36.9%를 차지해 여전히 미곡 중심의 농업경제가 이루어지고 있음을 단적으로 알 수 있다. 그러나 2000년에는 미곡이 농업총생산액에서 차지하는 비율이 33.0%로 감소되었으며, 축산물의 생산비중이 돼지, 한육우, 우유, 닭의 생산액 비중에서 꾸준히 증가하였다. 2005년에 들어와서는 농업총생산액에서 미곡이 차지하는 비중은 24.3%로 크게 감소되었다.

반면, 축산물의 경우 돼지, 한육우, 우유, 닭, 계란, 오리 등이 10위 이내에 포함되고 있다. 이 중 돼지는 농업총생산액 중 10.7%를 차지하여 2위로, 한육우는 9.0%로 3위에, 우유는 4.4%로 4위, 닭은 3.2%로 5위에, 계란은 6.1%로 6위에, 그리고 오리가 1.8%로 10위를 차지하고 있다. 이들이 차지하는 비율은 농업총생산액 중 32.2%를 차지하였다. 우리나라의 농업총생산에서 축산물이 차지하는 비중이 크고 중요한 품목으로 성장하였음을 의미한다.

2) 축산업의 전업화 및 규모화

농축산업의 전업화와 규모화에 대한 논의는 생산의 효율성 향상과 생산농가의 소득증대라는 두 가지 측면에서 오랫동안 중요한 쟁점이 되어 왔다. 축산업에서의 전업화는 규모의 변화로부터 빠르게 나타나기 시작하였다. 1983년 대비 2005년에는 축종별로 구조조정이 빠르게 일어나 사육규모가 증가할수록 농가의 수가 급격히 증가하였다. 또한 사육규모가 큰 농가에서 사육되는 두수(또는 수수)가 증가하여 축산업의 전업화 또는 규모화가 빠르게 진전되었음을 알 수 있다.

1980년 이후 우리나라의 주요 가축사육두수 및 호수의 변화를 살펴보자. 이 기간 동안 모든 축종에서 사육두수는 증가된 반면, 사육가구는 감소되어 이 기간 동안 호당평균사육두수는 크게 증가되었다. 한(육)우의 경우 사육두수는 1980년 1,361천두에서 2005년 1,819천두로, 사육호수는 1980년 180천호에서 2005년 192천호로, 그리고 호당평균사육두수는 1980년 1.4두에서 2005년 9.5두로 증가되었다. 젖소는 사육두수가 1980년 180천두에서 2005년 479천두로 증가되었으나 사육호수는 1980년 18천호에서 2005년 9천호로 감소되었고, 호당평균사육두수는 1980년 10.0두에서 2005년 53.2두로 증가되었다.

돼지는 사육두수가 1980년 1,784천두에서 2005년 8,962천두로 증가되었으나 사육호수는 1980년 503천호에서 2005년 12천호로 감소되었고, 호당평균사육두수는 1980년 3.5두에서 2005년 746.8두로 증가되었다. 닭은 사육두수가 1980년 40,130천수에서 2005년 109,628천수로 증가되었으나 사육호수는 1980년 692천호에서 136천호로 감소되었고, 호당평균사육두수는 1980년 58.0수에서 2005년 806.1수로 증가되었다.

2. 축산업을 둘러싼 환경의 변화

1) 소비자의 식품 안전성 요구 증대

소득이 증가됨에 따라 식품소비 패턴도 함께 변화되기 시작하였다. 이 중 가장 두드러진 특징은 식품의 양보다 질을, 그리고 식품의 안전성에 대한 관심이 증가되었다는 것이다. 이러한 현상은 최근 들어 식품 안전성에 위협을 주는 사고들이 빈번하게 나타남에 따라 소비자들의 식품 안전성에 대한 관심이 급증하고 있기 때문이다. 식품 안전성에 위협을 주는 국내외의 주요한 사건은 1995년 고름우유논쟁, 2000년 경기 파주 구제역발생, 2002년 돼지구제역 및 콜레라 발생, 2003년 일본에서의 광우병파동, 2004년 불량만두소 사건과 조류인플루엔자(AI) 사건, 2005년의 기생충알 김치파동, 그리고 미국에서의 2003년, 2005년, 그리고 2006년의 광우병 발병 등을 들 수 있다. 특히 미국에서의 2003년, 2005년, 그리고 2006년의 광우병 발병으로 우리나라에서 쇠고기의 안전성에 관한 커다란 관심을 야기하고 있다.

이러한 변화에 대처하기 위하여 1997년 12월 축산물가공처리법이 개정되어 위해요소중점관리제도에 대한 법적근거가 마련되었고, 2007년 7월 1일부터 소 100두 이상 또는 돼지 1,000두 이상을 도축하는 대규모 도축장 및 축산물 종합처리장에 대한 HACCP(Hazard Analysis Critical Control Points) 시행을 계기로 2003년 7월까지 도서지역의 도축장을 제외한 모든 도축장에서는 HACCP의 기반이 조성되었다. 최근까지 HACCP 제도가 시행되고 확대되었지만 소비자의 건강과 생명에 위해를 가할 수 있는 위험은 낮아지고 있지 않다. 이에 따라 소비자 후생을 증대시키기 위한 추가적 안전성프로그램이 제시되고 있다. 이 중 대표적인 것으로 우수농산물관리제도의 도입, 그리고 쇠고기 생산이력제의 시행 등을 들 수 있다.

2) 가축분뇨의 자원화

우리나라 토양의 대부분은 산성토로 지력이 낮으며, 온대성몬순기후로 우기에 토양 중의 양분 및 점토가 쉽게 유실되어 병해충 발생에 취약하다. 우리나라의 농업은 그동안 좁은 국토에서 많은 인구를 부양하기 위해 화학비료와 농약사용에 많이 의존하여 토양에 염류집적 및 수질오염이 우려되고 자연 생태계의 악화가 우려 되고 있다.

2005년 환경지속지수(ESI)의 농약·비료사용량 순위에서 우리나라의 농약 및 화학비료 사용량은 세계 최고 수준으로 나타났다. 대상인 146개 국 중 비료사용량은 세계 138위 그리고 농약사용량은 143위로 나타났다. 이를 화학비료 및 농약사용량으로 환산하면 2005년 화학비료는 374kg/ha 그리고 농약은 11.8kg/ha에 달한다. 2005년 말 우리나라에서 연간 발생되는 가축분뇨는 41,840천톤이다. 이 가축분뇨의 79.3%인 33,196천톤은 퇴비로, 2.8%인 1,149천톤은 액비로 사용되고 있다. 나머지는 정화방류, 해양배출 등의 방법으로 처리되고 있다.

3) 자연순환농법의 확대 및 바이오메스로서의 축산부산물

자연순환농업은 자연생태계의 영속적인 물질순환 기능을 활용하여 작물과 가축이 건강하게 자라게 하고 농축산물의 안전성과 품질을 높이고자하는 농업이다. 또한 자연순환농업은 특정 자재의 사용 또는 특정농법에 한정되지 않고 “자연계 물질순환의 균형”을 추구하는 모든 농업을 포함한다. 구체적으로는 가축분뇨 퇴 · 액비 등 유기질 자원을 토양에 환원하고 화학비료와 농약사용을 감축하여 토양을 건전하게 유지 · 보전하면서 농업생산성을 확보코자하는 농업이다. 우리나라의 국민소득이 증대되고, 이에 따라 식품의 품질과 안전성에 대한 관심이 고조됨에 따라 자연순환농법에 대한 관심 또한 증대되고 있다.

이와 같은 자연순환농업의 실현을 위해서는 다음과 같은 여러 가지 방안이 강구되어야 한다. 가축분뇨의 자원화 및 저감 대책을 추진하여야 한다. 시·군별 양분 정보 파악을 위한 기초자료 조사 및 정보 제공 등을 통한 지역 단위 양분총량제 시범사업의 추진이 필요하다. 양질의 퇴·액비 생산을 위한 제도개선으로 비료공정규격 개선 등 관련 제도를 개선하고, 가축분 퇴비를 유기질 비료에 포함되도록 제도를 개선해야 한다. 한편, 퇴·액비자원화는 또한 덴마크, 독일과 같은 나라에서 활용되고 있는 바이오메스방식에 관심을 갖고 대체 에너지와 함께 환경보전, 순환농업을 아우르는 친환경축산이 지속적으로 추진되어야 한다.

3. 축산연관산업의 발전 및 현황

1) 축산업의 생산액과 비중

2005년의 농림업 생산액 총 36조 2,729억원 중 축산업은 11조 7,672억원으로 농림업 생산액의 32.4%를 차지하고 있다. 축산업에서 2000~2005년 간 축종별 생산액을 보면 돼지의 생산액이 가장 큰 것으로 나타났다. 닭과 계란의 생산액 순서가 일정하지 않고 바뀌는 경향이 있는 것을 제외하고는 최근 5년 간 돼지를 이어 한육우, 우유, 닭 또는 계란, 오리, 벌꿀 등의 순서로 축종별 생산액이 큰 것으로 나타났다. 2005년의 경우를 보면, 돼지는 전체 생산액 중 31.9%, 한육우 26.8%, 우유 13.2%, 닭 9.5%, 계란 9.2%, 그리고 오리가 5.5%를 차지하고 있다.

2) 축산업 전후방산업의 발전

우리나라에는 축산업과 관련된 다양한 산업이 있다. 이러한 산업은 크게 전방산업과 후방산업으로 분류할 수 있다. 전방산업은 생산된 축산물을 재료로 활용하거나 가공하는 산업을 의미하는데, 도축·가공, 집유·가공, 분뇨처리산업 등을 들 수 있다. 후방산업은 축산물을 생산하기 위해 필요한 원료(기자재)산업을 의미하는데, 사료산업, 축산기자재, 동물약품 등의 산업들을 들 수 있다. 그 외에도 축산물 식품산업, 가축개량, 수의, 인공수정, 등급판정 등의 관련산업들이 존재한다. 특히 축산물을 재료로 하는 식품산업의 생산액이 매년 크게 증가하는 추세에 있다.

노경상 등(2007)의 보고서에서는 우리나라의 축산관련산업의 규모를 설명하고 있다. 축산관련산업의 산출액 수준을 중심으로 보았을 때 배합사료가 가장 큰 4조원, 단미·보조사료 1조원, 조사료·수의 등 1조원, 축산기자재 0.8조원, 그리고 동물약품이 0.6조원

등을 차지하고 있는 것으로 나타났다.

3) 축산 관련 식품산업의 성장

식품산업의 성장과 함께 축산업을 후방산업으로 하는 축산관련 식품산업도 꾸준히 발전해왔다. 김철민(2003)은 1990~1995년, 그리고 1985~1995년 동안 식품산업의 부문별 성장률 순위를 정하고, 이를 토대로 1985~1995년 동안의 성장률을 분석하였다. 여기에서 축산업과 관련이 있는 부문을 보면, 육가공품 및 동물성유지 부문은 90~95년 기간에는 성장률 1위를 기록하였고, 85~95년 기간에는 14.67%의 성장률을 보여 전체 식품산업에서 1위와 근소한 차이로 2위를 차지하고 있다. 그 외에도 낙농품 부문이 8.9%로 7위로 나타났으며, 육류와 축산업 부문은 각각 5.2%, 4.38%로 나타났다. 이 기간 동안 식품산업의 전체 평균 성장률은 5.4%로 나타났다.

김철민에 의하면 위 자료의 분석기간 중 농업은 곡물 중심의 식품소비구조를 탈피하는 과정에서 "쌀소비의 감소 → 정곡부문의 위상 저하 → 곡류부문의 비중 감소 → 농업의 위상 저하"로 연결되있나고 주장한다. 그러나 "육가공품 소비의 증가 → 육가공품의 비중 증대 → 축산부문의 상대적 비중 증대"를 통해 농업부문의 비중감소 속도를 줄이기는 했지만, 국가경제에서 차지하는 농업의 상대적 위상감소를 줄이지는 못했다고 주장하고 있다.

성장률이 높은 산업은 향후에도 지속적으로 성장하여 국민경제에서 중요한 비중을 점하면서 긍정적인 파급효과를 미칠 것으로 전망된다. 따라서 식품관련산업 중에서도 성장률이 가장 높은 부문으로 분류되는 육가공품 및 동물성유지 부문, 7위의 낙농품 부문은 축산업부문의 후방연관산업이므로 축산업의 성장에 큰 동력이 될 것이다.

4) 외식산업의 성장

국민소득의 증대, 여성의 사회활동의 증대 등에 따라 우리나라 가계의 소비지출에서 외식에 대한 소비지출이 급격하게 증가되고 있다. 외식이 확대됨에 따라 전체 식료품비에서 차지하는 외식비의 비중 역시 급격하게 증가되고 있다. 1970년에는 외식비가 불과 1.9%였던 것이 2000년에 들어 39.4%로 급증하였고, 최근 2006년에는 46.3%에 이르고 있다. 이 기간 동안의 식료품비는 1970년 12.1천원, 1980년 77.5천원, 1990년 220.8천원,

2,000년 447천원, 그리고 2006년에는 558.3천원으로 급격하게 증가되고 있다. 이와 함께 외식비 역시 1970년 0.2천원, 1980 2.9천원, 1990년 44.8천원, 2000년 176천원, 그리고 2006년 258.3천원으로 급격하게 증가되었다.

외식업계가 발전하면서 이에 따라 얼마만큼의 축산물 소비가 증가하는지에 대해서는 연구나 자료는 없다. 그러나 외식산업의 특성상 축산물의 수요가 많은 편이므로 외식 증가 현상으로 인한 축산물 소비 증가 효과가 클 것으로 예상된다. 특히 축산물을 주 재료로 하는 외국형 패스트푸드나 패밀리레스토랑, 피자업계의 신장세가 뚜렷하게 나타나므로 축산물에 대한 외식비의 지출은 꾸준하게 증가될 것이다.

4. 축산물의 유통현황 및 유통환경의 변화

1) 축산물 유통의 특징

유통이란 일반적으로 재화나 서비스가 생산자로부터 소비자에게 원활히 전달되도록 해주는 제반활동이라고 정의할 수 있다. 과거에는 재화나 서비스의 생산이 중요한 경제활동으로 여겨졌으나, 현재에는 유통이 생산보다 더욱 중요한 경제활동으로 이해되고 있다. 자급자족의 시대에는 생산과 소비가 일치하므로 유통이라는 기능이 필요 없었지만, 생산과 소비가 분업화된 현대에서는 유통활동이 반드시 필요하다. 유통은 수요와 공급을 예측하여 생산을 결정하고, 생산된 생산물을 판매하며, 판매된 산물이나 제품에 대해 책임을 지는 판매 후 서비스까지를 포함하는 광범위한 산업영역을 내포하는 분야로 발전하고 있다.

축산물 유통은 일반 농산물과 구별되는 특징을 갖고 있다. 가장 큰 특징은 축산물은 생명이 있는 동물로 유통이 된다는 것이다. 농가에서 사육된 축산물은 생명이 있는 동물로 출하된 후 도축장을 거쳐 육류(식품)로 변화되는 특징을 갖고 있다. 이러한 과정에는 다양한 유통기관과 종사자들이 게재되게 된다.

한편으로는 축산물은 소, 말, 돼지 등 축산물 본래의 형태로 분류되기도 하지만, 용도별로 식용(지육, 가공육, 계란), 약용(골, 내장 등), 그리고 공업용(털, 모피, 가죽, 지방 등)으로도 분류되는 등 그 종류가 다양하여 시장활동과 유통을 명확히 분류하기가 곤란하다는 특징을 갖기도 한다.

소 및 소고기의 유통경로를 보자. 일반적으로 농가에서 사육된 소(가축)는 생산자단체, 수집반출상, 그리고 우시장을 통하여 도축장(도계장)을 경유하게 된다. 도축장에서 육류(식품)로 변화된 축산물은 다시 대형유통업체, 도매상, 정육점, 대량수요처 등을 거친 후 최종 소비자에게 전달된다. 전통적으로 육류는 재래시장 또는 정육점에서 거래가 되어왔다. 그러나 대형할인점의 확산으로 대형유통업체에서 판매되는 육류의 비중이 점차 증가되고 있다.

2) 유통 패러다임의 변화

최근의 유통환경의 가장 두드러진 변화 중 하나는 생산하면 소비가 되던 생산자주체에서, 소비자가 우선시 되는 소비자주체로 마케팅환경이 변화하고 있다는 점이다. 이에 따라 마케팅전략도 기존의 4Ps에서 4Cs로 변화되고 있다. 4Ps란 제품(product), 가격(price), 장소(place), 그리고 촉진(promotion)을 의미하며, 4Cs란 고객(customer), 생산비용(cost), 편리함(convenience), 그리고 의사소통(communication)을 의미한다. 즉, 기업이 고객 또는 소비자를 지향하는 전략에서 고객 또는 소비자가 주도하는 전략으로 마케팅전략이 급격하게 변화되고 있다.

3) 축산물 수입개방 확대

우리나라는 1980년 대 중반부터 미국 등 외국으로부터 소고기시장의 개방 등 농산물 시장개방 압력을 받아왔다. UR(Uruguay round)의 타결과 WTO(world trade organization) 체제의 출범으로 우리나라에 대한 농산물 시장의 개방 압력은 더욱 거세지고 있다. 이와 함께 한-미 FTA 타결과 한-EU FTA 타결 등으로 우리나라의 농산물 시장은 큰 폭으로 개방되게 되었다. 이러한 농산물에 대한 시장개방은 우리나라의 농업분야 중 축산분야에 커다란 영향을 미치게 된다.

특히 한-미 FTA에 따른 축산물에 대한 수입개방으로 우리나라 축산분야는 농업분야에서 생산액 감소가 가장 클 것으로 예측이 되고 있다. 한국농촌경제연구원에 의하면, 한-미 FTA 발효 이후 11~15년 차에 축산분야는 총 6,671억원의 생산액 감소를 초래하게 될 것으로 예측이 되고 있다. 이 중 쇠고기의 생산액 감소는 3,058억원, 돼지고기 1,874

억원, 닭고기 996억원, 유제품 594억원, 그리고 기타가 169억원에 이를 것으로 예측이 된다.

한편, 우리나라는 미국과 호주 등으로부터는 소고기를, 미국과 EU로부터는 돼지고기를 수입하는 등 여러 육류를 수입하고 있다. 소고기의 경우 2003년까지는 미국으로부터의 수입량이 전체 수입량의 2/3에 해당되었으나 이후 주 수입국이 호주로 바뀌고 있다. 이러한 이유는 2003년말 미국에서의 광우병발생으로 미국산 쇠고기의 수입이 금지되었기 때문이다.

4) 대형할인매장 및 외식업의 역할 증대

과거 정육점 또는 전통시장을 중심으로 소비되던 축산물은 이제는 대형할인매장과 외식업이라는 두 가지 큰 시장을 중심으로 유통되고 있다. 1990년대 이후 기존의 전통시장이나 동네 식육점은 상당수가 사라져 크게 위축된 반면 신세계 이마트, 삼성테스코 홈플러스 등의 대형할인매장은 꾸준히 점포수를 늘리고 있다. 이와 함께 주5일 근무제 및 맞벌이 부부 문화가 확산되고, 이에 따라 단체급식시장을 포함한 외식 식자재 시장도 꾸준히 증가되어 전체 육류소비 시장에서의 비중을 키워가고 있다. 한편으로는 조직화된 구매 세력에 의해 생산자도 조직화되기 시작했다.

대형할인매장의 급성장은 축산물의 유통에서도 관심 있게 지켜보아야 할 부분이다. 주요 유통업체별 매출액 및 점포수를 보자. 대형할인매장은 2001년 점포수 198개소, 매출액 13.8조원에서 2009년 점포수 401개소, 매출액 30.7조원으로 급성장 한 것으로 나타났다. 백화점 및 대형할인매장의 매출 성장률은 낮아지더라도 성장 추세는 당분간 지속될 것으로 전망이 된다. 도심형수퍼마켓은 고성장세를 유지할 것으로 전망된다. 이에 따라 상대적으로 기타 전통시장의 경우에는 매출이 하락세로 전환될 것으로 예상된다.

이러한 현상이 가속화 되는 이유는 소비자들의 구매편의 추구로 소매유통구조가 백화점, 대형할인매장, 도심형슈퍼마켓 등 대형할인매장 위주로 재편되고 있고, 대형할인매장과 도심형수퍼마켓은 구입비용의 절감, 품질관리, 그리고 식품안전성의 관리 측면에서 산지에서 직구입하는 비율을 확대해 가고 있기 때문이다.

5) 브랜드화

농산물의 브랜드화는 이미지 차별화로 생산자나 생산자조직, 지방자치단체 등에서 지역산 농산물에 대해 브랜드를 부여하고 홍보함으로써 다른 생산자 또는 지역의 상품과 차별을 유도하여 차별적인 가격과 구매력을 유발하는 전략이다. 최근 들어 농산물의 브랜드화에 대한 관심이 고조되고 있는 이유는 국내 농업 생산과 수요 여건이 변화되고 농산물 수입이 급증함에 따라 농산물의 구조적 시장공급 과잉 현상이 고착화되고 있기 때문이다. 이에 따라 농산물시장에서 생산자 사이, 그리고 지역 사이의 경쟁이 심화되면서 시장개척 및 안정적인 판로 확보를 위한 상품 차별화가 시급한 과제로 등장하게 되었다. 한편으로는 국내 및 국제시장에서 농산물 판매경쟁이 치열해짐에 따라 많은 생산자들이 안정적인 판로 확보, 상품 차별화 및 고부가가치화를 위한 다양한 브랜드화를 추진하고 있다.

이에 따라 축산물에서도 브랜드화가 빠르게 진행이 되고 있으며, 브랜드 간 경쟁도 심화되고 있다. 2006년 말 현재 우리나라에는 총 6,552개의 농축산물 브랜드가 있는 것으로 나타났으며, 이 중 등록된 브랜드는 전체 브랜드의 36.8%인 2,410개인 것으로 알려져 있다. 이 중 축산물 브랜드는 총 570개로 전체 농산물 브랜드의 8.7%를 차지하고 있으며, 이 570개 브랜드 중 400개의 브랜드가 등록이 되어 브랜드 등록률은 70.2%인 것으로 나타났다.

INDEX

색 인

[ㅅ]

[ㅈ]

HUMAN AND ANIMAL
인간과 동물

인　쇄 : 2010년 9월 05일
발　행 : 2010년 9월 20일
저　자 : 인간과 동물 집필위원회
발 행 처 : 도서출판 아진
135-010
서울시 강남구 논현동 148-19 한미빌딩 201호
TEL : 02-737-0663 FAX : 02-737-0664
Homepage : ajin.to
E-mail : kgb@ajin.to
발 행 인 : 김 근 배
등록번호 : 제300-1995-56호
ISBN : 978-89-5761-308-5

가격 : 20,000원